全国二级注册建造师继续教育教材

建筑工程

中国建设教育协会继续教育委员会　组织
本书编审委员会　编写

中国建筑工业出版社

图书在版编目（CIP）数据

建筑工程/中国建设教育协会继续教育委员会组织，
《建筑工程》编审委员会编写. —北京：中国建筑工业
出版社，2019.3（2024.5重印）
全国二级注册建造师继续教育教材
ISBN 978-7-112-23269-7

Ⅰ.①建… Ⅱ.①中… ②建… Ⅲ.①建筑工程-继
续教育-教材 Ⅳ.①TU

中国版本图书馆 CIP 数据核字（2019）第 023412 号

责任编辑：李 明 李 杰
责任校对：李欣慰

全国二级注册建造师继续教育教材
建筑工程
中国建设教育协会继续教育委员会　组织
本书编审委员会　编写

*

中国建筑工业出版社出版、发行（北京海淀三里河路 9 号）
各地新华书店、建筑书店经销
霸州市顺浩图文科技发展有限公司制版
建工社（河北）印刷有限公司印刷

*

开本：787×1092 毫米　1/16　印张：14　字数：343 千字
2019 年 5 月第一版　　2024 年 5 月第四次印刷
定价：**56.00** 元
ISBN 978-7-112-23269-7
（32120）

本书编写委员会

主　　编：赵福明　宁惠毅

副主编：冯世伟　王东升　刘　杨　姜早龙

编　　委：(以姓氏笔画排列)

王华军　方宏伟　齐春利　刘　录　朱晓峰　苏小梅

吴晓兵　张贵良　张振涛　陈同学　陈腾力　武利平

周千帆　郑　春　郝伶俐　钱　新　高晓菲　梅晓丽

焦　猛　温　恺　谢　婧　濮阳炯

本书审定委员会

(以姓氏笔画排列)

王　伟　王迎春　刘爱玲　李　娟　杨建康　张太清

张可文　张晋勋　金　睿　钱增志

前言
FOREWORD

为了不断提升二级建造师的综合素养和执业能力，提高建设工程项目管理水平，促进建筑行业发展。根据《注册建造师继续教育管理办法》，中国建设教育协会继续教育委员会组织编写二级注册建造师继续教育系列教材。其中建筑工程专业教材由中国建筑股份有限公司牵头组织业内行业专家及大专院校学者编写而成。

本教材的编写以二级注册建造师掌握工程建设有关新法律法规、新标准与规范、施工新技术和新工艺为出发点，以工程项目管理理论和方法为基础，以施工实践内容为主导，并结合建筑工程施工项目管理中的典型案例进行法律法规、标准与规范、管理方法、施工工艺的应用分析，全面提升建造师的执业能力。

本教材共分为三章：第1章"建筑工程新法规、新标准"，依据最新法规、标准与规范，重点选择强制性条文规定和业内重点关注内容，以提升注册建造师应用法律法规、标准与规范解决实际问题的能力；第2章"建筑工程施工新技术"侧重于新工艺、新方法的理解、应用，以提升注册建造师掌握"建筑业十项新技术"应用与行业发展方向把握的能力；第3章"建筑工程项目施工管理"，主要注重项目综合管理知识，以提升注册建造师综合素养和执业能力。

编委会在编写过程中，得到了中国建筑工业出版社、中建管理学院的指导。同时，得到了中建一局集团建设发展有限公司、中国海洋大学、中建三局集团有限公司、湖南大学土木工程学院、北京建工集团有限公司、北京住总集团有限公司、山西建设投资集团有限公司、中铁建设集团有限公司、中建一局集团第三建筑有限公司、北京筑友锐成工程咨询有限公司、北京国测信息科技有限责任公司、中建深圳装饰有限公司、七冶建设集团有限责任公司、浙江建设职业技术学院、江苏建筑职业技术学院、武汉城市职业学院等参编单位的大力支持和协助。在此对上述各单位表示衷心的感谢。

本教材尽管历经较充分的准备、讨论、论证、征求意见、审查和修改等环节，但仍难免存在不足之处，恳请广大读者提出宝贵意见，以便进一步修改完善。

目录
CONTENTS

1

建筑工程新法规、新标准

1.1 建筑工程新法规

1.1.1 《建筑施工企业主要负责人、项目负责人和专职安全生产管理人员安全生产管理规定》(住房城乡建设部令第 17 号)

1. 总则

第二条 在中华人民共和国境内从事房屋建筑和市政基础设施工程施工活动的建筑施工企业的"安管人员",参加安全生产考核,履行安全生产责任,以及对其实施安全生产监督管理,应当符合本规定。

2. 考核发证

第七条 安全生产考核包括安全生产知识考核和管理能力考核。

安全生产知识考核内容包括:建筑施工安全的法律法规、规章制度、标准规范,建筑施工安全管理基本理论等。

安全生产管理能力考核内容包括:建立和落实安全生产管理制度、辨识和监控危险性较大的分部分项工程、发现和消除安全事故隐患、报告和处置生产安全事故等方面的能力。

第九条 安全生产考核合格证书有效期为 3 年,证书在全国范围内有效。

3. 安全责任

第十四条 主要负责人对本企业安全生产工作全面负责,应当建立健全企业安全生产管理体系,设置安全生产管理机构,配备专职安全生产管理人员,保证安全生产投入,督促检查本企业安全生产工作,及时消除安全事故隐患,落实安全生产责任。

第十五条 主要负责人应当与项目负责人签订安全生产责任书,确定项目安全生产考核目标、奖惩措施,以及企业为项目提供的安全管理和技术保障措施。

工程项目实行总承包的,总承包企业应当与分包企业签订安全生产协议,明确双方安全生产责任。

第十六条 主要负责人应当按规定检查企业所承担的工程项目,考核项目负责人安全生产管理能力。发现项目负责人履职不到位的,应当责令其改正;必要时,调整项目负责人。检查情况应当记入企业和项目安全管理档案。

第十七条 项目负责人对本项目安全生产管理全面负责,应当建立项目安全生产管理体系,明确项目管理人员安全职责,落实安全生产管理制度,确保项目安全生产费用有效使用。

第十八条 项目负责人应当按规定实施项目安全生产管理，监控危险性较大分部分项工程，及时排查处理施工现场安全事故隐患，隐患排查处理情况应当记入项目安全管理档案；发生事故时，应当按规定及时报告并开展现场救援。

工程项目实行总承包的，总承包企业项目负责人应当定期考核分包企业安全生产管理情况。

第十九条 企业安全生产管理机构专职安全生产管理人员应当检查在建项目安全生产管理情况，重点检查项目负责人、项目专职安全生产管理人员履责情况，处理在建项目违规违章行为，并记入企业安全管理档案。

第二十条 项目专职安全生产管理人员应当每天在施工现场开展安全检查，现场监督危险性较大的分部分项工程安全专项施工方案实施。对检查中发现的安全事故隐患，应当立即处理；不能处理的，应当及时报告项目负责人和企业安全生产管理机构。项目负责人应当及时处理。检查及处理情况应当记入项目安全管理档案。

第二十一条 建筑施工企业应当建立安全生产教育培训制度，制定年度培训计划，每年对"安管人员"进行培训和考核，考核不合格的，不得上岗。培训情况应当记入企业安全生产教育培训档案。

第二十二条 建筑施工企业安全生产管理机构和工程项目应当按规定配备相应数量和相关专业的专职安全生产管理人员。危险性较大的分部分项工程施工时，应当安排专职安全生产管理人员现场监督。

4. 法律责任

第二十七条 "安管人员"隐瞒有关情况或者提供虚假材料申请安全生产考核的，考核机关不予考核，并给予警告；"安管人员"1年内不得再次申请考核。

"安管人员"以欺骗、贿赂等不正当手段取得安全生产考核合格证书的，由原考核机关撤销安全生产考核合格证书；"安管人员"3年内不得再次申请考核。

第二十八条 "安管人员"涂改、倒卖、出租、出借或者以其他形式非法转让安全生产考核合格证书的，由县级以上地方人民政府住房城乡建设主管部门给予警告，并处1000元以上5000元以下的罚款。

第二十九条 建筑施工企业未按规定开展"安管人员"安全生产教育培训考核，或者未按规定如实将考核情况记入安全生产教育培训档案的，由县级以上地方人民政府住房城乡建设主管部门责令限期改正，并处2万元以下的罚款。

第三十条 建筑施工企业有下列行为之一的，由县级以上人民政府住房城乡建设主管部门责令限期改正；逾期未改正的，责令停业整顿，并处2万元以下的罚款；导致不具备《安全生产许可证条例》规定的安全生产条件的，应当依法暂扣或者吊销安全生产许可证：

（一）未按规定设立安全生产管理机构的；

（二）未按规定配备专职安全生产管理人员的；

（三）危险性较大的分部分项工程施工时未安排专职安全生产管理人员现场监督的；

（四）"安管人员"未取得安全生产考核合格证书的。

第三十一条 "安管人员"未按规定办理证书变更的，由县级以上地方人民政府住房城乡建设主管部门责令限期改正，并处1000元以上5000元以下的罚款。

第三十二条　主要负责人、项目负责人未按规定履行安全生产管理职责的，由县级以上人民政府住房城乡建设主管部门责令限期改正；逾期未改正的，责令建筑施工企业停业整顿；造成生产安全事故或者其他严重后果的，按照《生产安全事故报告和调查处理条例》的有关规定，依法暂扣或者吊销安全生产考核合格证书；构成犯罪的，依法追究刑事责任。

主要负责人、项目负责人有前款违法行为，尚不够刑事处罚的，处 2 万元以上 20 万元以下的罚款或者按照管理权限给予撤职处分；自刑罚执行完毕或者受处分之日起，5 年内不得担任建筑施工企业的主要负责人、项目负责人。

第三十三条　专职安全生产管理人员未按规定履行安全生产管理职责的，由县级以上地方人民政府住房城乡建设主管部门责令限期改正，并处 1000 元以上 5000 元以下的罚款；造成生产安全事故或者其他严重后果的，按照《生产安全事故报告和调查处理条例》的有关规定，依法暂扣或者吊销安全生产考核合格证书；构成犯罪的，依法追究刑事责任。

1.1.2 《建筑施工企业主要负责人、项目负责人和专职安全生产管理人员安全生产管理规定实施意见》（建质〔2015〕206 号）

1. 企业主要负责人的范围

企业主要负责人包括法定代表人、总经理（总裁）、分管安全生产的副总经理（副总裁）、分管生产经营的副总经理（副总裁）、技术负责人、安全总监等。

2. 专职安全生产管理人员的分类

专职安全生产管理人员分为机械、土建、综合三类。机械类专职安全生产管理人员可以从事起重机械、土石方机械、桩工机械等安全生产管理工作。土建类专职安全生产管理人员可以从事除起重机械、土石方机械、桩工机械等安全生产管理工作以外的安全生产管理工作。综合类专职安全生产管理人员可以从事全部安全生产管理工作。

新申请专职安全生产管理人员安全生产考核只可以在机械、土建、综合三类中选择一类。机械类专职安全生产管理人员在参加土建类安全生产管理专业考试合格后，可以申请取得综合类专职安全生产管理人员安全生产考核合格证书。土建类专职安全生产管理人员在参加机械类安全生产管理专业考试合格后，可以申请取得综合类专职安全生产管理人员安全生产考核合格证书。

3. 安全生产考核合格证书的延续

建筑施工企业主要负责人、项目负责人和专职安全生产管理人员应当在安全生产考核合格证书有效期届满前 3 个月内，经所在企业向原考核机关申请证书延续。

符合下列条件的准予证书延续：

（1）在证书有效期内未因生产安全事故或者安全生产违法违规行为受到行政处罚；

（2）信用档案中无安全生产不良行为记录；

（3）企业年度安全生产教育培训合格，且在证书有效期内参加县级以上住房城乡建设主管部门组织的安全生产教育培训时间满 24 学时。

不符合证书延续条件的应当申请重新考核。不办理证书延续的，证书自动失效。

4. 安全生产考核合格证书的暂扣和撤销

建筑施工企业专职安全生产管理人员未按规定履行安全生产管理职责，导致发生一般生产安全事故的，考核机关应当暂扣其安全生产考核合格证书六个月以上一年以下。建筑施工企业主要负责人、项目负责人和专职安全生产管理人员未按规定履行安全生产管理职责，导致发生较大及以上生产安全事故的，考核机关应当撤销其安全生产考核合格证书。

1.1.3 《危险性较大的分部分项工程安全管理规定》（住房城乡建设部 37 号令）

1. 总则

第二条　本规定适用于房屋建筑和市政基础设施工程中危险性较大的分部分项工程安全管理。

第三条　本规定所称危险性较大的分部分项工程（以下简称"危大工程"），是指房屋建筑和市政基础设施工程在施工过程中，容易导致人员群死群伤或者造成重大经济损失的分部分项工程。

2. 前期保障

第五条　建设单位应当依法提供真实、准确、完整的工程地质、水文地质和工程周边环境等资料。

第七条　建设单位应当组织勘察、设计等单位在施工招标文件中列出危大工程清单，要求施工单位在投标时补充完善危大工程清单并明确相应的安全管理措施。

第八条　建设单位应当按照施工合同约定及时支付危大工程施工技术措施费以及相应的安全防护文明施工措施费，保障危大工程施工安全。

第九条　建设单位在申请办理安全监督手续时，应当提交危大工程清单及其安全管理措施等资料。

3. 现场安全管理

第十四条　施工单位应当在施工现场显著位置公告危大工程名称、施工时间和具体责任人员，并在危险区域设置安全警示标志。

第十五条　专项施工方案实施前，编制人员或者项目技术负责人应当向施工现场管理人员进行方案交底。

施工现场管理人员应当向作业人员进行安全技术交底，并由双方和项目专职安全生产管理人员共同签字确认。

第十六条　施工单位应当严格按照专项施工方案组织施工，不得擅自修改专项施工方案。

因规划调整、设计变更等原因确需调整的，修改后的专项施工方案应当按照本规定重新审核和论证。涉及资金或者工期调整的，建设单位应当按照约定予以调整。

第十七条　施工单位应当对危大工程施工作业人员进行登记，项目负责人应当在施工现场履职。

项目专职安全生产管理人员应当对专项施工方案实施情况进行现场监督，对未按照专项施工方案施工的，应当要求立即整改，并及时报告项目负责人，项目负责人应当及时组织限期整改。

施工单位应当按照规定对危大工程进行施工监测和安全巡视，发现危及人身安全的紧急情况，应当立即组织作业人员撤离危险区域。

第十八条　监理单位应当结合危大工程专项施工方案编制监理实施细则，并对危大工程施工实施专项巡视检查。

第二十条　对于按照规定需要进行第三方监测的危大工程，建设单位应当委托具有相应勘察资质的单位进行监测。

监测单位应当编制监测方案。监测方案由监测单位技术负责人审核签字并加盖单位公章，报送监理单位后方可实施。

监测单位应当按照监测方案开展监测，及时向建设单位报送监测成果，并对监测成果负责；发现异常时，及时向建设、设计、施工、监理单位报告，建设单位应当立即组织相关单位采取处置措施。

第二十一条　对于按照规定需要验收的危大工程，施工单位、监理单位应当组织相关人员进行验收。验收合格的，经施工单位项目技术负责人及总监理工程师签字确认后，方可进入下一道工序。

危大工程验收合格后，施工单位应当在施工现场明显位置设置验收标识牌，公示验收时间及责任人员。

第二十二条　危大工程发生险情或者事故时，施工单位应当立即采取应急处置措施，并报告工程所在地住房城乡建设主管部门。建设、勘察、设计、监理等单位应当配合施工单位开展应急抢险工作。

第二十三条　危大工程应急抢险结束后，建设单位应当组织勘察、设计、施工、监理等单位制定工程恢复方案，并对应急抢险工作进行后评估。

第二十四条　施工、监理单位应当建立危大工程安全管理档案。

施工单位应当将专项施工方案及审核、专家论证、交底、现场检查、验收及整改等相关资料纳入档案管理。

监理单位应当将监理实施细则、专项施工方案审查、专项巡视检查、验收及整改等相关资料纳入档案管理。

4. 法律责任

第二十九条　建设单位有下列行为之一的，责令限期改正，并处1万元以上3万元以下的罚款；对直接负责的主管人员和其他直接责任人员处1000元以上5000元以下的罚款：

（一）未按照本规定提供工程周边环境等资料的；

（二）未按照本规定在招标文件中列出危大工程清单的；

（三）未按照施工合同约定及时支付危大工程施工技术措施费或者相应的安全防护文明施工措施费的；

（四）未按照本规定委托具有相应勘察资质的单位进行第三方监测的；

（五）未对第三方监测单位报告的异常情况组织采取处置措施的。

第三十条　勘察单位未在勘察文件中说明地质条件可能造成的工程风险的，责令限期改正，依照《建设工程安全生产管理条例》对单位进行处罚；对直接负责的主管人员和其他直接责任人员处1000元以上5000元以下的罚款。

第三十一条　设计单位未在设计文件中注明涉及危大工程的重点部位和环节，未提出保障工程周边环境安全和工程施工安全的意见的，责令限期改正，并处1万元以上3万元以下的罚款；对直接负责的主管人员和其他直接责任人员处1000元以上5000元以下的罚款。

第三十二条　施工单位未按照本规定编制并审核危大工程专项施工方案的，依照《建设工程安全生产管理条例》对单位进行处罚，并暂扣安全生产许可证30日；对直接负责的主管人员和其他直接责任人员处1000元以上5000元以下的罚款。

第三十三条　施工单位有下列行为之一的，依照《中华人民共和国安全生产法》《建设工程安全生产管理条例》对单位和相关责任人员进行处罚：

（一）未向施工现场管理人员和作业人员进行方案交底和安全技术交底的；

（二）未在施工现场显著位置公告危大工程，并在危险区域设置安全警示标志的；

（三）项目专职安全生产管理人员未对专项施工方案实施情况进行现场监督的。

第三十四条　施工单位有下列行为之一的，责令限期改正，处1万元以上3万元以下的罚款，并暂扣安全生产许可证30日；对直接负责的主管人员和其他直接责任人员处1000元以上5000元以下的罚款：

（一）未对超过一定规模的危大工程专项施工方案进行专家论证的；

（二）未根据专家论证报告对超过一定规模的危大工程专项施工方案进行修改，或者未按照本规定重新组织专家论证的；

（三）未严格按照专项施工方案组织施工，或者擅自修改专项施工方案的。

第三十五条　施工单位有下列行为之一的，责令限期改正，并处1万元以上3万元以下的罚款；对直接负责的主管人员和其他直接责任人员处1000元以上5000元以下的罚款：

（一）项目负责人未按照本规定现场履职或者组织限期整改的；

（二）施工单位未按照本规定进行施工监测和安全巡视的；

（三）未按照本规定组织危大工程验收的；

（四）发生险情或者事故时，未采取应急处置措施的；

（五）未按照本规定建立危大工程安全管理档案的。

第三十六条　监理单位有下列行为之一的，依照《中华人民共和国安全生产法》《建设工程安全生产管理条例》对单位进行处罚；对直接负责的主管人员和其他直接责任人员处1000元以上5000元以下的罚款：

（一）总监理工程师未按照本规定审查危大工程专项施工方案的；

（二）发现施工单位未按照专项施工方案实施，未要求其整改或者停工的；

（三）施工单位拒不整改或者不停止施工时，未向建设单位和工程所在地住房城乡建设主管部门报告的。

第三十七条　监理单位有下列行为之一的，责令限期改正，并处1万元以上3万元以下的罚款；对直接负责的主管人员和其他直接责任人员处1000元以上5000元以下的罚款：

（一）未按照本规定编制监理实施细则的；

（二）未对危大工程施工实施专项巡视检查的；

（三）未按照本规定参与组织危大工程验收的；

（四）未按照本规定建立危大工程安全管理档案的。

第三十八条　监测单位有下列行为之一的，责令限期改正，并处1万元以上3万元以下的罚款；对直接负责的主管人员和其他直接责任人员处 1000 元以上 5000 元以下的罚款：

（一）未取得相应勘察资质从事第三方监测的；

（二）未按照本规定编制监测方案的；

（三）未按照监测方案开展监测的；

（四）发现异常未及时报告的。

1.1.4 建设工程施工合同（示范文本）（GF-2017-0201）

《建设工程施工合同（示范文本）》（GF-2017-0201）（以下简称《示范文本》）由合同协议书、通用合同条款和专用合同条款三部分组成。《示范文本》高度关注索赔过期作废的除斥期间规定；涉及签证条款有 45 个，涉及索赔条款有 46 个，涉及除斥期间规定有 11 个。

《建设工程施工合同（示范文本）》（GF-2017-0201）与《建设工程施工合同（示范文本）》（GF-2013-0201）内容对比如表 1-1 所示。

2017 版示范文本与 2013 版示范文本修改部分对照　　　　　　　　表 1-1

部分	序号	2017 施工合同	2013 版施工合同
通用条款	1.1.4.4 缺陷责任期	缺陷责任期：是指承包人按照合同约定承担缺陷修复义务，且发包人预留质量保证金（已缴纳履约保证金的除外）的期限，自工程实际竣工之日起计算	缺陷责任期：是指承包人按照合同约定承担缺陷修复义务，且发包人预留质量保证金的期限，自工程实际竣工日期起计算
	10.9 计日工	需要采用计日工方式的，经发包人同意后，由监理人通知承包人以计日工计价方式实施相应的工作，其价款按列入已标价工程量清单或预算书中的计日工计价项目及其单价进行计算；已标价工程量清单或预算书中无相应的计日工单价的，按照合理的成本与利润构成的原则，由合同当事人按照第 4.4 款（商定或确定）确定计日工的单价	需要采用计日工方式的，经发包人同意后，由监理人通知承包人以计日工计价方式实施相应的工作，其价款按列入已标价工程量清单或预算书中的计日工计价项目及其单价进行计算；已标价工程量清单或预算书中无相应的计日工单价的，按照合理的成本与利润构成的原则，由合同当事人按照第 4.4 款（商定或确定）确定变更工作的单价
	14.1 竣工结算申请	除专用合同条款另有约定外，竣工结算申请单应包括以下内容： （3）应扣留的质量保证金。已缴纳履约保证金的或提供其他工程质量担保方式的除外	除专用合同条款另有约定外，竣工结算申请单应包括以下内容： （3）应扣留的质量保证金
	15.2 缺陷责任期	15.2.1　缺陷责任期从工程通过竣工验收之日起计算，合同当事人应在专用合同条款约定缺陷责任期的具体期限，但该期限最长不超过 24 个月。 　　单位工程先于全部工程进行验收，经验收合格并交付使用的，该单位工程缺陷责任期自单位工程验收合格之日起算。因承包人原因导致工程无法按合同约定期限进行竣工验收的，在承包人	15.2.1　缺陷责任期自实际竣工日期起计算，合同当事人应在专用合同条款约定缺陷责任期的具体期限，但该期限最长不超过 24 个月。 　　单位工程先于全部工程进行验收，经验收合格并交付使用的，该单位工程缺陷责任期自单位工程验收合格之日起算。因发包人原因导致工程无法按合同约定期限进行竣工验收的，缺陷责任期自承包人提交竣工验收申请报告之日起开始计算；发包人未经竣工验收擅自使用工程的，缺陷责任期自工程转移

部分	序号	2017 版施工合同	2013 版施工合同
通用条款	15.2缺陷责任期	提交竣工验收报告 90 天后,工程自动进入缺陷责任期;发包人未经竣工验收擅自使用工程的,缺陷责任期自工程转移占有之日起开始计算。 15.2.2 缺陷责任期内,由承包人原因造成的缺陷,承包人应负责维修,并承担鉴定及维修费用。如承包人不维修也不承担费用,发包人可按合同约定从保证金或银行保函中扣除,费用超出保证金额的,发包人可按合同约定向承包人进行索赔。承包人维修并承担相应费用后,不免除对工程的损失赔偿责任。发包人有权要求承包人延长缺陷责任期,并应在原缺陷责任期届满前发出延长通知。但缺陷责任期(含延长部分)最长不能超过 24 个月。 由他人原因造成的缺陷,发包人负责组织维修,承包人不承担费用,且发包人不得从保证金中扣除费用	占有之日起开始计算。 15.2.2 工程竣工验收合格后,因承包人原因导致的缺陷或损坏致使工程、单位工程或某项主要设备不能按原定目的使用的,则发包人有权要求承包人延长缺陷责任期,并应在原缺陷责任期届满前发出延长通知,但缺陷责任期最长不能超过 24 个月
	15.3质量保证金	15.3 质量保证金 经合同当事人协商一致扣留质量保证金的,应在专用合同条款中予以明确。 在工程项目竣工前,承包人已经提供履约担保的,发包人不得同时预留工程质量保证金	15.3 质量保证金 经合同当事人协商一致扣留质量保证金的,应在专用合同条款中予以明确
	15.3.2 质量保证金的扣留	15.3.2 质量保证金的扣留 发包人累计扣留的质量保证金不得超过工程价款结算总额的 3%。如承包人在发包人签发竣工付款证书后 28 天内提交质量保证金保函,发包人应同时退还扣留的作为质量保证金的工程价款;保函金额不得超过工程价款结算总额的 3%。 发包人在退还质量保证金的同时按照中国人民银行发布的同期同类贷款基准利率支付利息	15.3.2 质量保证金的扣留 发包人累计扣留的质量保证金不得超过结算合同价格的 5%,如承包人在发包人签发竣工付款证书后 28 天内提交质量保证金保函,发包人应同时退还扣留的作为质量保证金的工程价款
	15.3.3质量保证金的退还	缺陷责任期内,承包人认真履行合同约定的责任,到期后,承包人可向发包人申请返还保证金。 发包人在接到承包人返还保证金申请后,应于 14 天内会同承包人按照合同约定的内容进行核实。如无异议,发包人应当按照约定将保证金返还给承包人。对返还期限没有约定或者约定不明确的,发包人应当在核实后 14 天内将保证金返还承包人,逾期未返还的,依法承担违约责任。发包人在接到承包人返还保证金申请后 14 天内不予答复,经催告后 14 天内仍不予答复,视同认可承包人的返还保证金申请。发包人和承包人对保证金预留、返还以及工程维修质量、费用有争议的,按本合同第 20 条约定的争议和纠纷解决程序处理	发包人应按 14.4 款(最终结清)的约定退还质量保证金

续表

部分	序号	2017版施工合同	2013版施工合同
专用条款	14. 竣工结算	14.1 竣工结算申请 承包人提交竣工结算申请单的期限： 竣工结算申请单应包括的内容：	14.1 竣工付款申请 承包人提交竣工付款申请单的期限： 竣工付款申请单应包括的内容：
	15.3 质量保证金	15.3 质量保证金 关于是否扣留质量保证金的约定： 。 在工程项目竣工前，承包人按专用合同条款第3.7条提供履约担保的，发包人不得同时预留工程质量保证金	15.3 质量保证金 关于是否扣留质量保证金的约定：
工程质量保修书	三、缺陷责任期	工程缺陷责任期为　　个月，缺陷责任期自工程通过竣工验收之日起计算	工程缺陷责任期为　　个月，缺陷责任期自工程竣工验收合格之日起计算

1.1.5 《大型工程技术风险控制要点》2018版

桩基施工阶段断裂风险因素分析及控制要点　　　　表1-2

风险因素分析	风险控制要点
(1)桩原材料不合格； (2)桩成孔质量不合格； (3)桩施工工艺不合理； (4)桩身质量不合格	(1)钢筋、混凝土等原材料应选择正规的供应商； (2)加强对原材料的质量检查，必要时可取样试验； (3)钻机安装前，应将场地整平夯实； (4)机械操作员应受培训，持证上岗； (5)成桩前，宜进行成孔试验； (6)对桩孔径、垂直度、孔深及孔底虚土等进行质量验收； (7)根据土层特性，确定合理的桩基施工顺序； (8)应结合桩身特性、土层性质，选择合适的成桩机械； (9)混凝土合比应通过试验确定，商品混凝土在现场不得随意加水； (10)混凝土浇筑前，应测孔内沉渣厚度，混凝土应连续浇筑，并浇筑密实； (11)钢筋笼位置应准确，并固定牢固； (12)开挖过程中严禁机械碰撞、野蛮截桩等行为

深基坑施工阶段边坡坍塌风险因素分析及控制要点　　　　表1-3

风险因素分析	风险控制要点
(1)地下水处理方法不当； (2)对基坑开挖存在的空间效应和时间效应考虑不周； (3)对基坑监测数据的分析和预判不准确； (4)基坑围护结构变形过大； (5)围护结构开裂、支撑断裂破坏； (6)基坑开挖土体扰动过大，变形控制不力； (7)基坑开挖土方堆置不合理，坑边超载过大； (8)降排水措施不当； (9)止水帷幕施工缺陷不封闭；	(1)应保证围护结构施工质量； (2)制定安全可行的基坑开挖施工方案，并严格执行； (3)遵循时空效应原理，控制好局部与整体的变形； (4)遵循信息化施工原则，加强过程动态调整； (5)应保障支护结构具备足够的强度和刚度； (6)避免局部超载、控制附加应力； (7)应严禁基坑超挖，随挖随支撑； (8)执行先撑后挖、分层分块对称平衡开挖原则； (9)遵循信息化施工原则，加强过程动态调整； (10)加强施工组织管理，控制好坑边堆载；

风险因素分析	风险控制要点
(10)基坑监测点布设不符合要求或损毁; (11)基坑监测数据出现连续报警或突变值未被重视; (12)坑底暴露时间太长; (13)强降雨冲刷,长时间浸泡; (14)基坑周边荷载超限	(11)应制定有针对性的浅层与深层地下水综合治理措施; (12)执行按需降水原则; (13)做好坑内外排水系统的衔接; (14)按规范要求布设监测点; (15)施工过程应做好对各类监测点的保护,确保监测数据连续性与精确性; (16)应落实专人负责定期做好监测数据的收集、整理、分析与总结; (17)应及时启动监测数据出现连续报警与突变值的应急预案; (18)合理安排施工进度,及时组织施工; (19)开挖至设计坑底标高以后,及时验收,及时浇筑混凝土垫层; (20)控制基坑周边荷载大小与作用范围; (21)施工期间应做好防汛抢险及防台抗洪措施

大跨度结构施工阶段整体倾覆风险因素分析及控制要点 表 1-4

风险因素分析	风险控制要点
(1)基础承载力不足、断桩; (2)基础差异沉降过大; (3)主体结构材料或构件强度不符合设计要求; (4)相邻建筑基坑施工影响;周侧开挖基坑过深、变形过大	(1)应保证地质勘察质量,确保工程设计的基础性资料的正确性; (2)正确选择沉桩工艺,严格工艺质量; (3)应注意土方开挖对已完桩基的保护; (4)加强施工过程中的沉降观测,控制好基础部位的不均匀沉降; (5)加强对原材料的检查,按规定取样试验; (6)做好对作业层的技术交底,确保按图施工; (7)主体结构施工要加强隐蔽验收,确保施工质量; (8)基坑施工方案应考虑对周边建筑的影响,要通过技术负责人的审批及专家论证; (9)基坑施工时,应加强对周边建筑变形及应力的监测,并准备应急方案; (10)注意相邻基坑开挖施工协调,避免开挖卸荷对已完基础结构的影响

超长、超大截面混凝土结构施工阶段裂缝风险因素分析及控制要点 表 1-5

风险因素分析	风险控制要点
(1)后浇带、诱导缝或施工缝设置不当; (2)配合比设计不合理; (3)浇筑、养护措施不当; (4)不均匀沉陷; (5)温度应力超过混凝土开裂应力	(1)按设计与有关规范要求正确留设后浇带、诱导缝以及施工缝; (2)应制定针对性的混凝土配合比设计方案; (3)按照设计与有关规范要求进行浇筑与养护; (4)确保地基础的施工质量,符合设计要求; (5)模板支撑系统应有足够的承载力和刚度,且拆模时间不能过早,应按规定执行; (6)监测混凝土温度应力,不应大于混凝土开裂应力

大跨钢结构施工阶段屋盖坍塌风险因素分析及控制要点 表 1-6

风险因素分析	风险控制要点
(1)地基塌陷; (2)钢结构屋盖细部施工质量差; (3)非预期荷载的影响; (4)现场环境的敏感影响	(1)加强地基基础工程施工质量监控,按时进行沉降观测; (2)钢结构拼装时应采取措施消除焊接应力,控制焊接变形; (3)项目应加强对屋盖细部连接节点部位的施工质量监控; (4)应做好钢结构的防腐、防锈处理; (5)设计应考虑足够的安全储备; (6)设计应考虑温度变化对钢结构屋盖的影响

大跨钢结构施工阶段屋面板被大风破坏风险因素分析及控制要点 表 1-7

风险因素分析	风险控制要点
(1)设计忽视局部破坏后引起整个屋面的破坏; (2)金属屋面的抗风试验工况考虑不够全面; (3)屋面系统所用的各种材料不满足要求; (4)咬边施工不到位,导致咬合力不够; (5)特殊部位的机械咬口金属屋面板未采用抗风增强措施	(1)设计应考虑局部表面饰物脱落或屋面局部被掀开以致整个屋面遭受风荷载破坏的情况; (2)应进行金属屋面的抗风压试验,并考虑诸多影响因素,如当地气候、50 年或 100 年一遇的最大风力、地面地形的粗糙度、屋面高度及坡度、阵风系数、建筑物的封闭程度、建筑的体形系数、周围建筑影响、屋面边角及中心部位、设计安全系数等; (3)屋面系统所用的各种材料(包括表面材料、基层材料、保温材料、固定件)均应满足要求; (4)保证咬合部位施工质量较好,提高极限承载力明显,金属屋面要采用优质机械咬口; (5)特殊部位的机械咬口金属屋面板可采用抗风增强夹提高抗风能力

钢结构施工阶段支撑架垮塌风险因素分析及控制要点 表 1-8

风险因素分析	风险控制要点
(1)支撑架设计有缺陷; (2)平台支撑架搭设质量不合格; (3)钢结构安装差,控制不到位,累计差超出规范值; (4)拆除支架方案不当	(1)应选择合理的安装工序,并验算支撑架在该工况下的安全性; (2)应对施工人员进行交底,支撑架应按照规定的工序进行安装; (3)支撑架搭设后,项目应组织进行检查,合格后方可使用; (4)应编制拆除方案,明确拆除顺序,并验算支撑架在该工况下的安全性; (5)应向施工人员进行拆除方案及安全措施交底; (6)应督查施工人员按照拆除方案拆除支架

施工期间火灾风险因素分析及控制要点 表 1-9

风险因素分析	风险控制要点
(1)易燃可燃材料多,物品堆放杂乱; (2)施工现场临时用电设备较多,且电气线路杂乱; (3)动火作业点多面光,特别是钢结构焊接点位密集; (4)作业面狭小,人员相对密集,疏散困难;	(1)施工总平面布局应有合理的功能分区,各种建(构)筑物及临时设施之间应符合要求的防火间距。施工现场应有环形消防车道,尽端式道路应设回车场。消防车道的宽度、净高和路面承载力应能满足大型消防车的要求; (2)现场消防用水水压、水量必须能到达最高点施工作业面,施工消防必须遵守《建设工程施工现场消防安全技术规

风险因素分析	风险控制要点
(5)施工过程中,楼梯间、电梯井没有安装防火门; (6)施工现场缺少可靠的灭火器材,临时施工用水、供水水量、水压等都不能满足消防要求; (7)施工现场道路不通畅,消防车无法靠近火场,外部消防无法进行有效支援	范》GB 50720 的要求,若超高层楼层较高,必须在相应楼层设置中转消防水箱,水箱容量应通过计算确定; (3)施工需要施工用水池(箱)、水泵及输水立管,可以利用兼作消防设施。施工用水池(箱)可兼作消防水池;施工水泵可准备两台(一用一备)兼作消防水泵,应保证消防用水流量和一定的扬程;施工输水立管可兼作消防竖管,管径不应小于100mm;建筑周围应设一定数量的室外临时消火栓,每个楼层应设室内临时消火栓、水带和水枪。在施工现场重点部位应配备一定数量的移动灭火器材; (4)在适宜位置搭建疏散通道设施,在内外框交错施工的同时,可在外框电梯以外,搭设相互联系的施工通道,平时作为工作登高设施,特殊情况下作为人员紧急疏散通道; (5)木料堆场应分组分垛堆放,组与组之间应设有消防通道;木材加工场所严禁吸烟和明火作业,刨花、锯末等易燃物品应及时清扫,并倒在指定的安全地点; (6)现场焊割操作工应该持证上岗,焊割前应该向有关部门申请动火证后方可作业;焊割作业前应清除或隔离周围的可燃物;焊割作业现场必须配备灭火器材;对装过易燃、可燃液体和气体及化学危险品的容器,焊割前应彻底清除; (7)油漆作业场所严禁烟火,漆料应设专门仓库存放,油漆车间与漆料仓库应分开;漆料仓库宜远离临时宿舍和有明火的场所; (8)电器设备的使用不应超过线路的安全负荷,并应装有保险装置;应对电器设备进行经常性的检查,检查是否有短路、发热和绝缘损坏等情况并及时处理;当电线穿过墙壁、地板等物体时,应加瓷套管予以隔离;电器设备在使用完毕后应切断电源

1.2 建筑工程新标准

1.2.1 《建筑工程施工质量评价标准》GB/T 50375—2016

1. 评价体系

(1) 建筑工程施工质量评价应根据建筑工程特点分为地基与基础工程、主体结构工程、屋面工程、装饰装修工程、安装工程及建筑节能工程等六个部分。如图 1-1 所示。

(2) 每个评价部分应根据其在整个工程中所占的工作量及重要程度给出相应的权重,其权重应符合表 1-10 的规定。

(3) 每个评价部分应按工程质量的特点,分为性能检测、质量记录、允许偏差、观感质量等四个评价项目。

(4) 每个评价项目应根据其在该评价部分内所占的工作量及重要程度给出相应的项目分值,其项目分值应符合表 1-11 的规定。

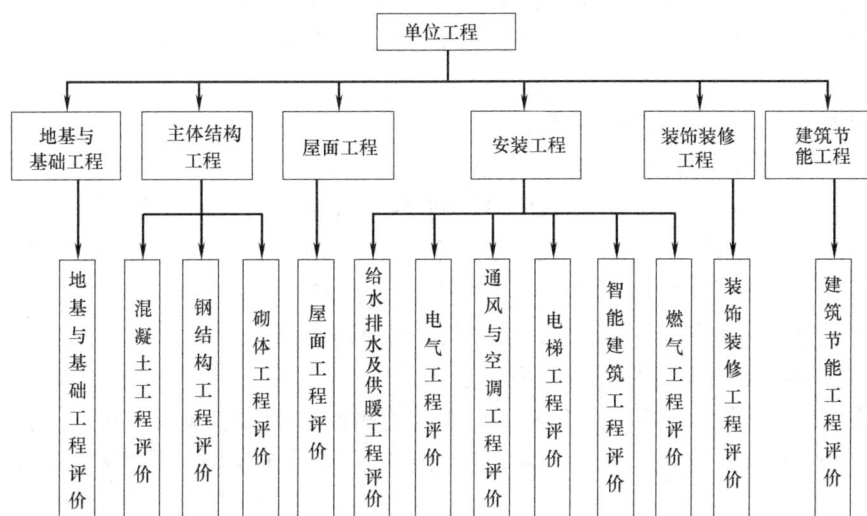

注: 1. 地下防水工程的质量评价列入地基与基础工程；
2. 地基与基础工程中的基础部分的质量评价列入主体结构。

图 1-1 工程质量评价内容图

工程评价部分权重 表 1-10

工程评价部分	权重(%)	工程评价部分	权重(%)
地基与基础工程	10	装饰装修工程	15
主体结构工程	40	安装工程	20
屋面工程	5	建筑节能工程	10

注: 1. 主体结构、安装工程有多项内容时，其权重可按实际工作量分配，但应为整数。
2. 主体结构中的砌体工程若是填充墙时，最多只占 10% 的权重。
3. 地基与基础工程中基础及地下室结构列入主体结构工程中评价。

评价项目分值 表 1-11

序号	评价项目	地基与基础工程	主体结构工程	屋面工程	装饰装修工程	安装工程	节能工程
1	性能检测	40	40	40	30	40	40
2	质量记录	40	30	20	20	20	30
3	允许偏差	10	20	10	10	10	10
4	观感质量	10	10	30	40	30	20

注: 用本标准各检查评分表检查评分后，将所得分换算为本表项目分值，再按规定换算为表 1-10 的权重。

（5）每个评价项目应包括若干项具体检查内容，对每一具体检查内容应按其重要性给出分值，其判定结果分为两个档次：一档应为 100% 的分值；二档应为 70% 的分值。

（6）结构工程、单位工程施工质量评价综合评分达到 85 分及以上的建筑工程应评为优良工程。

2. 评价方法

（1）性能检测评价方法符合下列规定：

1）检查标准：检查项目的检测指标一次检测达到设计要求及规范规定的应为一档，取 100% 的分值；按相关规范规定，经过处理后满足设计要求及规范规定的应为二档，取 70% 的分值。

2）检查方法：核查性能检测报告。

（2）质量记录评价方法应符合下列规定：

1）检查标准：材料、设备合格证、进场验收记录及复试报告、施工记录及施工试验等资料完整，能满足设计要求及规范规定的应为一档，取 100% 的分值；资料基本完整并能满足设计要求及规范规定的应为二档，取 70% 的分值。

2）检查方法：核查资料的项目、数量及数据内容。

（3）允许偏差评价方法应符合下列规定：

1）检查标准：检查项目 90% 及以上测点实测值达到规范规定值的应为一档，取 100% 的分值；检查项目 80% 及以上测点实测值达到规范规定值，但不足 90% 的应为二档，取 70% 的分值。

2）检查方法：在各相关检验批中，随机抽取 5 个检验批，不足 5 个的取全部进行核查。

（4）观感质量评价方法应符合下列规定：

1）检查标准：每个检查项目以随机抽取的检查点按"好"、"一般"给出评价。项目检查点 90% 及其以上达到"好"，其余检查点达到"一般"的应为一档，取 100% 的分值；项目检查点 80% 及其以上达到"好"，但不足 90%，其余检查点达到"一般"的应为二档，取 70% 的分值。

2）检查方法：核查分部（子分部）工程质量验收资料。

3. 施工质量综合评价

（1）结构工程质量核查评分应按下式计算：

$$P_s = A + B \tag{1-1}$$

式中　P_s——结构工程评价得分；

　　　A——地基与基础工程权重实得分；

　　　B——主体结构工程权重实得分。

（2）单位工程质量核查评分应按下式计算：

$$P_c = P_s + C + D + E + F + G \tag{1-2}$$

式中　P_c——单位工程质量核查得分；

　　　C——屋面工程权重实得分；

　　　D——装饰装修工程权重实得分；

　　　E——安装工程权重实得分；

　　　F——节能工程权重实得分；

　　　G——附加分。

1.2.2 《装配式混凝土建筑技术标准》GB/T 51231—2016

1. 建筑集成设计

装配式混凝土建筑应按照集成设计原则，将建筑、结构、给水排水、暖通空调、电气、智能化和燃气等专业之间进行协同设计。

（1）标准化设计

1）装配式混凝土建筑的部品部件应采用标准化接口。

2）装配式混凝土建筑平面设计应符合下列规定：

① 应采用大开间大进深、空间灵活可变的布置方式；

② 平面布置应规则，承重构件布置应上下对齐贯通，外墙洞口宜规整有序；

③ 设备与管线宜集中设置，并应进行管线综合设计。

3）装配式混凝土建筑立面设计应符合下列规定：

① 外墙、阳台板、空调板、外窗、遮阳设施及装饰等部品部件宜进行标准化设计；

② 装配式混凝土建筑宜通过建筑体量、材质肌理、色彩等变化，形成丰富多样的立面效果；

③ 预制混凝土外墙的装饰面层宜采用清水混凝土、装饰混凝土、免抹灰涂料和反打面砖等耐久性强的建筑材料。

4）装配式混凝土建筑应根据建筑功能、主体结构、设备管线及装修等要求，确定合理的层高及净高尺寸。

（2）集成设计

1）结构系统的集成设计应符合下列规定：

① 宜采用功能复合度高的部件进行集成设计，优化部件规格；

② 应满足部件加工、运输、堆放、安装的尺寸和重量要求。

2）外围护系统的集成设计应符合下列规定：

① 应对外墙板、幕墙、外门窗、阳台板、空调板及遮阳部件等进行集成设计；

② 应采用提高建筑性能的构造连接措施；

③ 宜采用单元式装配外墙系统。

3）设备与管线系统的集成设计应符合下列规定：

① 给水排水、暖通空调、电气智能化、燃气等设备与管线应综合设计；

② 宜选用模块化产品，接口应标准化，并应预留扩展条件。

4）内装系统的集成设计应符合下列规定：

① 内装设计应与建筑设计、设备与管线设计同步进行；

② 宜采用装配式楼地面、墙面、吊顶等部品系统；

③ 住宅建筑宜采用集成式厨房、集成式卫生间及整体收纳等部品系统。

5）接口及构造设计应符合下列规定：

① 结构系统部件、内装部品部件和设备管线之间的连接方式应满足安全性和耐久性要求；

② 结构系统与外围护系统宜采用干式工法连接，其接缝宽度应满足结构变形和温度变形的要求；

③ 部品部件的构造连接应安全可靠，接口及构造设计应满足施工安装与使用维护的要求；

④ 应确定适宜的制作公差和安装公差设计值；

⑤ 设备管线接口应避开预制构件受力较大部位和节点连接区域。

2. 结构系统设计

（1）结构分析和变形验算

1）装配式混凝土结构弹性分析时，节点和接缝的模拟应符合下列规定：

① 当预制构件之间采用后浇带连接且接缝构造及承载力满足本标准中的相应要求时，可按现浇混凝土结构进行模拟；

② 对于本标准中未包含的连接节点及接缝形式，应按照实际情况模拟。

2）进行抗震性能设计时，结构在设防烈度地震及罕遇地震作用下的内力及变形分析，可根据结构受力状态采用弹性分析方法或弹塑性分析方法。弹塑性分析时，宜根据节点和接缝在受力全过程中的特性进行节点和接缝的模拟。材料的非线性行为可根据现行国家标准《混凝土结构设计规范》GB 50010确定，节点和接缝的非线性行为可根据试验研究确定。

3）内力和变形计算时，应计入填充墙对结构刚度的影响。当采用轻质墙板填充墙时，可采用周期折减的方法考虑其对结构刚度的影响；对于框架结构，周期折减系数可取0.7～0.9；对于剪力墙结构，周期折减系数可取0.8～1.0。

4）在风荷载或多遇地震作用下，结构楼层内最大弹性层间位移应符合下式规定：

$$\Delta_{U_e} \leqslant [\theta_e] h \tag{1-3}$$

式中 Δ_{U_e}——楼层内最大弹性层间位移；

$[\theta_e]$——弹性层间位移角限值，应按表1-12采用；

h——层高。

弹性层间位移角限值 表1-12

结构类别	$[\theta_e]$
装配整体式框架结构	1/550
装配整体式框架—现浇剪力墙结构、装配整体式框架—现浇核心筒结构	1/800
装配式整体式剪力墙结构、装配整体式部分框支剪力墙结构	1/1000

5）在罕遇地震作用下，结构薄弱层（部位）弹塑性层间位移应符合下式规定：

$$\Delta_{U_p} \leqslant [\theta_p] h \tag{1-4}$$

式中 Δ_{U_p}——弹塑性层间位移；

$[\theta_p]$——弹塑性层间位移角限值，应按表1-13采用；

h——层高。

弹塑性层间位移角限值 表1-13

结构类别	$[\theta_p]$
装配整体式框架结构	1/50
装配整体式框架—现浇剪力墙结构、装配整体式框架—现浇核心筒结构	1/100
装配式整体式剪力墙结构、装配整体式部分框支剪力墙结构	1/120

（2）构件与连接设计

1）预制构件设计应符合下列规定：

① 预制构件的设计应满足标准化的要求，宜采用建筑信息模型（BIM）技术进行一

体化设计，确保预制构件的钢筋与预留洞口、预埋件等相协调，简化预制构件连接节点施工；

② 预制构件的形状、尺寸、重量等应满足制作、运输、安装各环节的要求；

③ 预制构件的配筋设计应便于工厂化生产和现场连接。

2）预制构件的拼接应符合下列规定：

① 预制构件拼接部位的混凝土强度等级不应低于预制构件的混凝土强度等级；

② 预制构件的拼接位置宜设置在受力较小部位；

③ 预制构件的拼接应考虑温度作用和混凝土收缩徐变的不利影响，宜适当增加构造配筋。

3）纵向钢筋采用挤压套筒连接时应符合下列规定：

① 连接框架柱、框架梁、剪力墙边缘构件纵向钢筋的挤压套筒接头应满足Ⅰ级接头的要求，连接剪力墙竖向分布钢筋、楼板分布钢筋的挤压套筒接头应满足Ⅰ级接头抗拉强度的要求；

② 被连接的预制构件之间应预留后浇段，后浇段的高度或长度应根据挤压套筒接头安装工艺确定，应采取措施保证后浇段的混凝土浇筑密实；

③ 预制柱底、预制剪力墙底宜设置支腿，支腿应能承受不小于 2 倍被支承预制构件的自重。

（3）楼盖设计

1）高层装配整体式混凝土结构中，楼盖应符合下列规定：

① 结构转换层和作为上部结构嵌固部位的楼层宜采用现浇楼盖；

② 屋面层和平面受力复杂的楼层宜采用现浇楼盖，当采用叠合楼盖时，楼板的后浇混凝土叠合层厚度不应小于 100mm，且后浇层内应采用双向通长配筋，钢筋直径不宜小于 8mm，间距不宜大于 200mm。

2）次梁与主梁宜采用铰接连接，也可采用刚接连接。当采用刚接连接并采用后浇段连接的形式时，应符合现行行业标准《装配式混凝土结构技术规程》JGJ 1 的有关规定。当采用铰接连接时，可采用企口连接或钢企口连接形式；采用企口连接时，应符合国家现行标准的有关规定；当次梁不直接承受动力荷载且跨度不大于 9m 时，可采用钢企口连接，并应符合下列规定：

① 钢企口两侧应对称布置抗剪栓钉，钢板厚度不应小于栓钉直径的 0.6 倍；预制主梁与钢企口连接处应设置预埋件；次梁端部 1.5 倍梁高范围内，箍筋间距不应大于 100mm。

② 钢企口接头的承载力验算，除应符合现行国家标准《混凝土结构设计规范》GB 50010、《钢结构设计规范》GB 50017 的有关规定外，尚应符合下列规定：

A. 钢企口接头应能够承受施工及使用阶段的荷载；

B. 应验算钢企口截面 A 处在施工及使用阶段的抗弯、抗剪强度；

C. 应验算钢企口截面 B 处在施工及使用阶段的抗弯强度；

D. 凹槽内灌浆料未达到设计强度前，应验算钢企口外挑部分的稳定性；

E. 应验算栓钉的抗剪强度；

F. 应验算钢企口搁置处的局部受压承载力。

③ 抗剪栓钉的布置，应符合下列规定：

A. 栓钉杆直径不宜大于 19mm，单侧抗剪栓钉排数及列数均不应小于 2；

B. 栓钉间距不应小于杆径的 6 倍且不宜大于 300mm；

C. 栓钉至钢板边缘的距离不宜小于 50mm，至混凝土构件边缘的距离不应小于 200mm；

D. 栓钉钉头内表面至连接钢板的净距不宜小于 30mm；

E. 栓钉顶面的保护层厚度不应小于 25mm。

④ 主梁与钢企口连接处应设置附加横向钢筋。

（4）装配整体式框架结构

1）叠合梁的箍筋配置应符合下列规定：

① 抗震等级为一、二级的叠合框架梁的梁端箍筋加密区宜采用整体封闭箍筋；当叠合梁受扭时宜采用整体封闭箍筋，且整体封闭箍筋的搭接部分宜设置在预制部分。

② 当采用组合封闭箍筋时，开口箍筋上方两端应做成 135°弯钩，框架梁弯钩平直段长度不应小于 10d（d 为箍筋直径），次梁弯钩平直段长度不应小于 5d。现场应采用箍筋帽封闭开口箍，箍筋帽宜两端做成 135°弯钩，也可做成一端 135°另一端 90°弯钩，但 135°弯钩和 90°弯钩应沿纵向受力钢筋方向交错设置，框架梁弯钩平直段长度不应小于 10d（d 为箍筋直径），次梁 135°弯钩平直段长度不应小于 5d，90°弯钩平直段长度不应小于 10d。

③ 框架梁箍筋加密区长度内的箍筋肢距：一级抗震等级，不宜大于 200mm 和 20 倍箍筋直径的较大值，且不应大于 300mm；二、三级抗震等级，不宜大于 250mm 和 20 倍箍筋直径的较大值，且不应大于 350mm；四级抗震等级，不宜大于 300mm，且不应大于 400mm。

2）预制柱的设计应满足现行国家标准《混凝土结构设计规范》GB 50010 的要求，并应符合下列规定：

① 矩形柱截面边长不宜小于 400mm，圆形截面柱直径不宜小于 450mm，且不宜小于同方向梁宽的 1.5 倍。

② 柱纵向受力钢筋在柱底连接时，柱箍筋加密区长度不应小于纵向受力钢筋连接区域长度与 500mm 之和；当采用套筒灌浆连接或浆锚搭接连接等方式时，套筒或搭接段上端第一道箍筋距离套筒或搭接段顶部不应大于 50mm。

③ 柱纵向受力钢筋直径不宜小于 20mm，纵向受力钢筋的间距不宜大于 200mm 且不应大于 400mm。柱的纵向受力钢筋可集中于四角配置且宜对称布置。柱中可设置纵向辅助钢筋且直径不宜小于 12mm 和箍筋直径；当正截面承载力计算不计入纵向辅助钢筋时，纵向辅助钢筋可不伸入框架节点。

④ 预制柱箍筋可采用连续复合箍筋。

（5）装配整体式剪力墙结构

1）上下层预制剪力墙的竖向钢筋连接应符合下列规定：

① 边缘构件的竖向钢筋应逐根连接。

② 预制剪力墙的竖向分布钢筋宜采用双排连接。

③ 除下列情况外，墙体厚度不大于 200mm 的丙类建筑预制剪力墙的竖向分布钢筋可采用单排连接，且在计算分析时不应考虑剪力墙平面外刚度及承载力。

A. 抗震等级为一级的剪力墙；

B. 轴压比大于 0.3 的抗震等级为二、三、四级的剪力墙；

C. 一侧无楼板的剪力墙；

D. 一字形剪力墙、一端有翼墙连接但剪力墙非边缘构件区长度大于 3m 的剪力墙以及两端有翼墙连接但剪力墙非边缘构件区长度大于 6m 的剪力墙。

④ 抗震等级为一级的剪力墙以及二、三级底部加强部位的剪力墙，剪力墙的边缘构件竖向钢筋宜采用套筒灌浆连接。

2）当上下层预制剪力墙竖向钢筋采用套筒灌浆连接时，应符合下列规定：

① 当竖向分布钢筋采用"梅花形"部分连接时，连接钢筋的配筋率不应小于现行国家标准《建筑抗震设计规范》GB 50011 规定的剪力墙竖向分布钢筋最小配筋率要求，连接钢筋的直径不应小于 12mm，同侧间距不应大于 600mm，且在剪力墙构件承载力设计和分布钢筋配筋率计算中不得计入未连接的分布钢筋；未连接的竖向分布钢筋直径不应小于 6mm。

② 竖向分布钢筋采用单排连接；剪力墙两侧竖向分布钢筋与配置于墙体厚度中部的连接钢筋搭接连接，连接钢筋位于内、外侧被连接钢筋的中间；连接钢筋受拉承载力不应小于上下层被连接钢筋受拉承载力较大值的 1.1 倍，间距不宜大于 300mm。下层剪力墙连接钢筋自下层预制墙顶算起的埋置长度不应小于 $1.2l_{aE}+b_w/2$（b_w 为墙体厚度），上层剪力墙连接钢筋自套筒顶面算起的埋置长度不应小于 l_{aE}，上层连接钢筋顶部至套筒底部的长度尚不应小于 $1.2l_{aE}+b_w/2$，l_{aE} 按连接钢筋直径计算。钢筋连接长度范围内应配置拉筋，同一连接接头内的拉筋配筋面积不应小于连接钢筋的面积；拉筋沿竖向的间距不应大于水平分布钢筋间距，且不宜大于 150mm；拉筋沿水平方向的间距不应大于竖向分布钢筋间距，直径不应小于 6mm；拉筋应紧靠连接钢筋，并钩住最外层分布钢筋。

3）当上下层预制剪力墙竖向钢筋采用挤压套筒连接时，应符合下列规定：

① 预制剪力墙底后浇段内的水平钢筋直径不应小于 10mm 和预制剪力墙水平分布钢筋直径的较大值，间距不宜大于 100mm；楼板顶面以上第一道水平钢筋距楼板顶面不宜大于 50mm，套筒上端第一道水平钢筋距套筒顶部不宜大于 20mm；

② 竖向分布钢筋采用"梅花形"部分连接。

4）当上下层预制剪力墙竖向钢筋采用浆锚搭接连接时，应符合下列规定：

① 当竖向钢筋非单排连接时，下层预制剪力墙连接钢筋伸入预留灌浆孔道内的长度不应小于 $1.2l_{aE}$；

② 竖向分布钢筋采用"梅花形"部分连接；

③ 竖向分布钢筋采用单排连接；剪力墙两侧竖向分布钢筋与配置于墙体厚度中部的连接钢筋搭接连接，连接钢筋位于内、外侧被连接钢筋的中间；连接钢筋受拉承载力不应小于上下层被连接钢筋受拉承载力较大值的 1.1 倍，间距不宜大于 300mm。连接钢筋自下层剪力墙顶算起的埋置长度不应小于 $1.2l_{aE}+b_w/2$（b_w 为墙体厚度），自上层预制墙体底部伸入预留灌浆孔道内的长度不应小于 $1.2l_{aE}+b_w/2$，l_{aE} 按连接钢筋直径计算。钢筋连接长度范围内应配置拉筋，同一连接接头内的拉筋配筋面积不应小于连接钢筋的面积；拉筋沿竖向的间距不应大于水平分布钢筋间距，且不宜大于 150mm；拉筋沿水平方向的肢距不应大于竖向分布钢筋间距，直径不应小于 6mm；拉筋应紧靠连接钢筋，并钩住最外层分布钢筋。

3. 外围护系统设计

（1）外围护系统设计应包括下列内容：

1）外围护系统的性能要求；

2）外墙板及屋面板的模数协调要求；

3）屋面结构支承构造节点；

4）外墙板连接、接缝及外门窗洞口等构造节点；

5）阳台、空调板、装饰件等连接构造节点。

（2）外墙板与主体结构的连接应符合下列规定：

1）连接节点在保证主体结构整体受力的前提下，应牢固可靠、受力明确、传力简捷、构造合理；

2）连接节点应具有足够的承载力。承载能力极限状态下，连接节点不应发生破坏；当单个连接节点失效时，外墙板不应掉落；

3）连接部位应采用柔性连接方式，连接节点应具有适应主体结构变形的能力；

4）节点设计应便于工厂加工、现场安装就位和调整；

5）连接件的耐久性应满足使用年限要求。

（3）外墙板接缝应符合下列规定：

1）接缝处应根据当地气候条件合理选用构造防水、材料防水相结合的防排水设计；

2）接缝宽度及接缝材料应根据外墙板材料、立面分格、结构层间位移、温度变形等因素综合确定；所选用的接缝材料及构造应满足防水、防渗、抗裂、耐久等要求；接缝材料应与外墙板具有相容性；外墙板在正常使用下，接缝处的弹性密封材料不应破坏；

3）接缝处以及与主体结构的连接处应设置防止形成热桥的构造措施。

4. 内装系统设计

（1）轻质隔墙系统设计应符合下列规定：

1）宜结合室内管线的敷设进行构造设计，避免管线安装和维修更换对墙体造成破坏；

2）应满足不同功能房间的隔声要求；

3）应在吊挂空调、画框等部位设置加强板或采取其他可靠加固措施。

（2）吊顶系统设计应满足室内净高的需求，并应符合下列规定：

1）宜在预制楼板（梁）内预留吊顶、桥架、管线等安装所需预埋件；

2）应在吊顶内设备管线集中部位设置检修口。

（3）楼地面系统宜选用集成化部品系统，并符合下列规定：

1）楼地面系统的承载力应满足房间使用要求；

2）架空地板系统宜设置减振构造；

3）架空地板系统的架空高度应根据管径尺寸、敷设路径、设置坡度等确定，并应设置检修口；

（4）墙面系统宜选用具有高差调平作用的部品，并应与室内管线进行集成设计。

1.2.3 《装配式钢结构建筑技术标准》GB/T 51232—2016

1. 建筑设计

（1）装配式钢结构建筑应符合国家现行标准对建筑适用性能、安全性能、环境性能、经济性能、耐久性能等综合规定。

（2）装配式钢结构建筑应模数协调，采用模块化、标准化设计，将结构系统、外围护系统、设备与管线系统和内装系统进行集成。

2. 集成设计

（1）装配式钢结构建筑可根据建筑功能、建筑高度以及抗震设防烈度等选择下列8种结构体系：钢框架结构、钢框架—支撑结构、钢框架—延性墙板结构、筒体结构、巨型结构、交错桁架结构、门式刚架结构、低层冷弯薄壁型钢结构。当有可靠依据，通过相关论证，也可采用其他结构体系，包括新型构件和节点。

（2）装配式钢结构建筑构件之间的连接设计应符合下列规定：

1）抗震设计时，连接设计应符合构造要求，并应按弹塑性设计，连接的极限承载力应大于构件的全塑性承载力；

2）装配式钢结构建筑构件的连接宜采用螺栓连接，也可采用焊接；

3）有可靠依据时，梁柱可采用全螺栓的半刚性连接，此时结构计算应计入节点转动对刚度的影响。

（3）装配式钢结构建筑的楼板应符合下列规定：

1）楼板可选用工业化程度高的压型钢板组合楼板、钢筋桁架楼承板组合楼板、预制混凝土叠合楼板及预制预应力空心楼板等；

2）楼板应与主体结构可靠连接，保证楼盖的整体牢固性；

3）抗震设防烈度为6、7度且房屋高度不超过50m时，可采用装配式楼板（全预制楼板）或其他轻型楼盖，但应采取下列措施之一保证楼板的整体性：

① 设置水平支撑；

② 采取有效措施保证预制板之间的可靠连接。

4）装配式钢结构建筑可采用装配整体式楼板，但应适当降低表1-14中的最大高度。

5）楼盖舒适度应符合现行行业标准《高层民用建筑钢结构技术规程》JGJ 99 的规定。

多高层装配式钢结构适用的最大高度（m）　　　　　　　表1-14

结构体系(结构类型)	抗震设防烈度					
	6度 (0.05g)	7度 (0.10g)	7度 (0.15g)	8度 (0.20g)	8度 (0.30g)	9度 (0.40g)
钢框架结构	110	110	90	90	70	50
钢框架—中心支撑结构	220	220	200	180	150	120
钢框架—偏心支撑结构、 钢框架—屈曲约束支撑结构、 钢框架—延性墙板结构	240	240	220	200	180	160
筒体(框筒、筒中筒、桁架筒、 束筒)结构、巨型结构	300	300	280	260	240	180
交错桁架结构	90	60	60	40	40	

注：1. 房屋高度指室外地面到主要屋面板板顶的高度（不包括局部突出屋顶部分）；

　　2. 超过表内高度的房屋，应进行专门研究和论证，采取有效的加强措施；

　　3. 交错桁架结构不得用于9度区；

　　4. 柱子可采用钢柱或钢管混凝土柱；

　　5. 特殊设防类，6度、7度、8度时宜按本地区抗震设防烈度提高一度后符合本表要求，9度时应做专门研究。

（4）装配式钢结构建筑的楼梯应符合下列规定：

1）宜采用装配式混凝土楼梯或钢楼梯；

2）楼梯与主体结构宜采用不传递水平作用的连接形式。

3．外围护系统

（1）外围护系统应根据建筑所在地区的气候条件、使用功能等综合确定抗风性能、抗震性能、耐撞击性能、防火性能、水密性能、气密性能、隔声性能、热工性能和耐久性能等要求，屋面系统还应满足结构性能要求。

（2）外墙板与主体结构的连接应符合下列规定：

1）连接节点在保证主体结构整体受力的前提下，应牢固可靠、受力明确、传力简捷、构造合理；

2）连接节点应具有足够的承载力。承载能力极限状态下，连接节点不应发生破坏；当单个连接节点失效时，外墙板不应掉落；

3）连接部位应采用柔性连接方式，连接节点应具有适应主体结构变形的能力；

4）节点设计应便于工厂加工、现场安装就位和调整；

5）连接件的耐久性应满足设计使用年限的要求。

（3）现场组装骨架外墙应符合下列规定：

1）骨架应具有足够的承载力、刚度和稳定性，并应与主体结构可靠连接；骨架应进行整体及连接节点验算；

2）墙内敷设电气线路时，应对其进行穿管保护；

3）宜根据基层墙板特点及形式进行墙面整体防水。

4）金属骨架组合外墙应符合下列规定：

① 金属骨架应设置有效的防腐蚀措施；

② 骨架外部、中部和内部可分别设置防护层、隔离层、保温隔汽层和内饰层，并根据使用条件设置防水透汽材料、空气间层、反射材料、结构蒙皮材料和隔汽材料等。

（4）建筑幕墙应符合下列规定：

1）应根据建筑物的使用要求、建筑造型，合理选择幕墙形式，宜采用单元式幕墙系统；

2）应根据不同的面板材料，选择相应的幕墙结构、配套材料和构造方式等；

3）应具有适应主体结构层间变形的能力；主体结构中连接幕墙的预埋件、锚固件应能承受幕墙传递的荷载和作用，连接件与主体结构的锚固极限承载力应大于连接件本身的全塑性承载力。

1.2.4 《装配式建筑评价标准》GB/T 51129—2017

1．装配率计算

（1）装配率应根据表 1-15 中评价分项按下式计算：

$$P=\frac{Q_1+Q_2+Q_3}{100-Q_4}\times100\%$$
（1-5）

式中 P——装配率；

Q_1——主体结构指标实际得分值；

Q_2——围护墙和内隔墙指标实际得分值；

Q_3——装修和设备管线指标实际得分值；

Q_4——评价项目中缺少的评价项分值总和。

装配式建筑评分表　　　　　　　　　　　表 1-15

评价项		评价要求	评价分值	最低分值
主体结构 （50）	柱、支撑、承重墙、延性墙板等竖向构件	35%≤比例≤80%	20～30*	20
	梁、板、楼梯、阳台、空调板等构件	70%≤比例≤80%	10～20*	
围护墙和 内隔墙（20）	非承重围护墙非砌筑	比例≥80%	5	10
	围护墙与保温、隔热、装饰一体化	70%≤比例≤80%	2～5*	
	内隔墙非砌筑	比例≥50%	5	
	内隔墙与管线、装修一体化	70%≤比例≤80%	2～5*	
装修和设 备管线（30）	全装修	—	6	6
	干式工法楼面、地面	比例≥70%	6	—
	集成厨房	70%≤比例≤90%	3～6*	
	集成卫生间	70%≤比例≤90%	3～6*	
	管线分离	50%≤比例≤70%	4～6*	

注：表中带"＊"项的分值采用"内插法"计算，计算结果取小数点后1位。

（2）柱、支撑、承重墙、延性墙板等主体结构竖向构件主要采用混凝土材料时，预制部品部件的应用比例应按下式计算：

$$q_{1a} = \frac{V_{1a}}{V} \times 100\% \qquad (1-6)$$

式中　q_{1a}——柱、支撑、承重墙、延性墙板等主体结构竖向构件中预制部品部件的应用比例；

　　　V_{1a}——柱、支撑、承重墙、延性墙板等主体结构竖向构件中预制混凝土体积之和，符合本标准规定的预制构件间连接部分的后浇混凝土也可计入计算；

　　　V——柱、支撑、承重墙、延性墙板等主体结构竖向构件混凝土总体积。

（3）当符合下列规定时，主体结构竖向构件间连接部分的后浇混凝土可计入预制混凝土体积计算。

1）预制剪力墙板之间宽度不大于 600mm 的竖向现浇段和高度不大于 300mm 的水平后浇带、圈梁的后浇混凝土体积；

2）预制框架柱和框架梁之间柱梁节点区的后浇混凝土体积；

3）预制柱间高度不大于柱截面较小尺寸的连接区后浇混凝土体积。

（4）梁、板、楼梯、阳台、空调板等构件中预制部品部件的应用比例应按下式计算：

$$q_{1b} = \frac{A_{1b}}{A} \times 100\% \qquad (1-7)$$

式中　q_{1b}——梁、板、楼梯、阳台、空调板等构件中预制部品部件的应用比例；

　　　A_{1b}——各楼层中预制梁、板、楼梯、阳台、空调板等构件的水平投影面积之和；

　　　A——各楼层建筑平面总面积。

（5）预制装配式楼板、屋面板的水平投影面可包括：

1）预制装配式叠合楼板、屋面板的水平投影面积；

2）预制构件间宽度不大于300mm的后浇混凝土带水平投影面积；

3）金属楼承板和屋面板、木楼盖和屋盖及其他在施工现场免支模的楼盖和屋盖的水平投影面积。

（6）非承重围护墙中非砌筑墙体的应用比例应按下式计算：

$$q_{2a} = \frac{A_{2a}}{A_{W1}} \times 100\%$$ （1-8）

式中　q_{2a}——非承重围护墙中非砌筑墙体的应用比例；

A_{2a}——各楼层中非承重围护墙中非砌筑墙体的外表面积之和，计算时可不扣除门、窗及预留洞口等的面积；

A_{W1}——各楼层非承重围护墙外表面总面积，计算时可不扣除门、窗及预留洞口等的面积。

（7）围护墙采用墙体、保温、隔热、装饰一体化的应用比例应按下式计算：

$$q_{2b} = \frac{A_{2b}}{A_{W2}} \times 100\%$$ （1-9）

式中　q_{2b}——围护墙采用墙体、保温、隔热、装饰一体化的应用比例；

A_{2b}——各楼层围护墙采用墙体、保温、隔热、装饰一体化的墙面外表面积之和，计算时可不扣除门、窗及预留洞口等的面积；

A_{W2}——各楼层围护墙外表面总面积，计算时可不扣除门、窗及预留洞口等的面积。

（8）内隔墙中非砌筑墙体的应用比例应按下式计算：

$$q_{2c} = \frac{A_{2c}}{A_{W3}} \times 100\%$$ （1-10）

式中　q_{2c}——内隔墙中非砌筑墙体的应用比例；

A_{2c}——各楼层内隔墙中非砌筑墙体的墙面面积之和，计算时可不扣除门、窗及预留洞口等的面积；

A_{W3}——各楼层内隔墙面总面积，计算时可不扣除门、窗及预留洞口等的面积。

（9）内隔墙采用墙体、管线、装修一体化的应用比例应按下式计算：

$$q_{2d} = \frac{A_{2d}}{A_{W3}} \times 100\%$$ （1-11）

式中　q_{2d}——内隔墙采用墙体、管线、装修一体化的应用比例；

A_{2d}——各楼层内隔墙采用墙体、管线、装修一体化的墙面面积之和，计算时可不扣除门、窗及预留洞口等的面积。

（10）干式工法楼面、地面的应用比例应按下式计算：

$$q_{3a} = \frac{A_{3a}}{A} \times 100\%$$ （1-12）

式中　q_{3a}——干式工法楼面、地面的应用比例；

A_{3a}——各楼层采用干式工法楼面、地面的水平投影面积之和。

（11）集成厨房的橱柜和厨房设备等应全部安装到位，墙面、顶面和地面中干式工法的应用比例应按下式计算：

$$q_{3b} = \frac{A_{3b}}{A_k} \times 100\% \qquad (1-13)$$

式中　q_{3b}——集成厨房干式工法楼面、地面的应用比例；

　　　A_{3b}——各楼层厨房墙面、顶面和地面采用干式工法面积之和；

　　　A_k——各楼层厨房的墙面、顶面和地面的总面积。

（12）集成卫生间的洁具设备等应全部安装到位，墙面、顶面和地面中干式工法的应用比例应按下式计算：

$$q_{3c} = \frac{A_{3c}}{A_b} \times 100\% \qquad (1-14)$$

式中　q_{3c}——集成卫生间干式工法楼面、地面的应用比例；

　　　A_{3c}——各楼层卫生间墙面、顶面和地面采用干式工法的面积之和；

　　　A_b——各楼层卫生间的墙面、顶面和地面的总面积。

（13）管线分离比例应按下式计算：

$$q_{3d} = \frac{L_{3d}}{L} \times 100\% \qquad (1-15)$$

式中　q_{3d}——管线分离比例；

　　　L_{3d}——各楼层管线分离的长度，包括裸露于室内空间以及敷设在地面架空层、非承重墙体空腔和吊顶内的电气、给水排水和采暖管线长度之和；

　　　L——各楼层电气、给水排水和采暖管线的总长度。

2. 装配式建筑评价与等级划分

（1）装配式建筑评价应符合下列规定：

1）设计阶段宜进行预评价，并应按设计文件计算装配率；

2）项目评价应在项目竣工验收后进行，并应按竣工验收资料计算装配率和确定评价等级。

（2）装配式建筑应同时满足下列要求：

1）主体结构部分的评价分值不低于 20 分；

2）围护墙和内隔墙部分的评价分值不低于 10 分；

3）采用全装修；

4）装配率不低于 50％。

（3）当评价项目满足本标准规定，且主体结构竖向构件中预制部品部件的应用比例不低于 35％时，可进行装配式建筑等级评价。

（4）装配式建筑评价等级应划分为 A 级、AA 级、AAA 级，并应符合下列规定：

1）装配率为 60％～75％时，评价为 A 级装配式建筑；

2）装配率为 76％～90％时，评价为 AA 级装配式建筑；

3）装配率为 91％及以上时，评价为 AAA 级装配式建筑。

1.2.5 《建筑信息模型施工应用标准》GB/T 51235—2017

1. 施工模型

（1）施工模型宜按统一的规则和要求创建。当按专业或任务分别创建时，各模型应协调一致，并能够集成应用。

（2）深化设计模型宜在施工图设计模型基础上，通过增加或细化模型元素等方式进行创建。

（3）施工过程模型宜在施工图设计模型或深化设计模型基础上创建。宜根据工作分解结构（WBS）和施工方法对模型元素进行必要的拆分或合并处理，并按要求在施工过程中对模型及模型元素附加或关联施工信息。

（4）竣工验收模型宜在施工过程模型的基础上，根据工程项目竣工验收要求，通过修改、增加或删除相关信息创建。

2. 模型细度

（1）施工图设计模型的模型细度应符合国家现行设计文件编制深度规定。

（2）深化设计模型宜包括土建、钢结构、机电等子模型，支持深化设计、专业协调、施工模拟、预制加工、施工交底等 BIM 应用。

（3）施工过程模型宜包括施工模拟、预制加工、进度管理、成本管理、质量与安全管理等子模型，支持施工模拟、预制加工、进度管理、成本管理、质量与安全管理、施工监理等 BIM 应用。

（4）竣工验收模型宜基于施工过程模型形成，包含工程变更，并附加或关联相关验收资料及信息，与工程项目交付实体一致，支持竣工验收 BIM 应用。

3. 模型信息共享

（1）用于共享的模型元素应能被唯一识别。

（2）用于共享的模型应满足下列要求：

1）模型与设计保持一致；

2）模型数据已经通过审核、清理；

3）模型数据是经过确认的版本；

4）模型数据内容和格式符合数据互用要求。

4. 深化设计

（1）在现浇混凝土结构深化设计 BIM 应用中，可基于施工图设计模型或施工图创建深化设计模型，输出深化设计图、工程量清单等（如图 1-2 所示）。

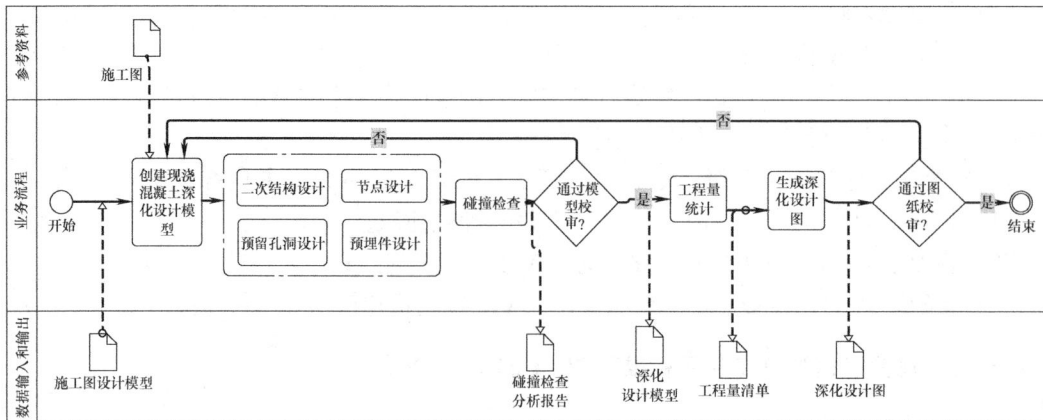

图 1-2　现浇混凝土结构深化设计 BIM 应用典型流程

（2）在装配式混凝土结构深化设计 BIM 应用中，可基于施工图设计模型或施工图，以及预制方案、施工工艺方案等创建深化设计模型，输出平立面布置图、构件深化设计图、节点深化设计图、工程量清单等（如图 1-3 所示）。

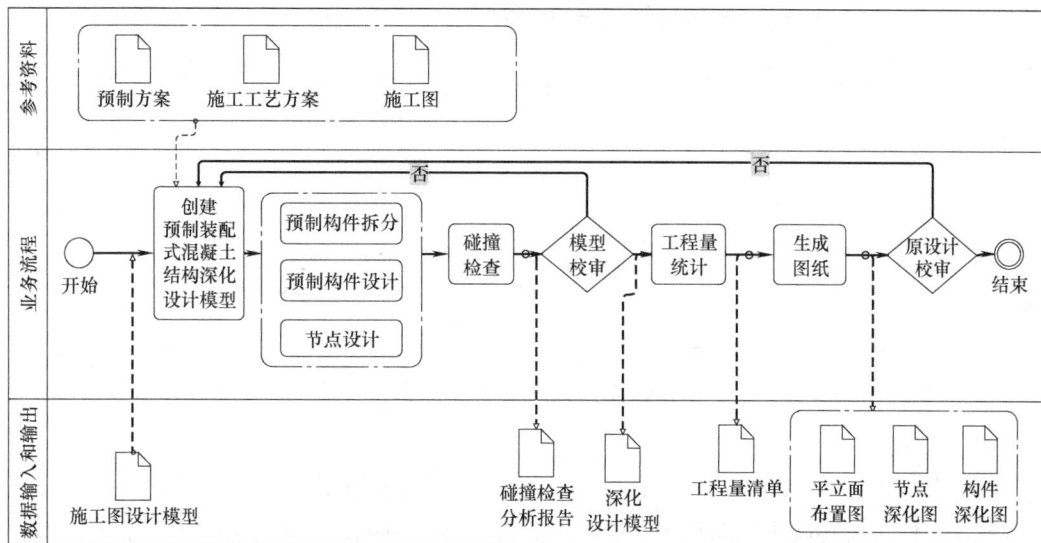

图 1-3　装配式混凝土结构深化设计 BIM 应用典型流程

（3）在钢结构深化设计 BIM 应用中，可基于施工图设计模型或施工图和相关设计文件、施工工艺文件创建钢结构深化设计模型，输出平立面布置图、节点深化设计图、工程量清单等（如图 1-4 所示）。

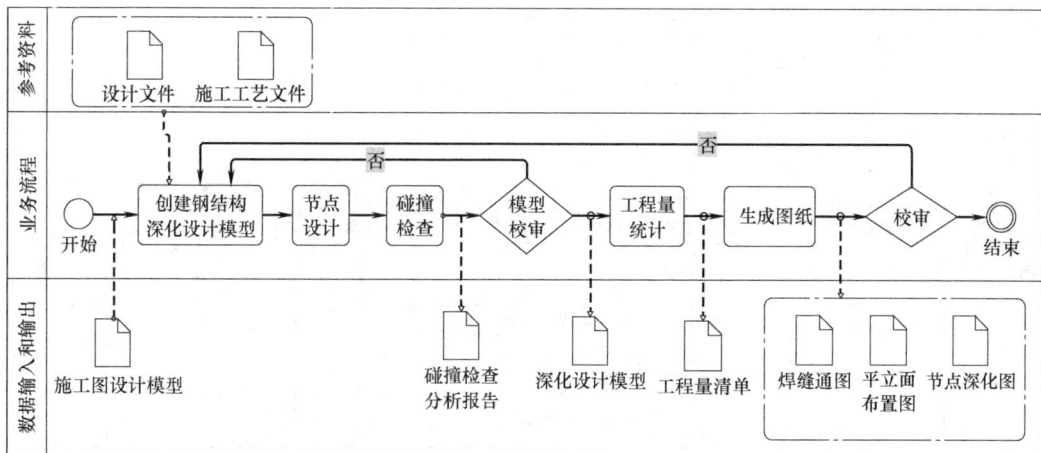

图 1-4　钢结构深化设计 BIM 应用典型流程

（4）在机电深化设计 BIM 应用中，可基于施工图设计模型或建筑、结构、机电和装饰专业设计文件创建机电深化设计模型，完成相关专业管线综合，校核系统合理性，输出机电管线综合图、机电专业施工深化设计图、相关专业配合条件图和工程量清单等（如图 1-5 所示）。

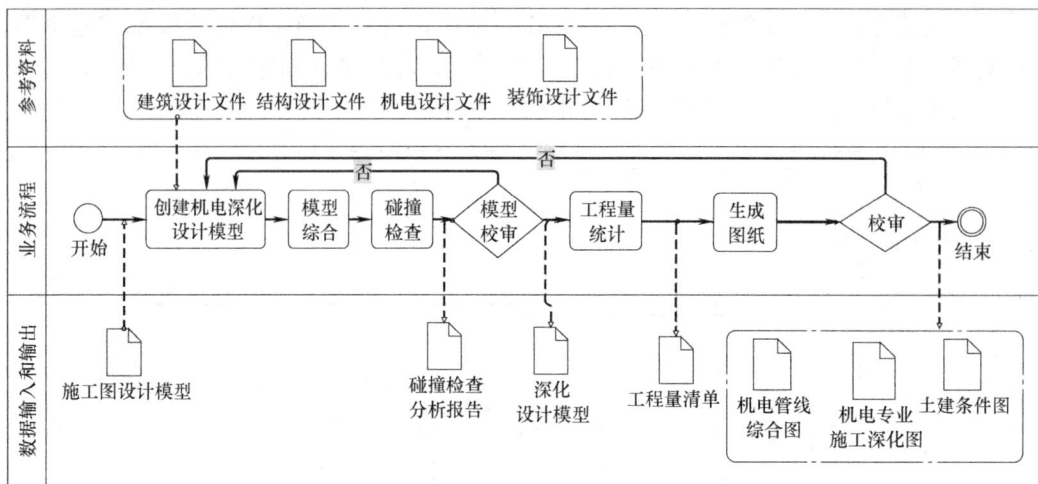

图 1-5　机电深化设计 BIM 应用典型流程

5. 施工模拟

（1）在施工组织模拟 BIM 应用中，可基于设计模型或深化设计模型和施工图、施工组织设计文档等创建施工组织模型，并应将工序安排、资源配置和平面布置等信息与模型关联，输出施工进度、资源配置等计划，指导和支持模型、视频、说明文档等成果的制作与方案交底（如图 1-6 所示）。

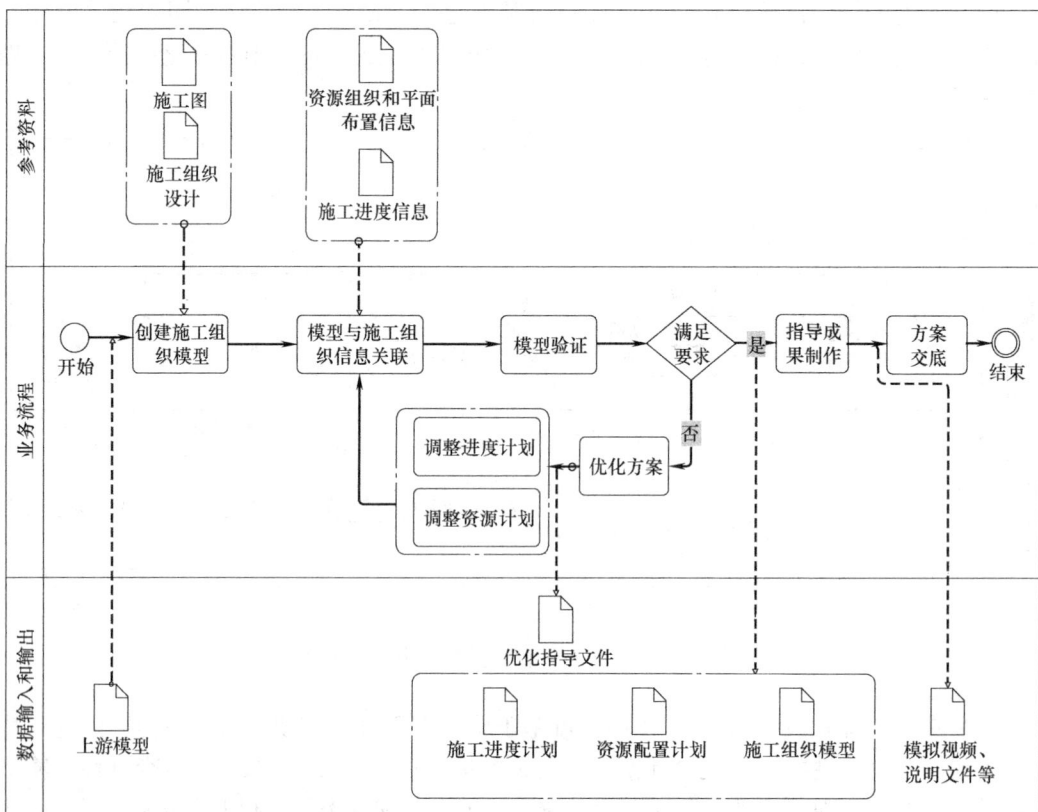

图 1-6　施工组织模拟 BIM 应用典型流程

（2）在施工工艺模拟 BIM 应用中，可基于施工组织模型和施工图创建施工工艺模型，并将施工工艺信息与模型关联，输出资源配置计划、施工进度计划等，指导模型创建、视频制作、文档编制和方案交底（如图 1-7 所示）。

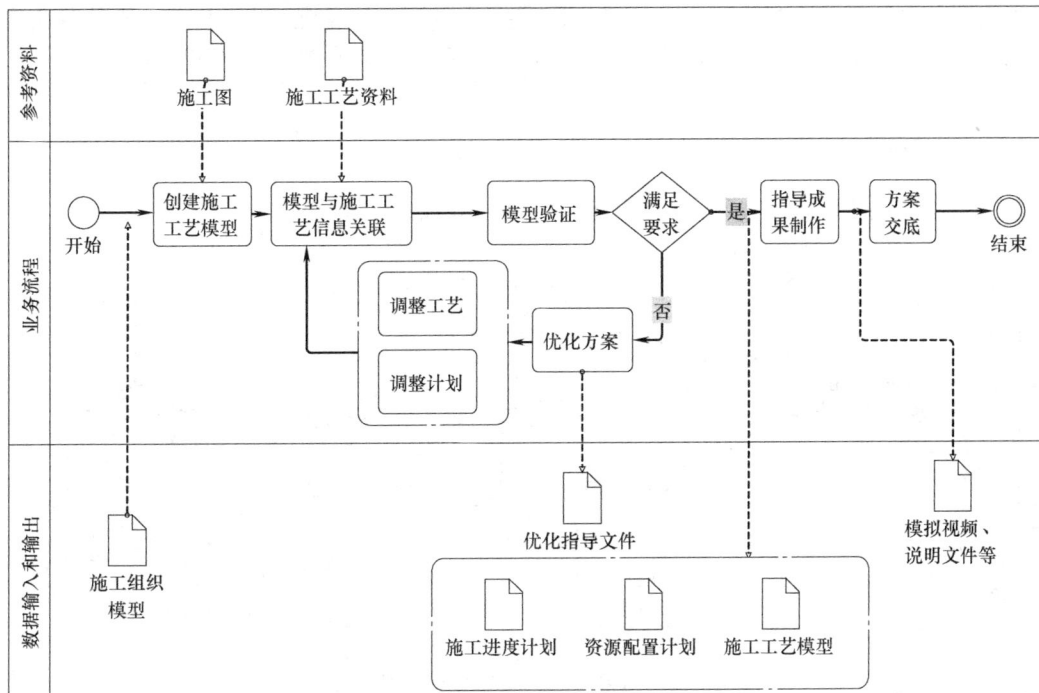

图 1-7　施工工艺模拟 BIM 应用典型流程

6. 预制加工

（1）在混凝土预制构件生产 BIM 应用中，可基于深化设计模型和生产确认函、变更确认函、设计文件等创建混凝土预制构件生产模型，通过提取生产料单和编制排产计划形成资源配置计划和加工图，并在构件生产和质量验收阶段形成构件生产的进度、成本和质量追溯等信息（如图 1-8 所示）。

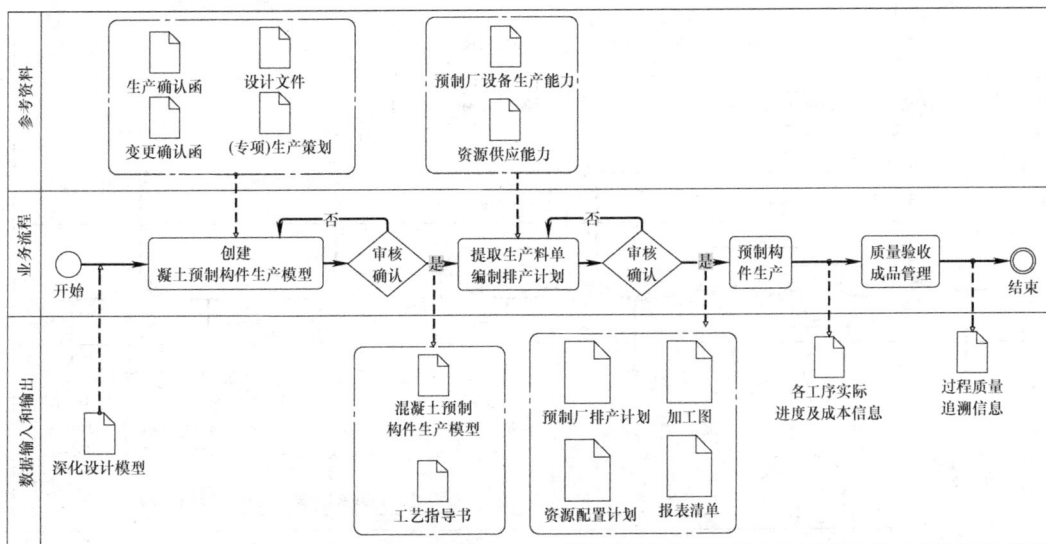

图 1-8　混凝土预制构件生产 BIM 应用典型流程

（2）在钢结构构件加工 BIM 应用中，可基于深化设计模型和加工确认函、变更确认函、设计文件创建钢结构构件加工模型，基于专项加工方案和技术标准完成模型细部处理，基于材料采购计划提取模型工程量，基于工厂设备加工能力、排产计划及工期和资源计划完成预制加工模型的批次划分，基于工艺指导书等资料编制工艺文件，并在构件生产和质量验收阶段形成构件生产的进度信息、成本信息和质量追溯信息（如图 1-9 所示）。

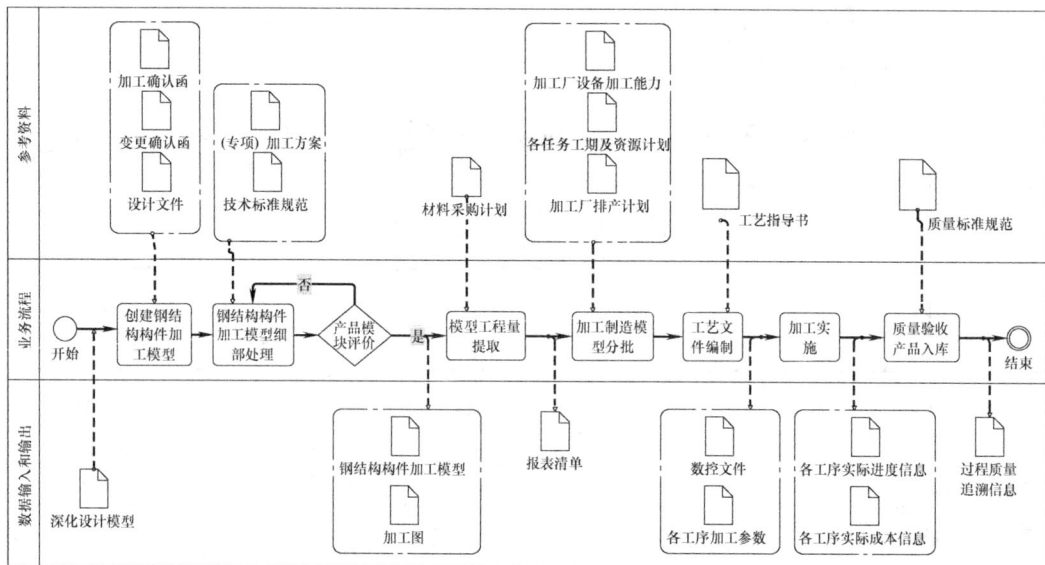

图 1-9　钢结构构件加工 BIM 应用典型流程

（3）在机电产品加工 BIM 应用中，可基于深化设计模型和加工确认函、设计变更单、施工核定单、设计文件创建机电产品加工模型，基于专项加工方案和技术标准完成模型细部处理，基于材料采购计划提取模型工程量，基于工厂设备加工能力、排产计划及工期和资源计划完成预制加工模型的批次划分，基于工艺指导书等资料编制工艺文件，在构件生产和质量验收阶段形成构件生产的进度信息、成本信息和质量追溯信息（如图 1-10 所示）。

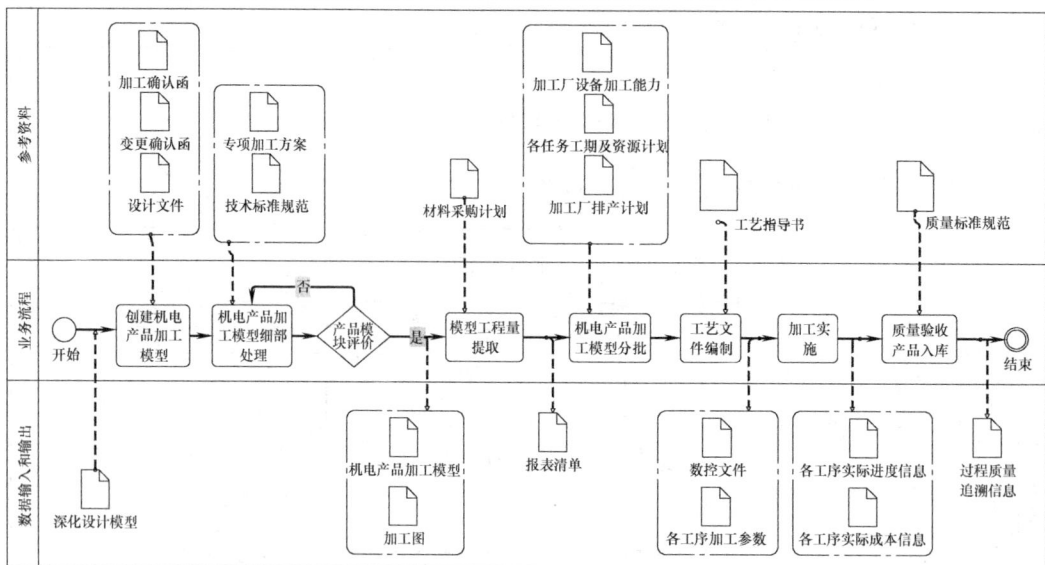

图 1-10　机电产品加工 BIM 应用典型流程

7. 进度管理

(1) 在进度计划编制 BIM 应用中，可基于项目特点创建工作分解结构，并编制进度计划，可基于深化设计模型创建进度管理模型，基于定额完成工程量估算和资源配置、进度计划优化，并通过进度计划审查（如图 1-11 所示）。

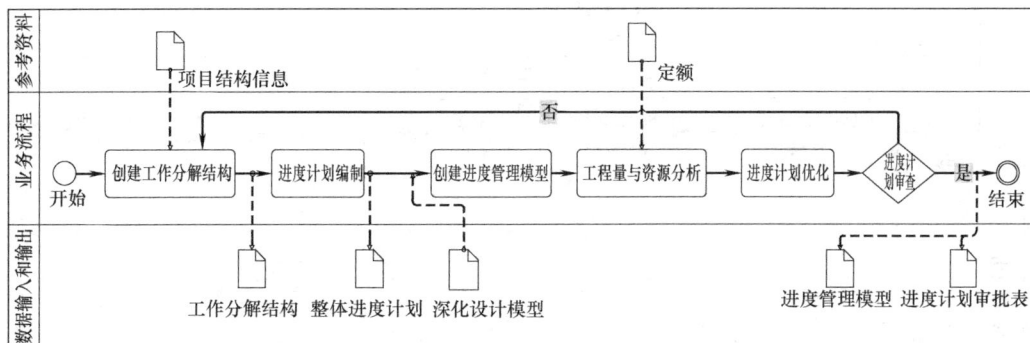

图 1-11　进度计划编制 BIM 应用典型流程

(2) 在进度控制 BIM 应用中，应基于进度管理模型和实际进度信息完成进度对比分析，并应基于偏差分析结果更新进度管理模型（如图 1-12 所示）。

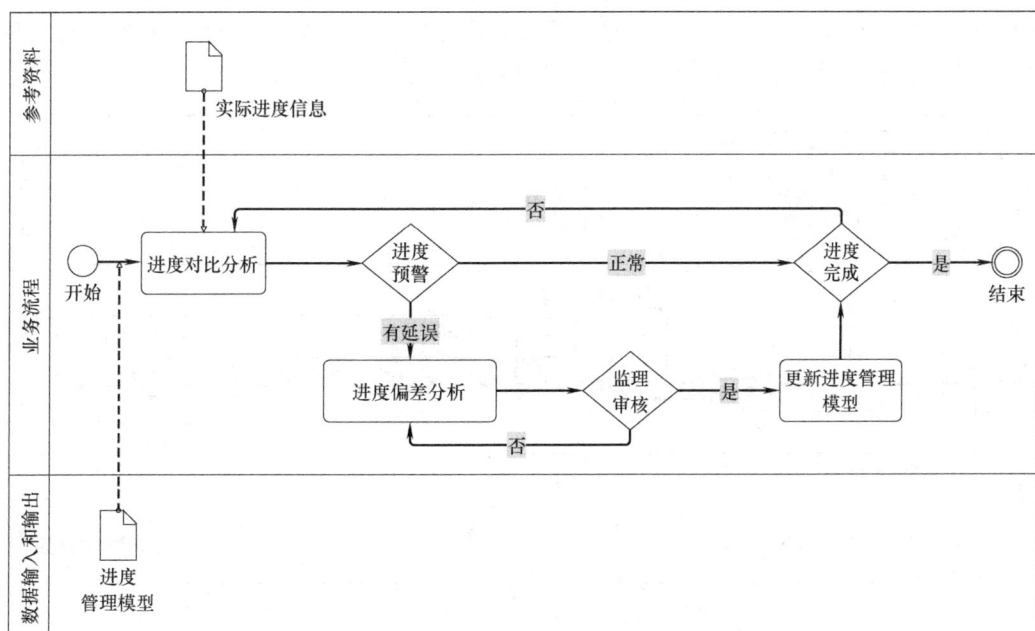

图 1-12　进度控制 BIM 应用典型流程

8. 预算与成本管理

(1) 在施工图预算 BIM 应用中，宜基于施工图设计模型创建施工图预算模型，基于清单规范和消耗量定额确定工程量清单项目，输出招标清单项目、招标控制价、投标清单项目及投标报价单（如图 1-13 所示）。

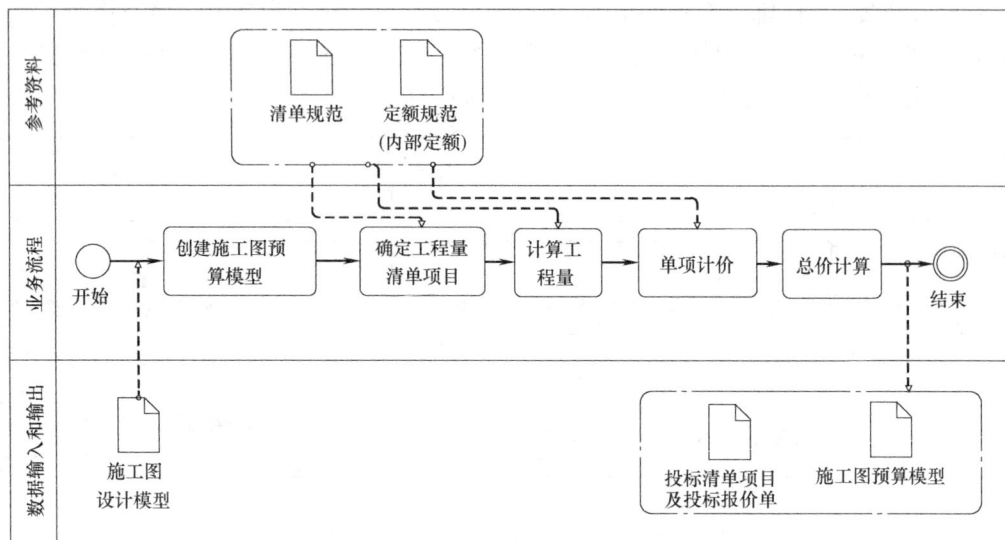

图 1-13　施工图预算 BIM 应用典型流程

（2）在成本管理 BIM 应用中，宜基于深化设计模型或预制加工模型，以及清单规范和消耗量定额创建成本管理模型，通过计算合同预算成本和集成进度信息，定期进行三算对比、纠偏、成本核算、成本分析工作（如图 1-14 所示）。

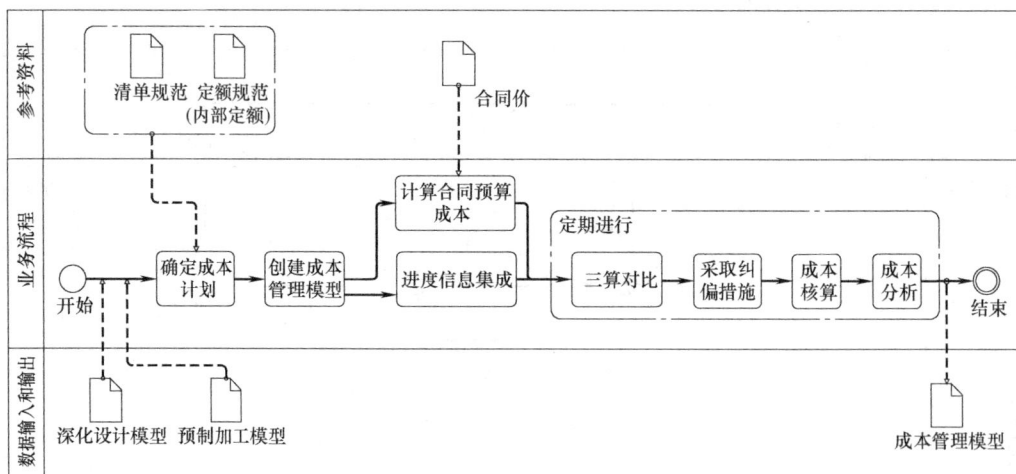

图 1-14　成本管理 BIM 应用典型流程

9. 质量与安全管理

（1）在质量管理 BIM 应用中，宜基于深化设计模型或预制加工模型创建质量管理模型，基于质量验收标准和施工资料标准确定质量验收计划，进行质量验收、质量问题处理、质量问题分析工作（如图 1-15 所示）。

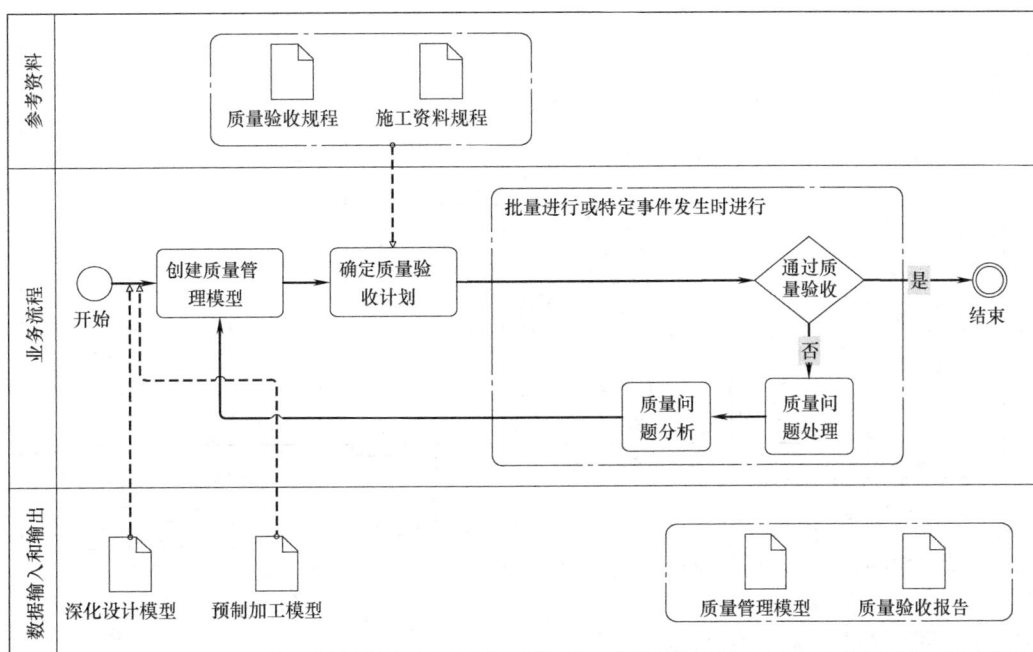

图 1-15 质量管理 BIM 应用典型流程

（2）在安全管理 BIM 应用中，宜基于深化设计或预制加工等模型创建安全管理模型，基于安全管理标准确定安全技术措施计划，采取安全技术措施，处理安全隐患和事故，分析安全问题（如图 1-16 所示）。

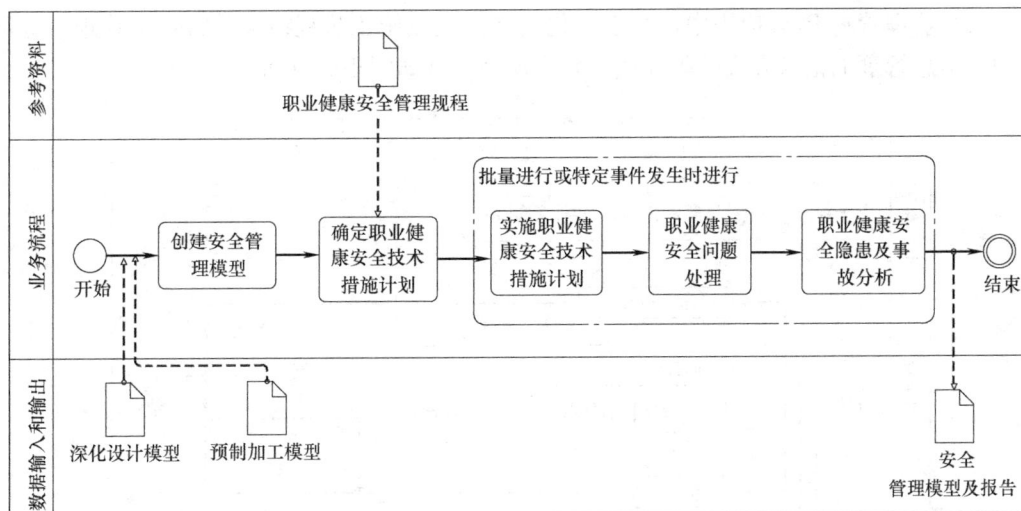

图 1-16 安全管理 BIM 应用典型流程

10. 施工监理

（1）施工监理控制中的质量、造价、进度控制，以及工程变更控制和竣工验收等应用 BIM，并将监理控制的过程记录附加或关联到相应的施工过程模型中，将竣工验收监理记录附加或关联到竣工验收模型中（如图 1-17 所示）。

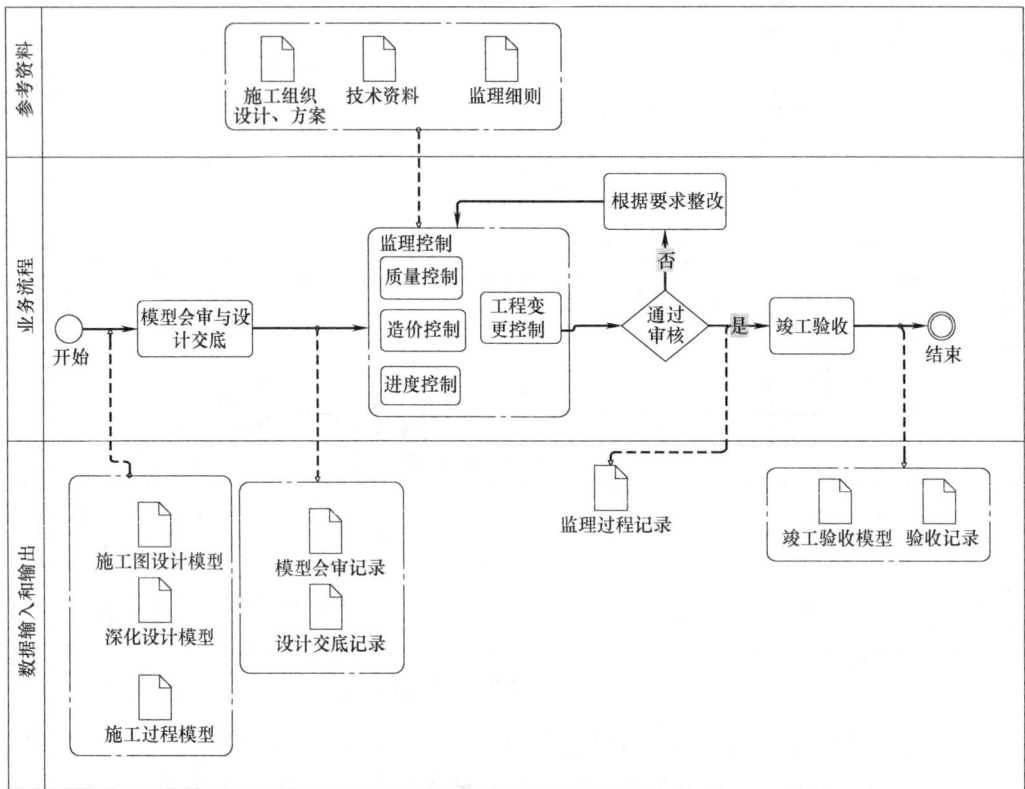

图 1-17　监理控制 BIM 应用典型流程

（2）监理管理 BIM 应用中，基于深化设计模型或施工过程模型，将安全管理、合同管理、信息管理的记录和文件附加或关联到模型中（如图 1-18 所示）。

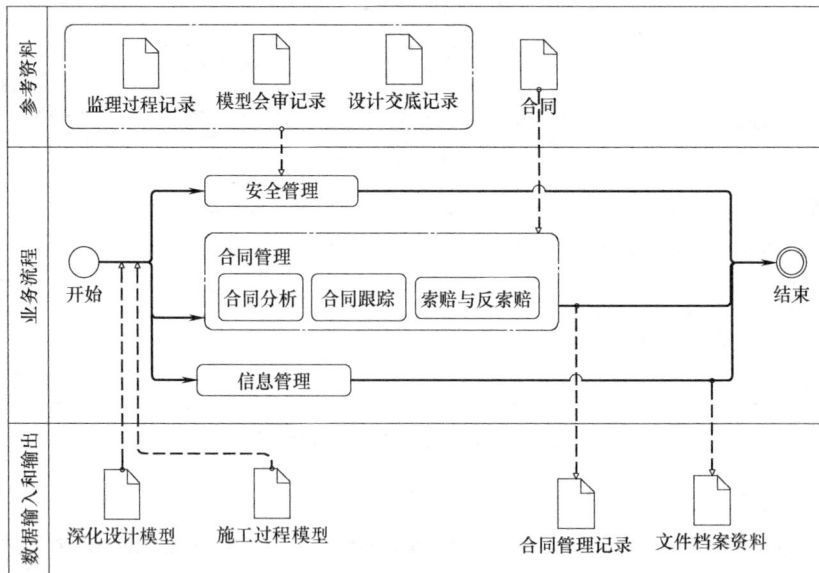

图 1-18　监理管理 BIM 应用典型流程

11. 竣工验收

在竣工验收 BIM 应用中，应将竣工预验收与竣工验收合格后形成的验收信息和资料附加或关联到模型，形成竣工验收模型（如图 1-19 所示）。

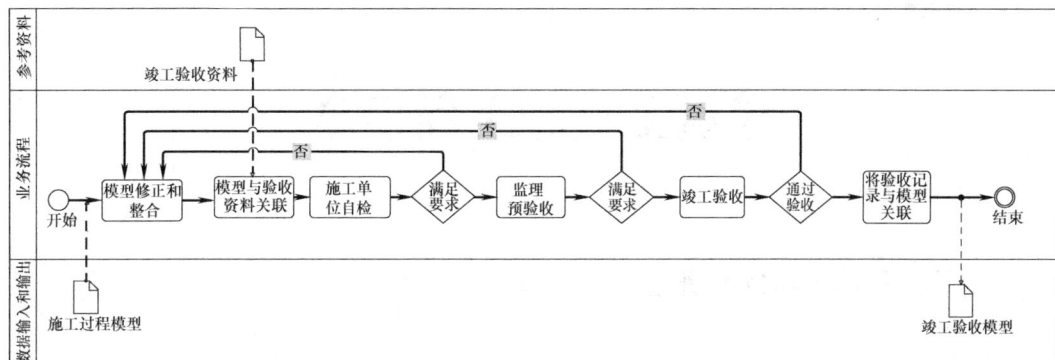

图 1-19　竣工验收 BIM 应用典型流程

2 建筑工程施工新技术

2.1 建筑工程施工新技术概述

2.1.1 建筑工程施工关键技术指标记录

建筑工程施工关键技术指标记录。见表2-1。

建筑工程施工关键技术指标 表2-1

序号	专项技术类别		重要指标名称	最大指标数据及工程名称
1	地基基础工程	1	最大压桩力	静压桩:新瑞基础工程有限公司;富基世纪公园三期项目;最大静压桩力:1200t
		2	最大冲击能量(kN·m)	液压冲击锤:中铁大桥局;平潭海峡大桥;最大冲击能量:750kN·m
		3	最大激振力(kN)	液压免共振锤:上海建工集团股份有限公司;天目路立交;最大激振力:3070kN
2	基坑工程	1	最大基坑深度	中建二局;九龙仓长沙国际金融中心;—42.45m
		2	最大单体基坑面积	中铁建设集团;海口日月广场;16.24万m²
3	地下空间	1	明挖法	最深基坑为湖南省第一高楼——长沙国金中心的基坑,该基坑深度达地下42.45m,面积约7.5万m²,土方开挖量约169万m³,为全国面积最大、复杂程度最高、房建类最深的基坑工程
		2	逆作法	上海世博500kV输变电工程,最大开挖深度35.25m
4	钢筋工程	1	最大直径钢筋	中建总公司;央视新址大楼;50mm
		2	最大钢筋强度等级	普通钢筋:中建八局昆明新机场航站楼 HRB500
5	模架工程	1	最大支模高度	中建八局;天津火箭厂房;89m
6	混凝土工程	1	大体积混凝土一次浇筑体积/一次最大浇筑厚度	中建三局;天津117大厦;6.5万m³;中建西部建设;武汉永清商务综合区;11.7m
		2	最大混凝土强度等级	中建西部建设;常规预拌混凝土生产线;C150

序号	专项技术类别		重要指标名称	最大指标数据及工程名称
6	混凝土工程	3	一次泵送最大高度	中建三局、中建西部建设；天津 117 大厦 C60 泵送至 621m，创混凝土实际泵送高度吉尼斯世界纪录； 中建一局；深圳平安金融中心；全球首次混凝土千米泵送试验 C100； 中建西部建设；LC40 轻集料混凝土泵送至武汉中心大厦垂直泵送高度达到 402.150m，刷新国内外轻集料混凝土泵送高度新纪录
7	钢结构工程	1	板材焊接最大板厚	中建钢构；深圳平安金融中心 304mm 铸钢件焊接； 央视新址主楼钢柱所用钢板最大焊接板厚 135mm，为目前全国房建工程领域之最
		2	最大单体工程钢结构总重	中建八局；杭州国际博览中心钢结构；总量 15 万 t
		3	钢结构最大提升重量	中铁建工集团；国家数字图书馆工程；单次提升重量 10388t
		4	钢结构建筑悬挑长度	中建钢构；中央电视台新址主楼；悬挑长度 75m
8	砌筑工程	1	最大砌体建筑高度	哈尔滨工业大学、黑龙江建设集团；哈尔滨市国家工程研究中心基地工程项目；檐口高度 98.80m
9	屋面与防水工程	1	金属屋面最大面积	中航三鑫；昆明长水国际机场航站楼；约 19 万 m²
		2	柔性屋面最大面积	北京奔驰 MRAⅡ项目 TPO 屋面系统；约 40 万 m²
		3	地下防水工程最大面积	上海迪士尼乐园；地下基础底板防水面积约 17 万 m²
10	幕墙工程	1	建筑幕墙最大高度	武汉绿地中心 636m
11	建筑结构装配式施工技术	1	最大建筑高度	装配式框架剪力墙结构；龙信集团龙馨家园小区老年公寓项目最高建筑 88m，装配率 80%（抗震设防烈度 6 度）； 装配式剪力墙结构；海门中南世纪城 96 号楼共 32 层，总高度 101m，预制率超 90%（抗震设防烈度 6 度地区）
12	特殊工程	1	最大单块膜面积	今腾盛膜结构技术有限公司；中国死海漂浮运动中心水上乐园；3000m²
		2	最大顶升高度	河北省建筑科学研究院；武当山遇真宫原地"抬升"15m
		3	最大平移距离	河北省建筑科学研究院；河南慈源寺 400m
13	建筑机械	1	最大塔机（t·m）	中联重科生产水平臂回转自升塔式起重机 D5200-240 塔机，最大起重能力为 240.5t，起升高度 210m，标定力矩为 5200t·m。马鞍山长江大桥主塔工程
		2	最高施工电梯（m）	上海建工集团；上海中心；472m SCD200/200V

续表

序号	专项技术类别		重要指标名称	最大指标数据及工程名称
14	季节性施工	1	混凝土浇筑最低环境温度	中铁建设集团,哈尔滨西站;—20℃
15	综合管廊	1	断面最大	北京市城市规划设计研究院;北京通州新城运河核心区复合型公共地下空间;整体结构横断面16.55×12.9m
		2	已建里程最长	广州城市规划设计院;广州大学城综合管廊;17.4km
		3	功能最完备	上海市政工程设计研究总院;上海世博会园区综合管廊

2.1.2 常见建筑施工机械技术指标记录

常见建筑施工机械关键技术指标见表2-2。

常见建筑施工机械关键技术指标   表 2-2

序号	机械名称	关键技术指标范围
1	旋挖钻机	旋挖钻机按不同型号,动力头最大扭矩可达到150～630kN·m,最大钻孔深度40～120m。目前最大的旋挖钻机其最大输出转矩为630kN·m,最大钻孔直径4.5m,最大钻孔深度140m
2	液压连续墙抓斗	目前最大的液压连续墙抓斗成槽宽度可达1.5m,槽深可达110m
3	液压挖掘机	液压挖掘机大小规格非常齐全,挖掘机整机重量涵盖了1.3～400t的范围,建筑施工常用挖掘机整机重量为6t～30t,铲斗容量0.2～1.5m³。目前国产最大液压挖掘机是徐工 XE4000 挖掘机,工作重量390t,总功率1491kW,铲斗容量22m³
4	轮式装载机	装载机按不同型号,额定载重量3t、4t、5t(最为常用)、6t、8t、9t、12t。目前国产最大的轮式装载机是 LW1200KN 轮式装载机,额定载重量12t
5	混凝土搅拌站	按型号不同,混凝土搅拌站(楼)生产率一般为25～360m³/h。徐工 HZS360 混凝土搅拌楼和南方路机 HLSS360 型水工混凝土搅拌楼是目前生产能力及搅拌机单机容量最大的混凝土搅拌楼,配 JS6000 搅拌主机,理论生产能力达360m³/h
6	混凝土搅拌运输车	2015年以前,国内混凝土搅拌运输车越来越大,市场上10～12m³搅动容量的混凝土搅拌运输车比例很大,容量最大的已达20m³。为了治理公路超载,2015年国家相关部门出台新规定,对混凝土搅拌运输车最大总质量、搅拌筒搅动容量和搅拌筒几何容量都做了严格的规定,四轴混凝土搅拌运输车最大总质量应不大于31t,搅拌筒搅拌容量应不大于8m³
7	混凝土泵及泵车	按型号不同,混凝土泵车泵送量为80～200m³/h,臂架高度30～80m; 混凝土拖泵最高泵送纪录:上海中心大厦施工中将 C100 混凝土泵上620m的高度,在天津117大厦结构封顶时 C60 高性能混凝土泵送高度达621m
8	塔式起重机	建筑施工常用塔机起重力矩63～2400tm,最大起重量5～120t。目前最大的平头塔机是永茂 STT3330,公称起重力矩3500tm,最大起重量160t;最大动臂塔机是南京中升的 QTZ3200,公称起重力矩3200t·m,最大起重量100t;最大塔头塔机是中联重科 D5200,公称起重力矩5200t·m,最大起重量240t
9	施工升降机	按型号和用途不同,施工升降机额定载重量有200～2000(常用)～10000kg,提升速度一般为36～120m/min

序号	机械名称	关键技术指标范围
10	履带式起重机	按型号不同,履带式起重机最大额定起重量有35~4000t。目前最大的履带式起重机是徐工XGC88000,最大额定起重力矩达88000tm,最大额定起重量4000t,是当前最大的履带起重机
11	汽车起重机	汽车起重机大小规格非常齐全,最大额定起重量涵盖了8~1200t的范围。目前最大的是QAY1200全地面起重机,最大额定起重量1200t
12	高空作业平台	臂架式高空作业平台常用工作高度16~42m(最高可达58m);剪叉式高空作业平台常用工作高度6~22m(最高可达34m)
13	钢筋加工机械	钢筋自动调直切断机可调直钢筋直径分为$\phi3\sim\phi6$、$\phi5\sim\phi12$、$\phi8\sim\phi14$mm等规格,最大牵引速度可达到180m/min;钢筋自动弯箍机弯曲钢筋直径分为$\phi5\sim\phi13$、$\phi10\sim\phi16$等规格,最大牵引速度可达110m/min

2.1.3 建筑工程施工技术发展趋势

建筑业施工技术发展的总体趋势是"绿色化、工业化、信息化"。以节能环保为核心的绿色建造改变传统的建造方式,以信息化融合工业化形成智慧建造是未来发展的基本方向。

1. 绿色建造

党的十九大报告提出"加快生态文明体制改革,建设美丽中国"、"必须树立和践行绿水青山就是金山银山的理念,坚持节约资源和保护环境的基本国策,像对待生命一样对待生态环境"、"建立健全绿色低碳循环的经济体系,形成绿色发展方式和生活方式"。这是我国未来的科学发展理念与行动指南。在施工方面,推进绿色建造是建筑业降低资源消耗、减少建筑垃圾排放、消除环境污染,实现节能减排的重要举措。

(1)绿色建造发展现状

绿色施工的基本理念近几年已在行业中得到了广泛的接受,施工过程注重融入"四节一环保"技术措施,已初步形成成套的绿色施工技术和较为完备的绿色施工工艺和专项技术体系。

1)增大了现场预制材料、构配件的应用比例。如钢筋集中加工配送、预制楼梯、非标准砌块工厂化集中加工、钢筋焊接网、预制混凝土薄板地模、长效防腐钢结构无污染涂装等。

2)推进了临时设施标准化。推广使用工具式加工车间、集装箱式标准养护室、可移动整体式样板、可周转装配式围墙、可周转建筑垃圾站等。

3)施工工艺新技术创新与推广,提高了绿色施工水平。如混凝土固化剂面层施工技术、轻质隔墙免抹灰技术、隔墙管线先安后砌技术、管线综合布置技术等。在污水控制方面,推广使用电缆融雪技术;在土壤与生态保护技术方面,采用现场速生植物绿化等技术。

4)信息化施工与绿色施工技术措施融合度增强。在深化设计方面,更多利用BIM技术进行节点钢筋深化设计、二次结构深化、机电管线综合排布及管线附件的统计计算,并控制复杂构配件的加工；在施工现场管理方面，采用 BIM 技术和无人机航拍技术，合理调配资源、动态布置场地；在节水与降尘方面，采用雨水回收利用、基坑降水回收利用、现场塔式起重机喷淋等措施；利用高压雾化喷头，加压泵电源安装智能遥控开关，使用手机、iPad 等终端设备通过 APP 远程遥控开关，控制现场降尘。

5）绿色施工标准体系建立并逐步完善。《建设项目工程总承包管理规范》GB/T 50358—2017 规定了绿色建造有关内容。《绿色建材评价技术导则》对砌体材料、预拌混凝土、预拌砂浆中的固体废弃物综合利用比例做出了评分规则。

（2）绿色建造的发展趋势

1）严格控制施工过程水、土、声、光、气污染，推动建筑废弃物的高效处理与再利用，实现工程建设全过程低碳环保、节能减排；推进绿色施工技术与装备的研发和应用，提升建造过程的管理水平；进一步推进绿色施工工程示范；推动绿色施工监督管理体系，建立以项目经理为主的绿色施工绩效考核制度；完善绿色施工认证制度和评价体系，加强绿色施工相关标准规范的执行力度，逐步提高建筑工程绿色施工比率。

2）采用新型建造方式，现场施工装配化。加强装配式路面、箱式活动房、装配式金属围挡、绿色基坑支护体系等可重复利用的临时设施的应用，降低建造过程建筑垃圾产生量。采用信息化手段，提升建造过程的绿色化管理水平。

3）积极推进建筑垃圾资源化利用。系统推行垃圾收集、运输、处理、再利用等各项工作，加快建筑垃圾资源化利用技术、装备研发推广，实行建筑垃圾集中处理和分级利用，建立专门的建筑垃圾集中处理基地。

2. 智慧建造

近几年，建筑业在智慧建造与应用方面，充分利用 BIM、物联网、大数据、人工智能、移动通信、云计算和虚拟现实等信息技术和相关设备，通过人机交互、感知、决策、执行和反馈，实现信息技术与建造技术的深度融合与集成，实现工程项目的设计、施工和企业管理的智慧化。形成了施工技术全面智能、工作互通互联、信息协同共享、决策科学分析、风险智慧预控的新型施工手段。

（1）智慧建造发展现状

智慧建造的系统应用，使施工管理可感知、可决策、可预测，施工现场的生产效率、管理效率和决策能力逐步提高。

1）智慧建造已逐渐成为企业信息化的重要组成部分。自动采集、产生的数据将提供给企业级项目管理系统，为企业管理提供真实、基础的第一手数据，服务于企业管理。

2）智慧建造包含智慧管理、智慧生产、智慧监控和智慧服务 4 个方面。智慧管理包括进度计划管理、任务自动分配、资源组织、知识积累与传承等；智慧生产是指智能化的生产设备，包括焊接机器人、抹灰机器人等；智慧监控则是运用各种传感器、摄像头、智能分析等技术，对项目质量、安全等行为进行监控；智慧服务是整合现场及社会资源，为项目部管理人员、建筑工人提供专属、个性化的工作、生活服务。这 4 个方面还相对滞后。

3）BIM 技术逐渐普及应用，成了"智慧建造"技术运用的基础。近几年来，很多项目在不同程度上应用了 BIM 技术，也通过了系统的 BIM 培训，成为具有 BIM 应用技能的专业人才，为全面推进"智慧建造"技术奠定了坚实基础。

（2）智慧建造的发展趋势

1）大力推广智慧建造建设，紧紧围绕人、机、料、法、环、策等关键要素，综合运用 BIM、大数据、物联网、移动计算、云计算等信息技术与机器人等相关设备，实现工程项目施工的智能化。通过人机交互、感知、决策、执行和反馈，与施工过程相融合，对工程质量、安全等生产过程及商务、技术等管理过程加以改造升级，构建互联协同、智能生产、科学管理的无纸化施工管理环境，使施工管理可感知、可决策、可预测，提高施工现场的生产效率、管理效率和决策能力，实现数字化、精细化、绿色化和智慧化的生产和管理。

2）加大智慧企业建设，建立基于大数据、智能技术、移动互联网、云计算的企业决策分析系统、智能化客户关系管理系统、资源一体化建筑供应链管理系统和企业安全集成管理系统；提高企业管理的能力、方法和技术，促进企业管理的创新。智慧建造可以帮助企业做好市场需求预测分析、投资规划和成本预测；为客户提供个性化服务，提供更具价值的建筑产品和服务；紧密关联客户、供应商和合作伙伴等企业外部资源，支持建筑企业的全球化运作和优化；从管理制度、流程、技术手段的多层次协作，确保企业战略目标的实现。

3）推广基于 BIM 技术应用的项目管理信息系统和项目大数据系统，实现 BIM 技术的普及应用。以 BIM 技术、物联网、云计算、大数据、移动互联网技术为基础，研究、推动智慧施工技术，建立基于 BIM 技术的施工协同管理模式和工作机制，实现施工过程的全面感知和数据共享，基于建筑大数据和虚拟现实技术实现施工现场质量安全等管理的预判和智能管理，提升施工生产效率。

4）推广以 BIM、测控、数控等技术为核心的智能施工装备应用。通过 BIM 与物联网、云计算、3S 等技术集成，创新施工管理模式和手段，实现施工装备的集成、过程可视化、标准化。大量减少现场人工作业，推动焊接机器人、外墙喷涂一体化、砌墙机器人、复杂幕墙安装等建筑机器人为代表的智能施工装备应用。

3. 工业化建造

工业化建造是我国建筑业的未来发展方向。它是一个涉及面广、政策性强的系统工作。

实施建筑工业化生产方式，提升工程技术水平、产品质量和安全管理；提高劳动生产率、节约资源和能源消耗、减少环境污染、减少建筑业对日益紧缺的劳动力资源依赖等方面具有明显的优势。

（1）工业化建造的发展现状

1）标准化设计

目前，大力推广装配式建筑，对实现建筑工业化起到了推动作用。现阶段装配式建筑主要集中在住宅方面，以预制装配式剪力墙体系为主，设计仍按传统模式设计，在结构施工图上再对所需预制混凝土的构件进行分解、统计、归类，还未完全达到设计、施工全过程的标准化。

2）工厂化生产

建造成本高，室内空间受限，模具设计原始，制约了建筑工业化生产。

通过 BIM 平台初步实现了设计、加工、装配全产业链数据信息交互和共享。智能工厂、数字化车间，工业机器人、智能物流管理、增材制造（3D 打印）等技术和装备在生产过程中已得到应用。

3）机械化施工

通过智能机具实现了构件进场、质量检验、堆放、定位和安装等工序的机械化和自动化，减少了现场作业人员。

4）智能化管理

生产过程、现场质量和安全管理全过程、全方位的信息化、智能化管理形成雏形。

（2）工业化建造的发展趋势

1）在房屋建筑中普及工业化建造技术及设备，实现设计标准化、构配件生产自动化、施工安装机械化和组织管理智能化，通过现代技术和信息化应用，形成制造、运输、安装和科学管理的大工业化生产方式，替代传统建筑业中分散的、低水平的、低效率的手工业生产方式；采用现代科学技术的新成果，提高劳动生产率。加快建设速度，降低工程成本，提高工程质量，使建筑业走上质量、效益型道路，实现健康持续发展。

2）研究标准化设计和协同设计的关键技术，从加工、装配和使用的角度，研究构件部品的标准化、多样化和模数模块化，建立完善工业化建筑设计体系；形成混凝土结构、钢结构、预应力结构、竹木结构、钢混结构等高性能、全装配的结构体系及连接节点设计关键技术；研究高强混凝土预制构件、高变形能力装配式节点及高效能构件等装配式高性能结构体系及其连接节点设计技术，形成全新的装配式高性能结构体系；研究工业化建筑围护系统、构配件及部品的高效连接节点设计技术，形成高适应性、全装配高性能建筑围护系统及设计技术。

3）研发优化装配建筑的产业化技术体系，重点研发预制率50％以上的高层住宅装配式混凝土结构体系、全装配的低、多层住宅装配式混凝土结构体系和预制率70％以上的公共建筑装配式混凝土结构体系，并形成与之配套的设计加工—装配全产业链专用集成技术体系。研发优化全产业链的关键技术和集成技术，研究从部品件设计、生产、装配施工、装饰装修、质量验收全产业链的关键技术及技术集成（全产业链相关智能化技术、机械化技术等）。形成部品件在设计加工装配过程中的模数协同、接口统一的系列技术及标准。

4）加强标准体系建设，统一模数和模块。所有构件、部品和结构在设计中均采用统一确定模数，形成便于组合与加工的模数标准；加强集成式模块化设计，形成多种具有特定功能的子系统模块，建立可供选用的特定功能模块数据库。初步实现全专业设计。

5）加快推动新一代智能技术与建造技术融合发展，加快发展工业化、自动化建造装备和产品，推进生产过程自动化，实现钢筋加工配送自动化；构件机器人工业化生产；质量控制智能化。建设智能工厂/数字化车间，加快工业机器人、智能物流管理、增材制造（3D打印）等技术和装备在生产过程中的应用，促进加工工艺的仿真优化、数字化控制、状态信息实时监测和自适应控制，实现数据管理、可视化、优化、机器人系统、生产控制、物料供应等整体生产线智能化。

2.2　地基与基础工程技术与应用

2.2.1　真空预压法组合加固软基技术与应用

1. 技术要求

（1）真空预压法是在需要加固的软黏土地基内设置砂井或塑料排水板，然后在地面铺设砂垫层，其上覆盖不透气的密封膜使软土与大气隔绝，然后通过埋设于砂垫层中的滤水管与真空装置联通进行抽气，将膜内空气排出，使膜内外产生气压差。地基随着等向应力的增加而固结。

（2）真空堆载联合预压法是在真空预压的基础上，在膜下真空度达到设计要求并稳定后，进行分级堆载，并根据地基变形和孔隙水压力的变化控制堆载速率。堆载预压施工前，必须在密封膜上覆盖无纺土工布以及黏土（粉煤灰）等保护层进行保护，然后分层回填并碾压密实。与单纯的堆载预压相比，加载的速率相对较快。在堆载结束后，进入联合预压阶段，直到地基变形的速率满足设计要求，然后停止抽真空，结束真空联合堆载预压。

（3）施工中应检查堆载高度，变形速率，真空预压时应检查密封膜的密封性能，真空表读数等。

2. 技术指标

（1）真空预压场地外侧需设密封沟，密封沟宽度不小于3m，开挖深度不小于2m，施工时可根据密封膜真空要求及现场场地土层情况适当调整。密封膜四周紧贴密封沟的内壁铺设，并将膜放至沟底，深入沟底10～20cm，以确保膜的密封性，密封沟内用不含杂质黏土分层压实回填，防止漏气；

（2）真空预压施工时首先在加固区表面用推土机或人工铺设砂垫层，层厚约0.5m；

（3）真空管路的连接点应密封，在真空管路中应设置止回阀和闸阀；滤水管应设在排水砂垫层中，其上覆盖厚度100～200mm的砂层；

（4）密封膜热合粘结时宜用双热合缝的平搭接，搭接宽度应大于15mm且应铺设二层以上。密封膜的焊接或粘接的粘缝强度不能低于膜本身抗拉强度的60%；

（5）真空预压的抽气设备宜采用射流真空泵，空抽时应达到95kPa以上的真空吸力，其数量应根据加固面积和土层性能等确定；

（6）抽真空期间真空管内真空度应大于90kPa，膜下真空度宜大于80kPa；

（7）堆载高度不应小于设计总荷载的折算高度；

（8）对主要以变形控制设计的建筑物地基，地基土经预压所完成的变形量和平均固结度应满足设计要求；对以地基承载力或抗滑稳定性控制设计的建筑物地基，地基土经预压后其强度应满足建筑物地基承载力或稳定性要求。

3. 适用范围

该软土地基加固方法适用于软弱黏土地基的加固。在我国广泛存在着海相、湖相及河相沉积的软弱黏土层，这种土的特点是含水量大、压缩性高、强度低、透水性差。该类地基在建筑物荷载作用下会产生相当大的变形或变形差。对于该类地基，尤其需大面积处理时，如在该类地基上建造码头、机场等，真空预压法以及真空堆载联合预压法是处理这类软弱黏土地基较有效的方法之一。

4. 工程案例

（1）工程概况

某港口工程是国家为解决西煤东运的一条大通道出海口。

该港口地质情况属于淤泥质海岸，海域表层广泛分布厚约12m的软土层，该土层呈饱和流塑状，含水量高、强度低，属于高压缩性土，自上而下主要为：

① 淤泥质粉质黏土（局部为粉质黏土）：灰色，土质较软，强度低，流塑状，含粉砂夹层，土质不均匀。

② 淤泥质黏土：灰色，软塑状，高塑性。

③ 粉质黏土：灰色，软塑-可塑状，中塑性，混较多黏土，土质不均匀。

③ 淤泥质黏土：灰色，软塑状，高塑性。

④ 粉土：灰色，低塑性，混有粉质黏土。

⑤ 淤泥质土：灰色，软塑-可塑状，中塑性，土质不均匀。本层由粉质黏土、淤泥质粉质黏土及淤泥质黏土组成，呈互层状出现。

本工程软土地基以淤泥质土为主，作为拟建场地使用需要进行以消除地基沉降变形和提高土体强度为主要目的的地基加固处理。根据本地区多年地基处理工程经验，大面积软土地基处理采用"真空预压法"或"真空-堆载联合预压法"较为经济合理。从控制投资和加固效果方面考虑，本工程采用真空联合堆载地基处理方案。

（2）工程特点

1）分级加荷使用，预压加固周期长，排水板耐久性要求高

本工程使用荷载大，堆场区设计最大堆货高度10m，使用均载约250kPa，采取一次性处理到250kPa的标准，地基处理造价较高。在保证地基稳定的前提下，限制矿石堆高，分级加荷使用，在堆货过程中对地基继续进行预压加固，提高土体强度。按照分级设计，预估3～4年预压后满足最终设计要求，因而堆场区排水板应采用具有抗淤堵性能的优质排水板，要求耐久性不小于5年。

根据类似工程经验，排水板采用高性能排水板，渗透系数约为普通排水板的10倍，等效孔径大，抗淤堵性能好，能达到地基处理预期目标。

2）真空联合堆载的黏土帷幕优化

由于场地土层存在漏气土层，设计需要打设黏土帷幕。而如果每个预压分区均设置深层帷幕的话，工程量会非常大。综合考虑施工大分区，每约10万 m^2 设一圈封闭的深层黏土帷幕，包括4～6个小分区，而每个小分区周围设一圈浅层帷幕，即可保证抽真空期间土层不漏气。

3）本工程主要施工设备及材料如表2-3、表2-4所示：

材料用表   表 2-3

序号	项目名称	单位	序号	项目名称	单位
1	编织布	m^2	8	排水板	m
2	荆芭	片	9	真空软式透水滤管	m
3	竹篱	根	10	塑料密封膜	m^2
4	竹芭	片	11	压力表	个
5	土工布	m^2	12	射流泵	台
6	吹填砂	m^3	13	真空预压	m^2
7	中粗砂	m^3	14	陆填粉土	m^3

设备用表　　　　　　　　　　　　　　表 2-4

序号	机械设备名称	规格型号	序号	机械设备名称	规格型号
1	电焊机	BX500A	6	照明及其他设备	
2	打桩门架	16t	7	吹砂船	300t
3	真空射流泵	3BA-9	8	平板驳	300t
4	潜水泵	4寸	9	帷幕打设机	
5	交通船		10	发电机	200kW

（3）方案实施

1）工艺流程（如图 2-1 所示）：

2）技术要点

① 在吹填砂施工中，采用分层吹填的方法进行施工。分多层吹填，第一次吹填厚度为不大于 300mm，后几层厚度控制在 500mm 左右。

② 排水砂垫层铺设过程中，要注意随时清理砂垫层上的硬物。

③ 打设塑料排水板采用套管式打设法，不得采用裸打法。

④ 塑料排水板打设过程中应随时注意控制套管垂直度，其偏差应不大于 ±1.5%。如图 2-2 所示。

⑤ 打设塑料排水板时严禁出现扭结、断裂和撕破膜等现象。

⑥ 打入的塑料排水板宜为整板，长度不足需要接长时，必须采用滤膜内板芯对插搭接的连接方式，搭接长度不小于 200mm。

⑦ 铺密封膜是本工程的关键工序，质量好坏直接影响加固效果，密封膜质量必须符合设计要求。如图 2-3 所示。

⑧ 停泵卸载标准需根据现场监测数据，通过固结度分析确定。

⑨ 真空预压过程中，采取集中、有序的排水方式，避免对周围其他工程施工区域造成负面影响，保持现场环境的井然有序。

3）计算验算与监测

测量放样 → 铺设隔离层 → 吹填粉砂 → 铺设中粗砂 → 打排水板 → 密封帷幕墙 → 场地清理铺滤管

场地清理铺滤管 → 平整场地铺膜 → 安装射流泵 → 抽气至恒载 → 恒载计时 → 卸载换填压膜沟 → 回填粉土

场地清理铺滤管 → 埋设监测仪器 → 布设沉降观测仪器 → 跟踪监测 → 达到设计要求

图 2-1　真空预压施工工艺流程图

为检验地基处理效果，在真空预压进行地基处理过程中应对膜下真空度、地表沉降、分层沉降、孔隙水压力、侧向位移及地下水位进行监测。另外，在真空预压处理前后，分别采取原状土进行土工试验和现场通过十字板剪切强度测试对比加固效果。

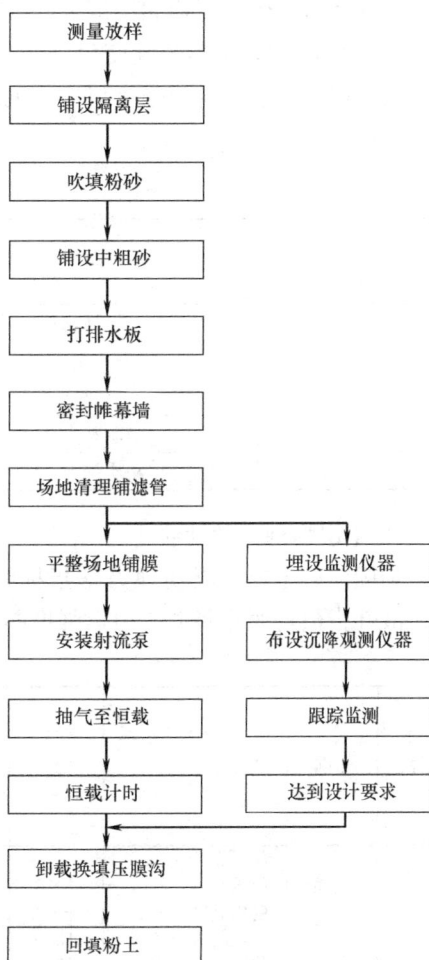

图 2-2 塑料排水板打设效果图

图 2-3 铺密封膜效果图

① 监测数据及固结度分析

在真空预压期间，地表平均沉降量为 646.3mm，最大沉降量为 1385mm。根据地表沉降量推算出土体的平均固结度为 94.6%。

② 十字板剪切试验强度变化

预压前后十字板抗剪强度对比：见表 2-5，预压后十字板强度增长明显，一般平均增长 1.1 倍。

表 2-5

土层编号	土层名称	抗剪强度	
		加固前	加固后
①	淤泥质粉质黏土	14.23	40.47
②	淤泥质黏土	24.91	51.93
③	淤泥质黏土	—	35.10
④	粉质黏土	21.76	40.89
⑤	粉质黏土	32.30	51.33

③ 土层物理力学性质变化

加固前后主要土层物理力学指标统计见表 2-6。各层土的物理指标如含水率、孔隙比、液性指数均明显降低，力学强度明显提高。

表 2-6

层次	土名	项目	含水率 w %	重度 γ (kN·m^{-3})	孔隙比 e	液性指数 I_L	压缩系数 α_{x1-2}	快剪		固快		地基承载力 $[R]$
								摩擦角 ϕ	黏聚力 C	摩擦角 ϕ	黏聚力 C	
			—	—	—	—	MPa^{-1}	(°)	kPa	(°)	kPa	kPa
①	粉质黏土	预压前	36.6	18.3	1.03	1.08	0.41	2.9	12.9	16.5	15.5	70
		预压后	29.1	19.5	0.80	0.85	0.36	8.0	24.0	16.7	23.0	130
		变化值	−7.5	+1.2	−0.23	−0.23	−0.05	+5.1	+11.1	+0.2	+7.5	
②₁	黏土	预压前	43.0	18.0	1.18	1.22	0.78	0.8	13.3	15.6	12.5	80
		预压后	36.1	18.7	0.99	0.83	0.55	4.0	23.0	16.0	23.5	100
		变化值	−6.9	+0.7	−0.19	−0.39	−0.23	+3.2	+9.7	+0.4	+11.0	
③₁	黏土	预压前	50.3	—	—	1.04	—	1.4	17.0			70
		预压后	42.0	18.1	1.14	0.96	0.59	3.5	26.0	15.5	22	85
		变化值	−8.3	—	—	−0.08		+2.1	+9.0			
⑤	粉质黏土	预压前	36.3	18.4	1.02	1.19	0.67	7.0	29.0	16.0	23.5	80
		预压后	29.2	19.3	0.83	0.76	0.50	7.5	25.0	17.0	27.5	140
		变化值	−7.1	+0.9	−0.19	−0.43	−0.17	+0.5	−4.0	+1.0	+4.0	

（4）实施效果

根据预压前后的检测结果表明：在该地区加固后土层物理力学性质明显改善，物理指标明显降低，力学指标明显增大。其中含水率平均降低近 20％，抗剪强度平均增长 1.1 倍。真空预压方法在该港口吹填土造路软基处理工程中效果显著。

2.2.2　装配式支挡结构施工技术与应用

1. 技术要求

装配式支护结构是以成型的预制构件为主体，通过各种技术手段在现场装配成为支护结构。与常规支护手段相比，该支护技术具有造价低、工期短、质量易于控制等特点，从而大大降低了能耗、减少了建筑垃圾，有较高的社会、经济效益与环保作用。

目前，市场上较为成熟的装配式支护结构有：预制桩、预制地下连续墙结构、预应力鱼腹梁支撑结构、工具式组合内支撑等。见图 2-4～图 2-7 所示。

图 2-4　预制桩支护结构图

图 2-5　预制地下连续墙支护结构图

图 2-6　预应力鱼腹梁支撑结构图

图 2-7　工具式结合内支撑图

预制桩作为基坑支护结构使用时，主要是采用常规的预制桩施工方法，如静压或者锤击法施工，还可以采用插入水泥土搅拌桩，TRD 搅拌墙或 CSM 双轮铣搅拌墙内形成连续的水泥土复合支护结构。预应力预制桩用于支护结构时，应注意防止预应力预制桩发生脆性破坏并确保接头的施工质量。

预制地下连续墙技术即按照常规的施工方法成槽后，在泥浆中先插入预制墙段、预制桩、型钢或钢管等预制构件，然后以自凝泥浆置换成槽用的护壁泥浆，或直接以自凝泥浆护壁成槽插入预制构件，以自凝泥浆的凝固体填塞墙后空隙和防止构件间接缝渗水，形成地下连续墙。采用预制的地下连续墙技术施工的地下墙面光洁、墙体质量好、强度高，并可避免在现场制作钢筋笼和浇混凝土及处理废浆。近年来，在常规预制地下连续墙技术的基础上，又出现一种新型预制连续墙，即不采用昂贵的自凝泥浆而仍用常规的泥浆护壁成槽，成槽后插入预制构件并在构件间采用现浇混凝土将其连成一个完整的墙体。该工艺是一种相对经济又兼具现浇地下墙和预制地下墙优点的新技术。

预应力鱼腹梁支撑技术，由鱼腹梁（高强度低松弛的钢绞线作为上弦构件，H型钢作为受力梁，与长短不一的H型钢撑梁等组成）、对撑、角撑、立柱、横梁、拉杆、三角形节点、预压顶紧装置等标准部件组合并施加预应力，形成平面预应力支撑系统与立体结构体系，支撑体系的整体刚度高、稳定性强。本技术能够提供开阔的施工空间，使挖土、运土及地下结构施工便捷，不仅显著改善地下工程的施工作业条件，而且大幅减少支护结构的安装、拆除、土方开挖及主体结构施工的工期和造价。

工具式组合内支撑技术是在混凝土内支撑技术的基础上发展起来的一种内支撑结构体系，主要利用组合式钢结构构件其截面灵活可变、加工方便、适用性广的特点，可在各种地质情况和复杂周边环境下使用。该技术具有施工速度快，支撑形式多样，计算理论成熟，可拆卸重复利用，节省投资等优点。

2. 技术指标

（1）预制地下连续墙

1）通常预制墙段厚度较成槽机抓斗厚度小20mm左右，常用的墙厚有580mm、780mm，一般适用于9m以内的基坑；

2）应根据运输及起吊设备能力、施工现场道路和堆放场地条件，合理确定分幅和预制件长度，墙体分幅宽度应满足成槽稳定性要求；

3）成槽顺序宜先施工"L"形槽段，再施工一字形槽段；

4）相邻槽段应连续成槽，幅间接头宜采用现浇接头。

（2）预应力鱼腹梁支撑

1）型钢立柱的垂直度控制在1/200以内；型钢立柱与支撑梁托座要用高强螺栓连接；

2）施工围檩时，牛腿平整度误差要控制在2mm以内，且不能下垂，平直度用拉绳和长靠尺或钢尺检查，如有误差则进行校正，校正后采用焊接固定；

3）整个基坑内的支撑梁要求必须保证水平，并且支撑梁必须能承受架设在其上方的支撑自重和来自上部结构的其他荷载；

4）预应力鱼腹梁支撑的拆除是安装作业的逆顺序。

（3）工具式组合内支撑：

1）标准组合支撑构件跨度为8m、9m、12m等；

2）竖向构件高度为3m、4m、5m等；

3）受压杆件的长细比不应大于150，受拉杆件的长细比不应大于200；

4）进行构件内力监测的数量不少于构件总数量的15%；

5）围檩构件为1.5m、3m、6m、9m、12m。

3. 适用范围

预制地下连续墙一般仅适用于9m以内的基坑，适用于地铁车站、周边环境较为复杂的基坑工程等。预应力鱼腹梁支撑适用于市政工程中地铁车站、地下管沟基坑工程以及各类建筑工程基坑，预应力鱼腹梁支撑适用于温差较小地区的基坑，当温差较大时应考虑温度应力的影响。工具式组合内支撑适用于周围建筑物密集，施工场地狭小，岩土工程条件复杂或软弱地基等类型的深大基坑。

4. 工程案例

（1）工程概况

某医院地下车库工程地处闹市区内，为单建式单层地下车库，车库埋深5.8m，平面尺寸约为40m×90m，总面积约3500m²。顶板以上覆土约1m，作为绿化及健身娱乐场所。

本工程采用主体结构与支护结构相结合的方案，利用预制地下连续墙既作为地下车库施工阶段的基坑围护墙，在正常使用阶段又作为地下室结构外墙，即"两墙合一"。本工程地下结构采用逆作法施工，施工阶段利用地下结构梁、板等内部结构作为水平支撑构件，采用一柱一桩即钻孔灌注桩内插型钢格构柱作为竖向支承构件。

（2）工程特点

业主要求在保护绿地周围原有大树的前提下最大限度利用该地块的地下空间，以满足日益紧张的停车需要，同时由于地理位置的特殊性，必须文明施工，尽可能减少对环境的影响。此外，业主对造价和工期也提出了相应的要求。针对本工程的特点，经反复比较，决定采用预制地下连续墙技术。

墙体设计中采用预制地下连续墙（空心墙后填实）结合现浇钢筋混凝土接头工艺，预制地下连续墙厚600mm，槽段墙板深度12m，槽段宽度根据建筑周长分配，一般为3.0～4.05m，共有73幅槽段。由于采用了与主体结构相结合的结构形式，地下室结构梁板作为水平支撑，水平刚度大，墙体的变形和内力均大为减小，因而墙体截面设计和配筋较为经济。本工程在每两幅墙体的接缝处均设置壁柱，既加强了墙体的整体性，又有利于墙体的抗渗。预制地下连续墙顶部设置贯通圈梁且与顶板整体浇筑。地下连续墙在与底板连接位置设计成实心截面，并在墙段内预埋接驳器与底板主筋相连，同时沿接缝设置一圈水平钢板止水带以防止接缝渗水。连续墙体典型界面如图2-8所示。

（3）方案实施

1）工艺流程

选择合适的场地预先制作地下连续墙墙段；同时在施工现场构筑导墙；待预制墙段进入现场后，由液压抓斗挖土成槽、静态泥浆护壁，成槽结束后进行清槽、泥浆置换工序；然后采用测壁仪对槽段的深度、垂直度进行检测，最后吊放预制墙段入槽。施工一定幅数的墙段后即对相邻预制墙段接头进行处理，并在墙底和墙背两侧注浆，形成整体地下构筑物的基坑围护墙体。

工艺流程如图2-9所示。

2）技术要点

① 截面选择及设计

由于采用地面预制，并综合考虑运输、吊放设备能力限制和经济性等因素，预制地下连续墙通常设计成空心截面。目前预制地下连续墙施工需采用成槽机成槽、泥浆护壁、起吊插槽的施工方法，因此墙体截面尺寸受成槽机规格限制。通常预制墙段厚度较成槽机抓斗厚度小20mm，墙段入槽时两侧可各预留10mm空隙便于插槽施工。常用设计截面如图2-10所示。

回灌碎石并灌浆

−1.250

−4.950

底板主筋接驳器
镦粗直螺纹接驳器

−5.850

混凝土实体

−13.250

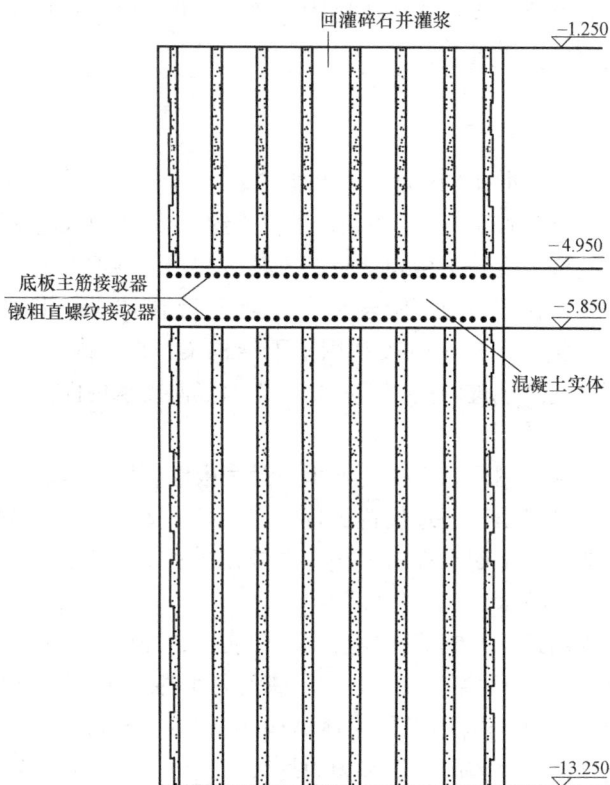

图 2-8　预制墙段剖面图

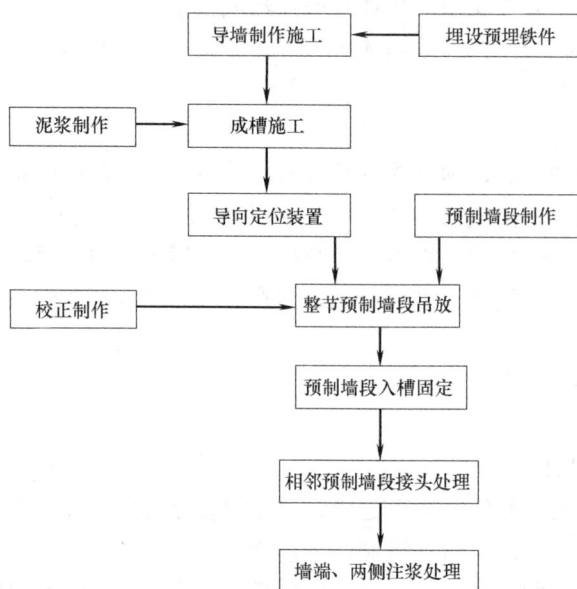

导墙制作施工 ← 埋设预埋铁件

泥浆制作 → 成槽施工

导向定位装置　　预制墙段制作

校正制作 → 整节预制墙段吊放

预制墙段入槽固定

相邻预制墙段接头处理

墙端、两侧注浆处理

图 2-9　施工工艺流程图

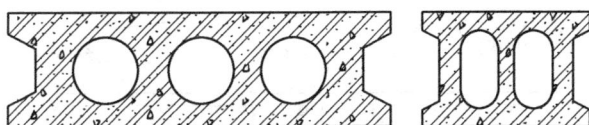

图 2-10 截面图

② 上下节节点设计

深基坑工程中当连续墙墙体较深较厚时，在满足结构受力的前提下，综合考虑起重设备的起重能力以及运输等方面的因素，可将预制地下连续墙沿竖向设计成为上、下两节或多节，分节位置尽量位于墙身反弯点位置。由于反弯点位置剪力最大，因此必须重点进行抗剪强度验算。通常可采用钢板接头连接，即将预埋在上下两节预制墙段端面处的连接端板采用坡口焊连接并结合钢筋锚接连接。工厂制作墙段时，在上节预制墙段底部实心部位预留一定数量的插筋，在下节墙段上部实心部位预留与上节插筋相对应的钢筋孔。现场对接施工时，先在下节墙段预留孔内灌入胶结材料，然后将上节墙段下放使钢筋插入预留孔中，形成锚接，再将连接端板采用坡口焊连接。如图 2-11 所示。

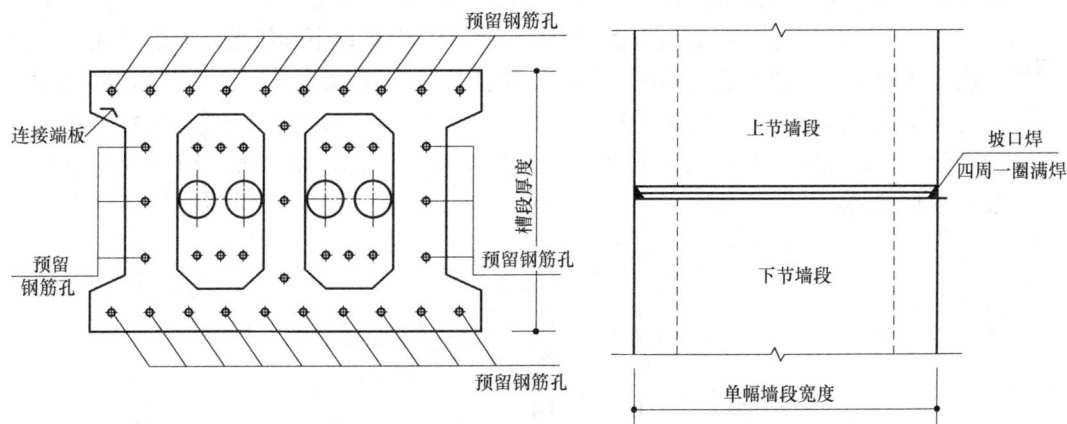

图 2-11 钢板连接节点图

③ 幅与幅之间接缝设计

由于预制地下连续墙需分幅插入槽内，墙段之间的接头处理既要满足止水抗渗要求又要满足传递墙段之间的剪力要求，是预制地下连续墙设计和施工的关键。预制墙段施工接头可分为现浇钢筋混凝土接头和升浆法树根桩接头。单幅墙段的两端均采用凹口形式。

现浇钢筋混凝土接头施工中两幅墙段内外边缘尽量贴近，待两幅墙段均入槽固定就位后，在接缝的凹口当中下钢筋笼并浇筑混凝土用以连接两幅墙段，其深度同预制地下连续墙。实践证明现浇接头的止水性能较好。为进一步提高槽段接缝处的止水可靠性，后期结构施工可采取一定的构造措施。

升浆法树根桩接头与现浇钢筋混凝土接头施工方法相似，区别在于树根桩接头是在接缝的凹口当中下钢筋笼，以碎石回填后再注入水泥浆液用以连接两幅墙段。墙体空心部分采用了升浆法施工，如图 2-12 所示。

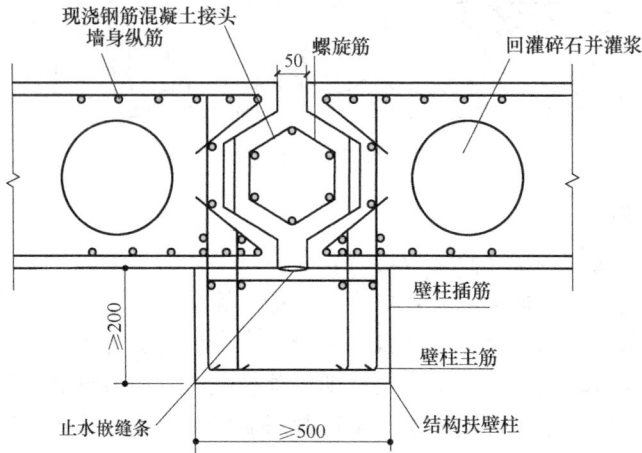

图 2-12　现浇钢筋混凝土接头节点图

④ 结构接头

预制地下连续墙结构接头的设计和构造与现浇地下连续墙基本相同，均需在连续墙内部相应位置预留结构构件所需的钢筋连接器或插筋；与现浇地下连续墙不同之处在于，预制地下连续墙墙身设计的空心截面在与主体结构连接位置难以满足抗弯抗剪的设计要求，因此在与主体结构连接位置一般采用实心截面，该实心截面的范围和配筋由连接节点的计算确定。此外预制地下连续墙与基础底板的连接位置需设置止水片或其他有效的止水措施。如图 2-13 所示。

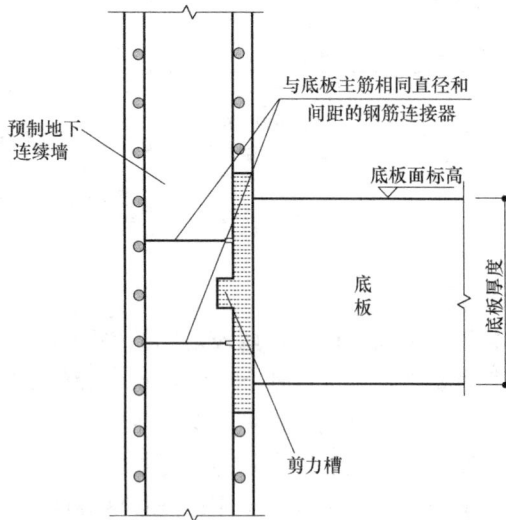

图 2-13　预制地连墙与基础底板连接节点图

（4）实施效果

在基坑施工过程中周围地下管线累计最大沉降量 6.0mm，平均沉降量为 2.96mm，地下管线水平位移最大为 3mm，平均位移为 1mm。预制连续墙墙体的水平位移监测从开挖到基坑底部位置的时候位移值最大，为 10.84mm（在地面下约 6.5m 深度）。施工阶段一柱一桩的立柱桩平均隆起量为 2.3mm，最大隆起量为 4.6mm。预制工程结束后经检测地下连续墙墙身累计沉降量较小，符合设计要求。

基坑工程施工基本未对结构梁板产生不良影响，在正常使用阶段结构整体状况良好。预制地下连续墙在进行内部防水处理后，基本无渗漏现象产生，完全能够满足地下室的正常使用要求。

2.2.3　型钢（预制混凝土构件）水泥土复合搅拌桩支护结构技术与应用

1. 技术要求

型钢水泥土复合搅拌桩是指：通过特制的多轴深层搅拌机自上而下将施工场地原位土体切碎，同时从搅拌头处将水泥浆等固化剂注入土体并与土体搅拌均匀，通过连续的重叠搭接施工，形成水泥土地下连续墙；在水泥土初凝之前，将型钢（预制混凝土构件）插入墙中，形成型钢（预制混凝土构件）与水泥土的复合墙体。型钢水泥土复合搅拌桩支护结构同时具有抵抗侧向土水压力和阻止地下水渗漏的功能。

近几年水泥土搅拌桩施工工艺在传统的工法基础上有了很大的发展，TRD 工法、双轮铣深层搅拌工法（CSM 工法）、五轴水泥土搅拌桩、六轴水泥土搅拌桩等施工工艺的出现使型钢水泥土复合搅拌桩支护结构的使用范围更加广泛，施工效率也大大增加。

其中 TRD 工法（Trench-Cutting& Re-mixing Deep Wall Method）是将满足设计深度的附有切割链条以及刀头的切割箱插入地下，在进行纵向切割横向推进成槽的同时，向地基内部注入水泥浆以达到与原状地基土的充分混合搅拌在地下形成等厚度水泥土连续墙的一种施工工艺。该工法具有适应地层广、墙体连续无接头、墙体渗透系数低等优点。

双轮铣深层搅拌工法（CSM 工法），是使用两组铣轮以水平轴向旋转搅拌方式、形成矩形槽段的改良土体的一种施工工艺。该工法的性能特点有：（1）具有高削掘进性能，地层适应性强；（2）高搅拌性能；（3）高削掘精度；（4）可完成较大深度的施工；（5）设备稳定性好；（6）低噪声和振动；（7）可任意设定插入劲性材料的间距；（8）可靠施工过程数据和高效的施工管理系统；（9）双轮铣深层搅拌工法（CSM 工法）机械均采用履带式主机，占地面积小，移动灵活。

2. 技术指标

（1）型钢水泥土搅拌墙的计算与验算应包括内力和变形计算、整体稳定性验算、抗倾覆稳定性验算、坑底抗隆起稳定性验算、抗渗流稳定性验算和坑外土体变形估算；

（2）型钢水泥土搅拌墙中三轴水泥土搅拌桩的直径宜采用 650mm、850mm、1000mm，内插 H 型钢或预制混凝土构件；

（3）水泥土复合搅拌桩 28d 无侧限抗压强度标准值不宜小于 0.5MPa；

（4）搅拌桩的入土深度宜比型钢的插入深度深 0.5～1.0m；

（5）搅拌桩体与内插型钢的垂直度偏差不应大于 1/200；

（6）当搅拌桩达到设计强度，且龄期不小于 28d 后方可进行基坑开挖；

（7）TRD 工法等厚度水泥土搅拌墙 28d 龄期无侧限抗压强度不应小于设计要求且不宜小于 0.8MPa；水泥宜采用强度等级不低于 P.O 42.5 级的普通硅酸盐水泥，水泥土搅拌墙正式施工之前应通过现场试成墙试验以确定具体施工参数（材料用量和水灰比等）；

（8）双轮铣深层搅拌工法（CSM 工法）成槽设备在施工过程中采用泥浆护壁来防止

槽壁坍塌；膨润土泥浆的配合比通常为 $70\sim90kg/m^3$（取决于膨润土的质量），泥浆密度约为 $1.05kg/cm^3$，黏度要超过 40s（马氏漏斗黏度）。

3. 适用范围

该技术主要用于深基坑支护，可在黏性土、粉土、砂砾土使用，目前在国内主要在软土地区有成功应用。

4. 工程案例

（1）工程概况

某会议中心地下车库位于城市中心闹市区，四周均有既有建筑物，红线外地下管线较多。将来建成的地下车库的上面是开放式的绿地广场，目前下面有建造中的轨道交通线隧道沿东南-西北向对角斜穿。地下车库的建筑面积 $15250m^2$，开挖深度为 7.2m（局部 8.8m）。

本工程所在场地地质条件较差，土质松软且地下水位高。其场地的土层分布从上至下依次为杂填土、砂质粉土、淤泥质黏土、黏土和粉质黏土。

（2）工程特点

本工程基坑面积大，施工工期紧，施工场地复杂，四周均有建筑物，场地土体都是低强度软土、地下水位高，故基坑不可采用放坡开挖方式。深层搅拌重力式挡墙因占用面积大，变形大，也不宜采用。而地下连续墙造价高、工期长，综合考虑亦不宜采用。考虑到基坑的安全、技术合理、造价经济等特点，经反复比较论证，最终选用型钢水泥土复合搅拌桩作为围护结构，周边部分设两道钢支撑，局部深坑部位设 3 道支撑。搅拌桩墙体既可起到基坑围护的作用，又可起到止水帷幕的作用，而其中的 H 型钢可以承受搅拌桩墙体内的大部分拉应力，减小墙体的厚度，工程完工后 H 型钢可以回收，减小投资。

搅拌桩采用进口的 650mm 三轴搅拌机施工，桩内间隔插入 500mm×200mm×10 的 H 型钢，间距 700mm。型钢长度根据受力的不同和考虑基坑局部深度情况，采用 10m、14m、20m 三种形式。

（3）方案实施

1）工艺流程：如图 2-14 所示。

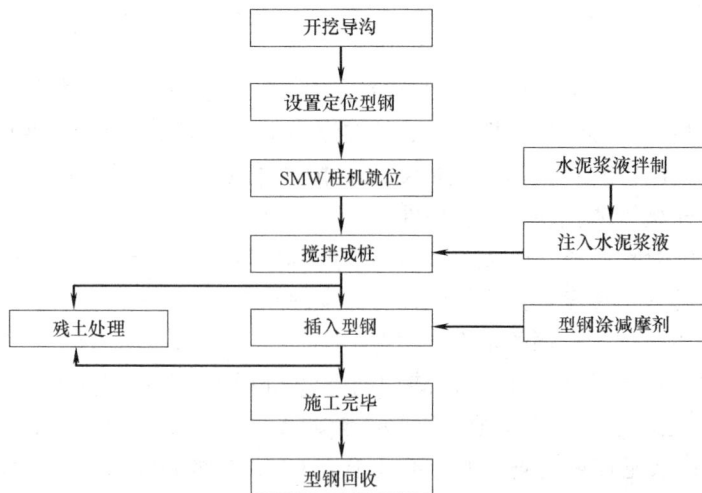

图 2-14 SMW 施工流程图

2）技术要点

① 在开挖的工作沟槽两侧铺设导向定位型钢，引导设备定向连续工作；

② 三轴水泥搅拌桩在下沉和提升过程中均应注入水泥浆液，使其与原土充分混合，同时严格控制下沉和提升速度；

③ 型钢定位架由槽钢焊制而成，垂直于沟槽定位型钢放置，用于保证 H 型钢插入的位置准确，提高插入垂直度，定位架的尺寸比 H 型钢外轮廓大 10mm；

④ 型钢吊起后由铅垂线调整型钢的垂直度，达到垂直度要求后下插 H 型钢，保证 H 型钢的插入深度；

⑤ 施工过程中应避免设备或其他工具碰撞已插入槽体内的 H 型钢。成槽过程及成型后的状态见图 2-15～图 2-16 所示。

图 2-15 三轴水泥搅拌桩设备

图 2-16 成型后状态图

3）计算验算与监测

① 型钢水泥土复合搅拌桩墙体入土深度

在型钢水泥土复合搅拌桩设计中需确定两部分入土深度，一是水泥土搅拌桩的入土深度 D_c，二是 H 型钢的入土深度 D_h。

D_c 的长度由抗管涌计算和确保坑内降水不影响基坑外的环境确定。本工程按管涌（$I < i_c$）计算公式确定，$D_c = 8.4m$。但此时搅拌桩的底部却正处在较弱的淤泥质黏土层中，增加 2m 左右即可将水泥土搅拌桩的底部插入性能较好且具有中等压缩模量的粉质黏土层中，故搅拌桩取 D_c 为 10.8m。由于轨道交通线区间隧道上方段距坑底仅 3.3m（开挖深度为 7.2m），故搅拌桩深度明显不够，因此设计考虑坑外增加搅拌桩加固，经验算能满足抗管涌的要求。

D_h 的长度是由基坑抗隆起稳定性和墙体内力、变形以及型钢回收等因素确定，抗隆起安全系数按下式求得：

$$ks = \frac{\gamma D_h N_q + C N_c}{\gamma (H + D_h) + q} \tag{2-1}$$

当型钢实际插入水泥土中的长度为 10m 时，抗隆起安全系数满足要求。在东侧轨道交通线区间隧道穿越部位，在坑外 6m、垂直 8.5m 范围内满堂用搅拌桩加固土体，用于限制因土体隆起带来轨道交通线区间隧道的上抬。

② 内力与变形计算

局部轨道交通线区间隧道上方采用全位"满堂"形式外，其余均为全位"1隔1"，间距为700mm。水泥土墙体厚650mm，500×200×10mm 的 H 型钢，满足抗渗和强度要求。

内力计算采用杆系有限元的方法，型钢水泥土复合搅拌桩刚度按组合截面的刚度 ke 计算，计算结果如下（一般部位）：

水平位移最大值：$\delta=21.00mm$

弯距最大值：$M_{max}=354kN\cdot m$

支撑最大轴力第 1 道支撑：$N=302kN/m$

第 2 道支撑：$N=258kN/m$

剪力最大值：$Q_{max}=206kN/m$

③ 水平方向水泥土的强度校核

型钢水泥土复合搅拌桩围护墙结构是由型钢和水泥土共同组成，为保证两者之间的刚性，必须验算型钢间水泥土的抗压、抗剪强度。

④ 监测结果

型钢水泥土搅拌桩的水平位移为27.6mm，与计算值21.0mm较为接近，沉降位移为46mm。

（4）实施效果

从整个围护结构的实施过程来看，设计采用型钢水泥土搅拌桩作为围护墙体是成功的。通过本工程的实践可以证明，采用三轴搅拌机制作型钢水泥土搅拌桩具有如下的优点：止水性能好；对周围地层影响小；施工工期短；产生的废土少；振动小、噪声低；比一般围护墙节省投资。

2.2.4 逆作法施工技术与应用

1. 技术要求

逆作法一般是先沿建筑物地下室外墙轴线施工地下连续墙，或沿基坑的周围施工其他临时围护墙，同时在建筑物内部的预先设计位置浇筑或打下中间支承桩和柱，作为施工期间于底板封底之前承受上部结构自重和施工荷载的支承；然后施工逆作层的梁板结构，作为地下连续墙或其他围护墙的水平支撑，随后逐层向下开挖土方和浇筑各层地下结构，直至底板封底；同时，由于逆作层的楼面结构先施工完成，为上部结构的施工创造了条件，因此可以同时向上逐层进行地上结构的施工；如此地面上、下同时进行施工，直至工程结束。

目前逆作法的新技术有：

（1）框架逆作法

利用地下各层钢筋混凝土肋形楼板中先期浇筑的交叉格形肋梁，对围护结构形成框格式水平支撑，待土方开挖完成后再二次浇筑肋形楼板。

（2）跃层逆作法

是在适当的地质环境条件下，根据设计计算结果，通过局部楼板加强以及适当的施工措施，在确保安全的前提下实现跃层超挖，即跳过地下一层或两层结构梁板的施工，实现土方施工的大空间化，提高施工效率。

（3）踏步式逆作法

该法是将周边若干跨楼板采用逆作法踏步式从上至下施工，余下的中心区域待地下室底板施工完成后逐层向上顺作，并与周边逆作结构衔接完成整个地下室结构。

（4）一柱一桩调垂技术

在逆作施工中，竖向支承桩柱的垂直精度要求是确保逆作工程质量、安全的核心要素，决定着逆作技术的深度和高度。目前，钢立柱的调垂方法主要有气囊法、校正架法、调垂盘法、液压调垂盘法、孔下调垂机构法、孔下液压调垂法、HDC高精度液压调垂系统等。

2. 技术指标

（1）竖向支承结构宜采用一柱一桩的形式，立柱长细比不应大于25。立柱采用格构柱时，其边长不宜小于420mm，采用钢管混凝土柱时，钢管直径不宜小于500mm。立柱及立柱桩的平面位置允许偏差为10mm，立柱的垂直度允许偏差为1/300，立柱桩的垂直度允许偏差为1/200。

（2）主体结构底板施工前，立柱桩之间及立柱桩与地下连续墙之间的差异沉降不宜大于20mm，且不宜大于柱距的1/400。立柱桩采用钻孔灌注桩时，可采用后注浆措施，以减小立柱桩的沉降。

（3）水平支撑与主体结构水平构件相结合时，同层楼板面存在高差的部位，应验算该部位构件的受弯、受剪和受扭承载能力，在结构楼板的洞口及车道开口部位，当洞口两侧的梁板不能满足传力要求时，应采用设置临时支撑等措施。

3. 适用范围

（1）大面积的地下工程；

（2）大深度的地下工程，一般地下室层数大于或等于2层的项目更为合理；

（3）基坑形状复杂的地下工程；

（4）周边状况苛刻，对环境要求很高的地下工程；

（5）上部结构工期要求紧迫和地下作业空间较小的地下工程。

广泛用于高层建筑地下室、地铁车站、地下车库、市政、人防工程等领域。

4. 工程案例

（1）工程概况

某中心大厦项目位于该市金融中心区，四周均为主干道。拟建主楼楼高432m，裙房5层。本项目基坑总面积约34960m²，地块呈四边形，每边长约200m，共设5层地下室，塔楼区基坑开挖深度为31.1m，裙房区基坑开挖深度为26.7m，局部开挖29.2m。

该地块地质土层主要由饱和黏性土、粉性土以及砂土组成。本工程深度27m以上分布以淤泥质黏土、黏土及粉质黏土为主的软土层，具有高含水率、高孔隙比、高灵敏度、低强度、高压缩性等不良地质特点。场地内浅层地下水属潜水类型，水位埋深一般为地表下1.0～1.7m。场地地表以下27m处分布⑦层砂性土，为第一承压含水层；⑨层砂性土为第二承压含水层，第⑦层与第⑨层承压水相互连通，水量补给丰富。

（2）工程特点

1）根据对项目的综合分析，某中心大厦塔楼施工工期是本工程进度控制的关键。为加快塔楼区施工速度，结合塔楼承台为正多边形的工程特点，将塔楼基坑区域设计成外径123.4m（内径121m）的大直径无内支撑圆形基坑。塔楼结构出±0.00后采用逆作施工裙房区基坑。裙房区围护结构采用两墙合一的地下连续墙，地下连续墙（以下简称地连墙）厚1.2m、深48m。

裙房区基坑采用逆作的设计方案具有以下优点：裙房区基坑逆作施工，可利用地下室顶板作为施工场地，解决了裙房区基坑开挖期间施工场地不足的问题；裙房区基坑采用逆作法施工，利用结构梁板兼作支撑，节省了临时支撑体系的工程量以及支撑拆除工程量；裙房区基坑逆作可减少施工噪音、扬尘等，避免支撑拆除爆破，充分贯彻了绿色建造技术的要求。

2）相比于主楼区基坑，裙房区基坑面积更大，开挖过程的变形控制也更为困难，具体表现为：基坑挖深26.7m，长深比7.97，宽深比6.04，均大于临界宽深比5，基坑每侧中部区域的墙-土力学分析模型属于平面应变假定，无法利用基于边界嵌固约束影响的空间效应；土层中的淤泥质土、黏性土具有明显的流变特性，随基坑暴露时间延长而发生主动区的蠕变、被动区的应力松弛，由此造成基坑的变形增大。

针对此问题，确定分区抽条、跳仓开挖，结构同步跟进的逆作施工方案，并利用沉降后浇带支撑将主楼、裙楼区地下结构进行联系。先施工中部，十字对撑后施工4个角部，以减小基坑长边效应的影响，土方共分6层开挖，如图2-17、图2-18所示。基于地下室层高控制，整层结构形成整体后，对环形地下连续墙根据分块的施工顺序分段爆破拆除，减小裙房区土体侧向变形。

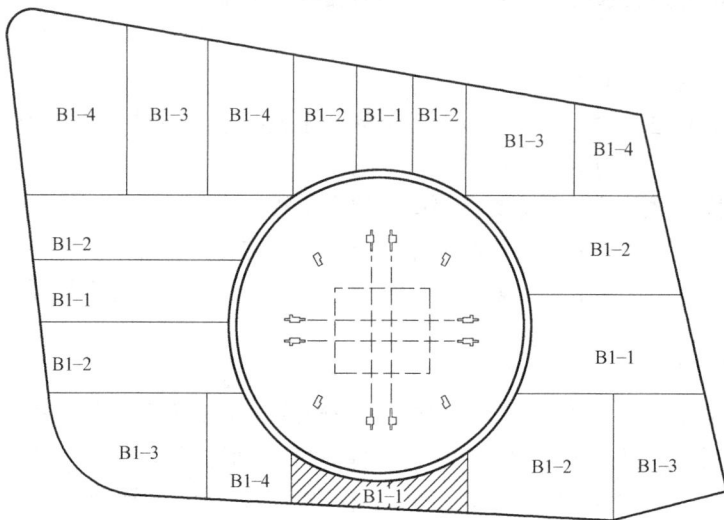

图2-17 地下一层施工分块图

（3）方案实施

1）工艺流程

裙房逆作法施工工艺流程：如图2-19～图2-24所示。

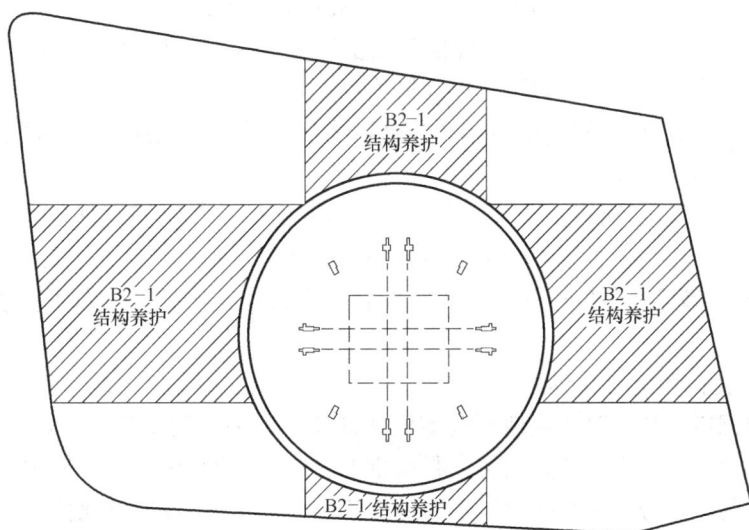

图 2-18　地下二层施工分块图

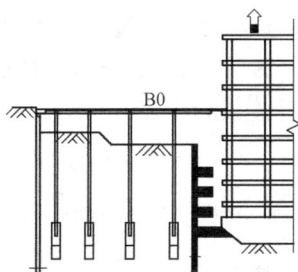

图 2-19

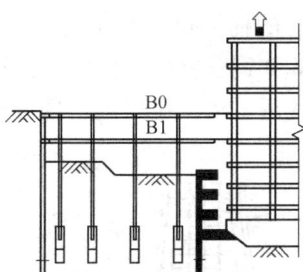

图 2-20

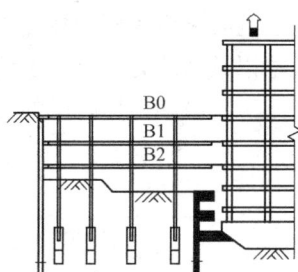

图 2-21

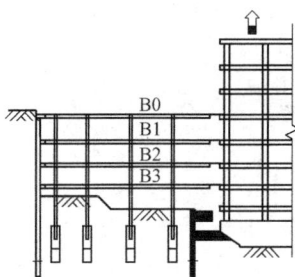

图 2-22

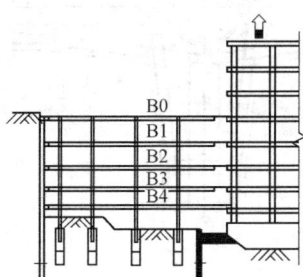

图 2-23

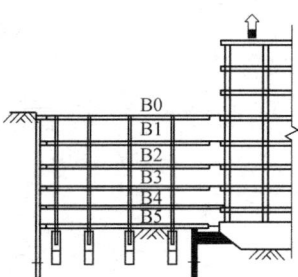

图 2-24

2）技术要点

① 两墙合一地连墙围护结构体系

本裙房地下室采用地下连续墙作"两墙合一"结构形式，逆作开挖阶段采用地连墙作围护结构，在永久使用阶段兼作地下室外墙。因此需对地连墙的接头、地下室结构与地连墙的连接构造以及其他设计施工措施进行专门设计，保证地连墙的受力及止水性能满足永久使用阶段的要求。

裙房区地连墙为两墙合一结构形式，为了达到控制基坑变形的目的，确保基坑开挖阶段的安全，采用1.2m厚、48m深、混凝土强度等级为水下C40的地连墙，同时为满足永久使用阶段的要求，还采用了以下的设计措施：

A. 采用地连墙墙底注浆，以协调和控制逆作法开挖阶段地连墙槽段间、地连墙与桩基间的差异隆起；

B. 在地连墙锁口管钢筋笼端部设置"V"形薄钢板并在钢筋笼外包止浆帆布，以保证地连墙及接头的施工质量和减少围护结构的渗漏水；

C. 在地连墙槽段分幅位置处设置扶壁柱和止水带等止水措施，以解决接缝处的防水问题。

② 逆作开挖的竖向支撑体系

一般采用钢格构柱临时托换地下室楼板梁柱节点。为控制工程造价，方便施工挖土，本裙房逆作法设计采用钢管柱（内浇高强度混凝土），结合柱网设计，一柱一桩，钢管柱作为永久结构的一部分，在开挖阶段作为逆作法的竖向支撑体系，在使用阶段作为裙房地下室柱的芯柱，因此对钢管柱的设计以及施工精度有着严格的技术要求，并需对钢管柱与梁的连接节点进行专门的节点设计。

裙房基坑逆作采用的立柱结合裙房柱网设置，为一柱一桩形式；逆作施工结束后外包钢筋混凝土作为框架柱使用。裙房的柱网尺寸基本为10.8m×8.4m，为满足建筑、结构尺寸以及承载力要求，设计采用550钢管立柱，内灌高强混凝土，插入钻孔灌注桩，以满足施工阶段和使用阶段的安全和使用要求。裙房地下部分梁与钢柱连接如图2-25所示。

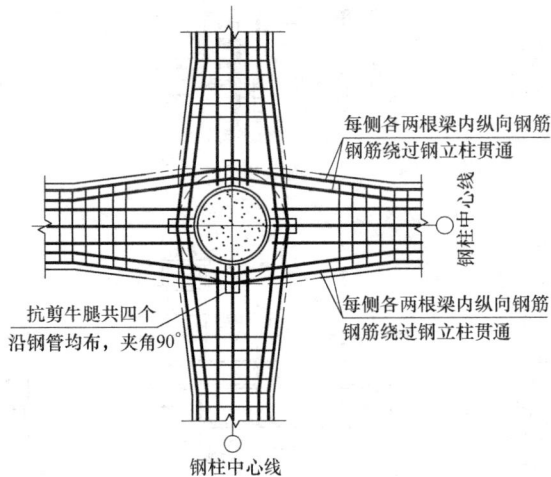

图 2-25　地下室结构梁与钢立柱连接节点图

3) 计算验算与监测

① 考虑立柱隆起影响的楼板结构设计

为控制裙房基坑土方卸载过程中相邻立柱桩间的差异隆起，对不同开挖工况以及不同荷载情况下，坑内土体回弹导致的立柱隆起量进行计算预测分析，并根据立柱与坑边距离的远近进行修正。对结构板跨施加计算所得的位移荷载，进行有限元应力分析，以指导楼板的结构设计。

A. 立柱隆起及差异隆起的分析预测

本工程中，采用 Boussinesq 解和 Mindlin 解，通过对土体附加应力及不同应力状态下的回弹模量、立柱桩的正负摩阻力的计算，估算不同工况下立柱桩的隆起，从而确定合理的立柱桩桩径、桩深等设计参数。如图 2-26 所示为立柱隆起预测结果，其中 A 桩为桩顶荷载较大的立柱桩（远离取土口），B 桩为与 A 桩相邻的桩顶荷载较小的立柱桩（位于取土口边缘的立柱桩）。根据分析预测结果，相邻立柱桩差异隆起小于 15mm。但考虑到地层分布的不均匀、立柱桩间刚度的差异以及楼板分块施工导致的桩顶荷载分布不规律，楼板设计时，将基坑开挖阶段的相邻立柱差异隆起控制值定为 20mm。

B. 立柱隆起计算预测与实测的对比

由如图 2-27 所示可知，立柱间的最大差异隆起＜20mm，基本满足设计阶段确定的立柱差异隆起控制指标。随着土方开挖的进行，立柱桩总体呈现隆起的态势，且随着土方开挖造成的卸载增大及桩侧摩阻力的减小，隆起呈现增大趋势，后期隆起趋于减小是由底板荷载引起，符合正常的变化规律。

② 地连墙侧向变形计算预测与实测的对比

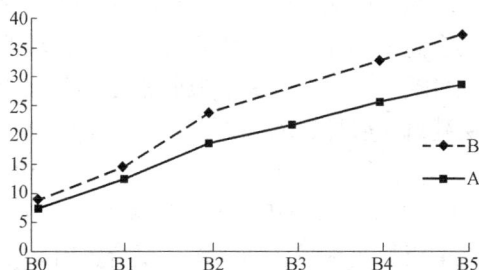

图 2-26　立柱桩隆起预测图

裙房基坑地连墙侧向变形计算预测与工程实测值的对比分析如图 2-28 所示。通过对比分析可知计算预测结果与实测值较为吻合。

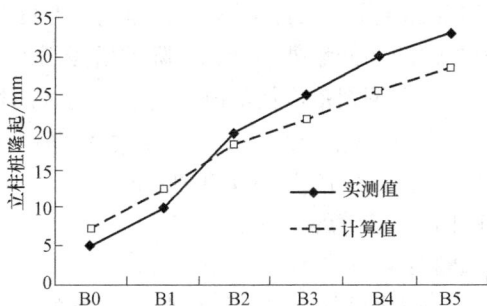

图 2-27　立柱隆起计算值与实测值对比图

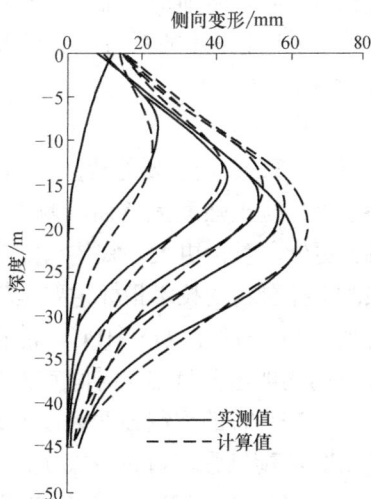

图 2-28　地连墙侧向变形计算值与实测值对比图

（4）实施效果

通过对设计要点、难点的深入分析，确定设计控制值，并通过大量和合理的设计分析预测，采取相应的设计对策措施，过程中应用了信息化施工和动态设计。通过先行施工十字对称结构，消除了基坑的长边效应影响，有效控制了基坑变形。根据动态监测结果可知，地连墙侧向变形和立柱差异沉降得到了较好的控制，满足设计要求。该中心裙房逆作法深大基坑安全顺利实施。

2.3 高性能混凝土施工技术与应用

2.3.1 高强高性能混凝土技术与应用

1. 技术要求

高强高性能混凝土（简称 HS-HPC）是具有较高的强度（一般强度等级不低于 C60）且具有高工作性、高体积稳定性和高耐久性的混凝土（"四高"混凝土），属于高性能混凝土（HPC）的一个类别。其特点是不仅具有更高的强度且具有良好的耐久性，多用于超高层建筑底层柱、墙和大跨度梁，可以减小构件截面尺寸增大使用空间。

超高性能混凝土（UHPC）是一种超高强（抗压强度可达 150MPa 以上）、高韧性（抗折强度可达 16MPa 以上）、耐久性优异的新型超高强高性能混凝土，是一种组成材料颗粒的级配达到最佳的水泥基复合材料。用其制作的结构构件不仅截面尺寸小，而且单位强度消耗的水泥、砂、石等资源少，具有良好的环境效应。

HS-HPC 的水胶比一般不大于 0.34，胶凝材料用量一般为 $480\sim600kg/m^3$，硅灰掺量不宜大于 10%，其他优质矿物掺合料掺量宜为 $25\%\sim40\%$，砂率宜为 $35\%\sim42\%$，宜采用聚羧酸系高性能减水剂。

UHPC 的水胶比一般不大于 0.22，胶凝材料用量一般为 $700\sim1000kg/m^3$。超高性能混凝土宜掺加高强微细钢纤维，钢纤维的抗拉强度不宜小于 2000MPa，体积掺量不宜小于 1.0%，宜采用聚羧酸系高性能减水剂。

2. 技术指标

（1）工作性

新拌 HS-HPC 最主要的特点是黏度大，为降低混凝土的黏性，宜掺入能够降低混凝土黏性且对混凝土强度无负面影响的外加剂，如降黏型外加剂、降黏增强剂等。UHPC 的水胶比更低，黏性更大，宜掺入能降低混凝土黏性的功能型外加剂，如降粘增强剂等。

混凝土拌合物的技术指标主要是坍落度、扩展度和倒坍落度筒混凝土流下时间（简称倒筒时间）等。对于 HS-HPC，混凝土坍落度不宜小于 220mm，扩展度不宜小于 500mm，倒置坍落度筒排空时间宜为 $5\sim20s$，混凝土经时损失不宜大于 30mm/h；

（2）HS-HPC 的配制强度可按公式 $f_{cu,0}\geqslant1.15f_{cu,k}$ 计算；

UHPC 的配制强度可按公式 $f_{cu,0}\geqslant1.1f_{cu,k}$ 计算；

（3）HS-HPC 及 UHPC 因其内部结构密实，孔结构更加合理，通常具有更好的耐久性，为满足抗硫酸盐腐蚀性，宜掺加优质的掺合料，或选择低 C_3A 含量（$<8\%$）的水泥。

（4）自收缩及其控制

1）自收缩与对策

当 HS-HPC 浇筑成型并处于绝湿条件下，由于水泥继续水化，消耗毛细管中的水分，使毛细管失水，产生毛细管张力（负压），引起混凝土收缩，称之自收缩。通常水胶比越低，胶凝材料用量越大，自收缩会越严重。

对于 HS-HPC 一般应控制粗细骨料的总量不宜过低，胶凝材料的总量不宜过高；通过掺加钢纤维可以补偿其韧性损失，但在氯盐环境中，钢纤维不太适用；采用外掺 5％饱水超细沸石粉的方法，或者内掺吸水树脂类养护剂、外覆盖养护膜以及其他充分的养护措施等，可以有效地控制 HS-HPC 的自收缩。

UHPC 一般通过掺加钢纤维等控制收缩，提高韧性；胶凝材料的总量不宜过高。

2）收缩的测定方法

参照《普通混凝土长期性能和耐久性能试验方法标准》GB/T 50082—2009 进行。

3. 适用范围

HS-HPC 适用于高层与超高层建筑的竖向构件、预应力结构、桥梁结构等混凝土强度要求较高的结构工程。

UHPC 由于高强高韧性的特点，可用于装饰预制构件、人防工程、军事防爆工程、桥梁工程等。

4. 工程案例

（1）工程概况

某超高层建筑总建筑面积 74 万 m²，其中主楼部分由三栋超高层塔楼构成，高度分别为 251m、275m 和 274m，主楼结构型式为钢管混凝土外框＋钢支撑筒体＋钢筋桁架楼层板体系。主楼钢管混凝土外框-钢支撑筒体结构采用 C60、C70 高强度、高性能混凝土，用量以 C60 为主，C70 主要使用于 1～6 层的部分钢管柱。

（2）工程特点

本工程中的高性能混凝土除了高强度以外，还要求有很高自密实性能、高体积稳定性和高耐久性。

高强度性能：根据《普通混凝土配合比设计规程》JGJ 55—2011，确定 C70 混凝土配制强度标养 28d≮80.5MPa。

自密实性能：C70 钢筒柱内腔由于有加劲横隔板，混凝土浇筑时不能完全保证振捣棒全面振捣到位，为混凝土浇筑效果达到最大密实度，其工作性能需达到一定的自密实混凝土工作性能。

高体积稳定性：高强混凝土水泥用量偏高，自收缩较大，而钢筒为 120cm×120cm 方筒，若不严格控制 C70 混凝土的收缩尤其是自收缩，筒内浇筑混凝土易与钢筒壁脱离，因此需采取有效措施控制混凝土的自收缩。

高耐久性：该项目主要构件设计使用年限应大于 50 年。

C70 自密实混凝土具体工作性能指标见表 2-7。

C70 混凝土工作性能指标　　　　　　　　　　　　　　　　表 2-7

倒坍时间（s）	坍落扩展度（mm）	T_{500}（s）	坍落扩展度与 J 环之差（mm）	U 型箱高度差（mm）	V 型漏斗（s）	初凝时间（h）	终凝时间（h）	3h 损失（mm）	3d 收缩率（％）
≤8s	＞650	≤5s	≤50	≤30mm	≤25	10～12	14～16	≯30	≯$3×10^{-4}$

（3）方案实施

为达到上述性能指标要求，从混凝土原材料选用、配合比等方面进行了反复试验，并进行了实体破坏性验证。

1）原材料技术性能：见表2-8～表2-13。

水泥主要项目检测数据 表2-8

碱含量（%）	氯离子含量（%）	抗折强度（MPa）		抗压强度（MPa）	
		3d	28d	3d	28d
0.72	0.02	5.3	7.4	28.4	49.3

磨细粉煤灰主要项目检测数据 表2-9

比表面积（m²/kg）	需水量比（%）	碱含量（%）	氯离子含量（%）	烧失量（%）	三氧化硫含量（%）
465	101	1.68	0.01	2.8	0.9

矿粉主要项目检测数据 表2-10

活性指数（%）	氯离子含量（%）	烧失量（%）	三氧化硫含量（%）
88	0.02	0.7	1.7

细骨料主要项目检测数据 表2-11

细度模数	含泥量（%）	泥块含量（%）	氯离子含量（%）	坚固性（%）
3.0	1.8	0.3	0.01	3

粗骨料主要项目检测数据 表2-12

检测项目	含泥量（%）	泥块含量（%）	压碎指标（%）	针片状颗粒含量（%）	坚固性（%）
5～20mm	0.4	0.1	3	3	1

高性能聚羧酸减水剂主要项目检测数据 表2-13

含固量（%）	减水率（%）	总碱量（%）	氯离子含量（%）
15.58	34.1	0.51	0.07

2）C70配合比：见表2-14。

配合比计算表 表2-14

配合比编号	水泥（kg/m³）	磨细粉煤灰（kg/m³）	矿粉（kg/m³）	砂（kg/m³）	碎石（5-20）mm（kg/m³）	聚羧酸高性能减水剂（%）	水（kg/m³）
1	439	43	60	601	1116	2.5	141
2	458	45	62	593	1101	2.5	141
3	476	47	65	585	1086	2.5	141

3）第一阶段试验：实验目的是验证强度的合理性，对应上述配合比，其强度试验结果见表2-15。

试配强度表 表 2-15

配合比编号	抗压强度							
	3d	/%	7d	/%	14d	/%	28d	%
1	37.4	53	54.1	77	68.2	97	75.4	108
2	45.8	65	64.1	92	76.9	110	81.4	120
3	50.2	72	70.0	100	79.5	114	87.8	125

4）第二阶段试验

试验目的是进行配合比调整并测定力学性能是否满足设计要求，试验配合比在设计的基础上进行胶凝材料用量调整，试验配合比：见表2-16。

第二阶段配合比调整表 表 2-16

配合比编号	水泥 (kg/m³)	磨细粉煤灰 (kg/m³)	矿粉 (kg/m³)	砂 (kg/m³)	碎石 (5-20)mm (kg/m³)	聚羧酸高性能减水剂 (%)	水 (kg/m³)
4	449	49	67	593	1101	2.5	141
5	458	45	62	593	1101	2.5	141
6	466	52	70	585	1086	2.5	141
7	476	47	65	585	1086	2.5	141

试验结果：见表2-17。

第二阶段配合比调整后强度情况 表 2-17

配合比编号	抗压强度							
	3d	/%	7d	/%	14d	/%	28d	%
4	42.2	60	59.2	85	73.2	104	79.4	112
5	44.9	64	63.1	90	75.8	108	82.2	117
6	47.2	67	65.0	93	78.9	113	84.5	121
7	48.1	69	67.4	96	79.5	114	85.6	122

5）第三阶段试验

试验目的是验证5、6、7号配合比力学性能，调整外加剂组分、调整混凝土工作性能，验证混凝土非接触法测试早期收缩情况。

试验配合比：见表2-18。

第三阶段配合比调整表   表2-18

配合比编号	水泥 （kg/m³）	磨细粉煤灰 （kg/m³）	矿粉 （kg/m³）	砂 （kg/m³）	碎石 (5-20)mm （kg/m³）	聚羧酸高 性能减水剂 （%）	水（kg/m³）
5	458	45	62	593	1101	2.5	141
6	466	52	70	585	1086	2.5	141
7	476	47	65	585	1086	2.5	141

试验结果：见表2-19、表2-20。

第三阶段配合比调整后强度情况   表2-19

配合比编号	抗压强度（MPa）					
	3d	/%	7d	/%	28d	/%
5	44.2	63	62.1	89	82.4	118
6	48.2	69	65.4	93	83.9	120
7	49.5	71	66.8	95	85.1	122

第三阶段配合比调整混凝土工作性能   表2-20

编号	倒坍(s)	U型仪	T_{500} (s)	坍落 扩展度 (mm)	J环 (mm)	V漏 (s)	收缩率 (10^{-4})	3h经 时损失 (mm)	初凝 (min)	终凝 (min)
5	4.1	20	4.2	700	680	20	2.60	30	685	900
6	5.0	30	5.0	710	695	23	2.72	30	650	850
7	7.1	32	7.2	705	685	31	2.94	45	590	790

得出结论：5、6号配合比力学性能、工作性能均满足设计要求，但从非接触法收缩结果可以看出5号配合比3d收缩量更低，且具有更好的经济性。因此选定5号配合比为推荐配合比。见表2-21。

C70自密实混凝土推荐配合比   表2-21

容重 （kg/m³）	水泥 （kg/m³）	粉煤灰 （kg/m³）	矿粉 （kg/m³）	砂（kg/m³）	碎石 (5-20)mm （kg/m³）	聚羧酸高性 能减水剂 （%）	水（kg/m³）
2400	458	45	62	593	1101	2.5	141

6）钢管柱实体试验

工程进行了钢管柱试验柱混凝土浇筑试验，混凝土出罐温度26度，坍落度260mm，扩展度600mm，倒筒时间5.1s。

（4）实施效果

在本工程中通过应用自密实高性能混凝土技术，不仅满足了强度、耐久性等结构性要求，而且由于高性能混凝土的良好的工作性能，尤其是较高自密实性能的发挥，克服了钢管混凝土柱隔板等死角部位易形成气腔、空洞或不易密实的施工难题，同时，由于高性能混凝土在配合比中通过调整掺合料用量，降低了混凝土的收缩率，将混凝土14d收缩率控制在0.03%之内，有效地解决了钢柱混凝土"脱筒缺陷"。如图2-29所示。

图 2-29　钢管柱切割检测切割剖面状况图

2.3.2　自密实混凝土技术与应用

1. 技术要求

自密实混凝土（Self-Compacting Concrete，简称 SCC）具有高流动性、均匀性和稳定性，浇筑时无须或仅需轻微外力振捣，能够在自重作用下流动并能充满模板空间的混凝土，属于高性能混凝土的一种。自密实混凝土技术主要包括：自密实混凝土的流动性、填充性、保塑性控制技术；自密实混凝土配合比设计；自密实混凝土早期收缩控制技术。

（1）自密实混凝土流动性、填充性、保塑性控制技术

自密实混凝土拌合物应具有良好的工作性，包括流动性、填充性和保水性等。通过骨料的级配控制、优选掺合料以及高效（高性能）减水剂来实现混凝土的高流动性、高填充性。其测试方法主要有坍落扩展度和扩展时间试验方法、J 环扩展度试验方法、离析率筛析试验方法、粗骨料振动离析率跳桌试验方法等。

（2）配合比设计

自密实混凝土配合比设计与普通混凝土有所不同，有全计算法、固定砂石法等。配合比设计时，应注意以下几点要求：

1）单方混凝土用水量宜为 160～180kg；

2）水胶比根据粉体的种类和掺量有所不同，不宜大于 0.45；

3）根据单位体积用水量和水胶比计算得到单位体积粉体量，单位体积粉体量宜为 0.16～0.23；

4）自密实混凝土单位体积浆体量宜为 0.32～0.40。

（3）自密实混凝土自收缩

由于自密实混凝土水胶比较低、胶凝材料用量较高，导致混凝土自收缩较大，应采取优化配合比，加强养护等措施，预防或减少自收缩引起的裂缝。

2. 技术指标

（1）原材料的技术要求

1）胶凝材料

水泥选用较稳定的硅酸盐水泥或普通硅酸盐水泥；掺合料是自密实混凝土不可缺少的组分之一。一般常用的掺合料有粉煤灰、磨细矿渣、硅灰、粒化高炉矿渣粉、石灰石粉等，也可掺入复合掺合料，复合掺合料宜满足《混凝土用复合掺合料》JG/T 486—2015中易流型或普通型Ⅰ级的要求。胶凝材料总量宜控制在 400～550kg/m³。

2）细骨料

细骨料质量控制应符合《普通混凝土用砂、石质量及检验方法标准》JGJ 52—2006以及《混凝土质量控制标准》GB 50164—2011 的要求。

3）粗骨料

粗骨料宜采用连续级配或 2 个及以上单粒级配搭配使用，粗骨料的最大公称粒径一般以小于20mm 为宜，尽可能选用圆形且不含或少含针、片状颗粒的骨料；对于配筋密集的竖向构件、复杂形状的结构以及有特殊要求的工程，粗骨料的最大公称粒径不宜大于16mm。

4）外加剂

自密实混凝土具备的高流动性、抗离析性、间隙通过性和填充性这四个方面都需要以外加剂为主的手段来实现。减水剂宜优先采用高性能减水剂，减水剂的主要要求为：与水泥的相容性好，减水率大，并具有缓凝、保塑的特性。

（2）自密实性能主要技术指标

对于泵送浇筑施工的工程，应根据构件形状与尺寸、构件的配筋等情况确定混凝土坍落扩展度。对于从顶部浇筑的无配筋或配筋较少的混凝土结构物（如平板）以及无须水平长距离流动的竖向结构物（如承台和一些深基础），混凝土坍落扩展度应满足 550～655mm；对于一般的普通钢筋混凝土结构以及混凝土结构坍落扩展度应满足 660～755mm；对于结构截面较小的竖向构件、形状复杂的结构等，混凝土坍落扩展度应满足 760～850mm；对于配筋密集的结构或有较高混凝土外观性能要求的结构，扩展时间 T_{500}（s）应不大于 2s。其他技术指标应满足《自密实混凝土应用技术规程》JGJ/T 283—2012 的要求。

3. 适用范围

自密实混凝土适用于浇筑量大，浇筑深度和高度大的工程结构；配筋密集、结构复杂、薄壁、钢管混凝土等施工空间受限制的工程结构；工程进度紧、环境噪声受限制或普通混凝土不能实现的工程结构。

4. 工程案例

（1）工程概况

某大厦工程，建筑高度 220m，结构形式为钢管混凝土柱、钢结构梁框架—型钢混凝土核心筒结构，外框共 17 根钢管柱。钢管柱直径随高度变化，分别为 1300mm、1200mm、1100mm、1000mm、900mm，钢管壁厚最大 35mm，混凝土等级为 C60、C50，全部采用自密实混凝土。

（2）工程特点

钢管混凝柱内的加劲板、环板会在柱头范围内形成多个环，环板下方混凝土浇筑不易振捣密实，且部分钢管柱内放置钢筋，空间较小，浇筑混凝土时无法下振捣棒振捣。如何控制钢管内混凝土质量是钢管混凝土施工的关键点。若采用普通混凝土环板下面等部位无法振捣，会导致混凝土质量存在问题。自密实混凝土适用于薄壁、钢筋密集、结构形状复杂、振捣困难的结构。因此，本工程钢管混凝土选用自密实混凝土。

（3）方案实施

1）工艺流程

自密实混凝土配置流程：水泥与外加剂的适应性试验→确定优质矿物掺合料→寻找掺合料的最佳比例→确定掺和料与膨胀剂的最佳掺量→调整混凝土和易性尤其是黏度的经时变化率→确定满足技术指标要求的一组或几组配合比为试验室最佳配合比→模拟泵送顶

升→确定最终施工配合比。

2）技术要点

① 自密实混凝土原材料要求

水泥：优先选择普通硅酸盐水泥。一般水泥用量为350～450kg/m³。水泥用量超过500kg/m³会增大混凝土的收缩，如低于350kg/m³，则需掺加其他矿物掺合料，如粉煤灰、磨细矿渣等来提高混凝土的和易性。

石粉：石灰石、白云石、花岗岩等的磨细粉，粒径小于0.125mm或比表面积在250～800m²/kg，可作为惰性掺合料，用于改善和保持自密实混凝土的工作性能；

粉煤灰：选用优质Ⅱ级以上磨细粉煤灰，能有效改善自密实混凝土的流动性和稳定性，有利于硬化混凝土的耐久性；

磨细矿渣：用于改善和保持自密实混凝土的工作性，有利于硬化混凝土的耐久性；

硅灰：用于改善自密实混凝土的流变性和抗离析能力，可提高硬化混凝土的强度和耐久性。

细骨料：自密实混凝土一般选用中砂或偏粗中砂，砂细度模数在2.5～3.0为宜，砂中所含粒径小于0.125mm的细粉一般要求不低于10%。

粗骨料：最大粒径不宜超过16～20mm。碎石有助于改善混凝土强度，卵石有助于改善混凝土流动性，一般选用5～16mm或5～20mm连续级配碎石。

高效减水剂：目前国内常用的高效减水剂为聚羧酸减水剂。

膨胀剂：宜加入8%～10%的膨胀剂，补偿混凝土的收缩，减少混凝土开裂的可能性。

水：采用洁净的饮用水。

② 自密实顶升混凝土的配合比设计

混凝土性能的控制是通过对比最初设计的混凝土配合比下的混凝土性能，调整混凝土配合比实现的。混凝土的性能控制主要是为了满足现场施工要求而设定的，施工季节正值高温天气，主要性能达到以下几点要求：

A. 为了在高温天气条件下获得充足的施工时间，钢管混凝土初凝时间控制在8～10h，实际情况基本满足要求；

B. 为了获得混凝土较好的流动性，以实现混凝土的自密实要求，将混凝土的塌落度控制在250±20mm范围内，或坍落扩展度控制在800±50mm范围内；

C. 为了达到较好的自密实效果，对混凝土的含气量进行严格控制，混凝土的含气量为2%～3%；

D. 保证混凝土有较高的安全储备，根据要求，混凝土在灌满标准试模且未振捣的情况下进行28d标准养护，在达到龄期时混凝土的立方体抗压强度标准值不低于设计要求，且混凝土基本无孔洞。配合比及试验结果见表2-22。

C60泵送顶升自密实钢管混凝土配合比及试验结果 **表2-22**

混凝土配合比/(kg/m³)							
水泥	粉煤灰	硅粉	膨胀剂	砂	5～20mm石	水	外加剂
350	160	20	50	820	850	170	9.4

拌合物性能(出机后1h时)				抗压强度/MPa				干缩/×10⁻⁶m/m						
含气量	坍落度	扩展度	V漏斗试验	3d	7d	28d	60d	3d	7d	14d	28d	60d	90d	180d
3.2%	255mm	700mm	14s	39.5	54.8	78.9	86.7	−79	−176	−237	−305	−378	−412	−431

注：本配比混凝土四个小时内坍落度基本无损失，初凝时间在9h40min，终凝时间在15h30min。其他控制指标试验结果未在本表中列出。

③ 泵送顶升法浇筑钢管混凝土

泵送顶升法工艺能一次性将钢管混凝土柱内的混凝土顶升至所需高度，可减少工序环节，降低劳动强度，加快施工进度；与高位抛落免振捣法相比，可有效避免钢管柱内混凝土不密实、离析等缺陷，确保混凝土质量符合设计要求。因此本工程采用泵送顶升法工艺进行钢管混凝土浇筑。

3）钢管柱混凝土试验及检测

① 钢管混凝土的试验

A. 钢管壁浇筑应变测试

采用电阻应变片对关键部位进行了横向和竖向的应变检测，从混凝土泵送阶段、浇筑 3d 内的结果来看，在这两个阶段，钢管的横向和竖向的应变值均未超过 $100\mu\varepsilon$，说明钢管所受应力较小。如图 2-30、图 2-31 所示。

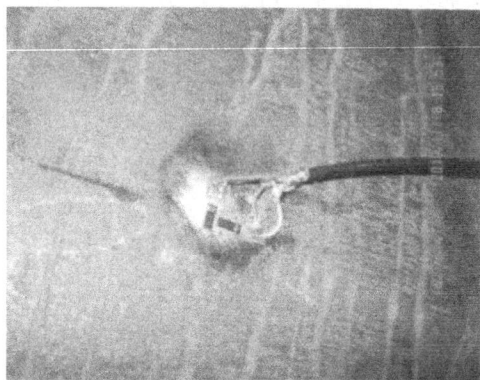

图 2-30 应变片布置示意图

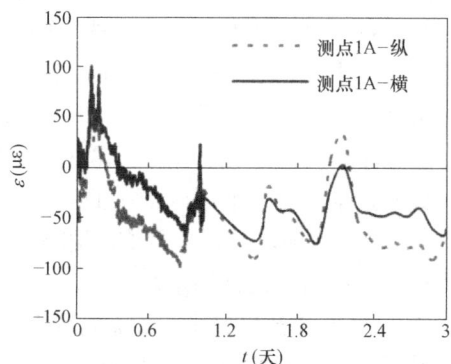

图 2-31 钢管应变（ε）-时间（t）关系图

B. 混凝土的水化热测试

考虑钢管柱的尺寸和混凝土的强度等级，有必要对核心混凝土内部温度进行测试，为控制温差提供数据。采用 WZP-Pt100 铠装铂热电阻对混凝土和环境温度进行测试，具体测点布置方式如图所示（测点 5 对应的是大气温度和湿度）。因钢管混凝土散热面较大，且环境温度较低，混凝土内部实际最大温升在 23℃ 左右。如图 2-32、图 2-33 所示。

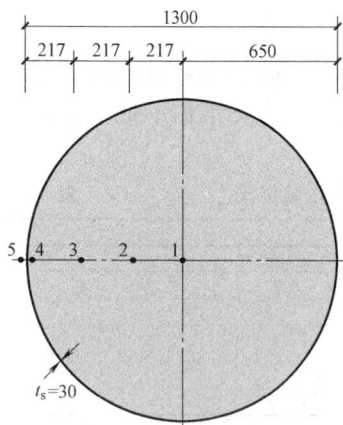

图 2-32 截面测点布置示意图

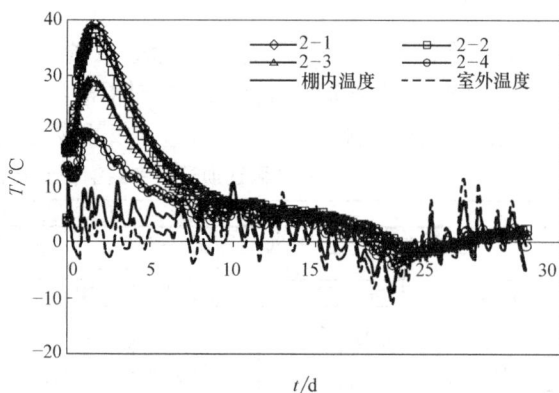

图 2-33 核心温度（T)-时间（t）关系图

C. 混凝土收缩

核心混凝土的收缩性能是评价混凝土配合比选择的重要参数，较大的收缩可能引起钢管内壁或隔板与核心混凝土之间产生缝隙。因此有必要量测混凝土的收缩变形，采用 BGK-4210 型埋入式大体积应变计测试钢管混凝土的纵向和横向收缩变形，试件截面测点布置如图 2-34 所示。

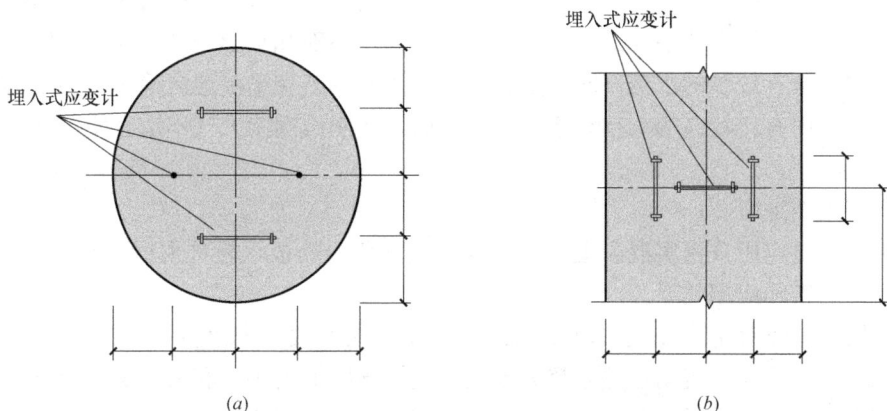

图 2-34 混凝土收缩变形实验装置布置示意图
(a) 横截面示意图；(b) 剖面示意图

D. 切割破损检验法

在模拟浇筑完成养护 28d 后，通过有步骤地剖开模型柱的钢管壁，直观地检查核心混凝土质量和浇筑质量。重点检查柱核心混凝土的密实度情况，比较实际观察到的现象与敲击法、超声波检测结果是否一致，从而对检测检验结果做出评价。钢管割开后，检查项目包括：混凝土是否有离析、分层现象，是否有孔洞等缺陷存在；检查钢管和其核心混凝土之间，内环板、穿心梁、栓钉与核心混凝土结合面之间的黏结情况等。若核心混凝土与钢管壁或隔板之间有缝隙，则通过用塞尺（又称测微片或厚薄规）来检测其缝隙大小。

切割破损检测结果显示，混凝土浇筑质量基本正常，均匀质较好。如图 2-35 所示。

图 2-35 钢管柱模拟浇筑实体切割剖面图

② 钢管混凝土的检测

目前钢管混凝土尤其是钢板较厚、内部结构复杂的钢管混凝土实体质量检测技术尚不完善，有待进一步研究和提高。

红外热像法：热辐射普遍存在于自然界中，具有绝对零度以上温度的物体，都能从其表面辐射红外线。物体热辐射能量的大小，直接和物体表面的温度相关。利用热辐射的这个特点，可以对物体进行无接触温度测量，即利用探测仪测定目标物体的热辐射能量，得到目标物体的表面温度分布，通过显示器显示为形象直观的热图像，进而可由热图像推测目标物体内部的缺陷分布。

另外，在使用红外热像仪时要尽量避免大气的影响。红外辐射通过大气会导致衰减，主要是由大气分子的吸收、散射，以及云雾、雨、雪等其他微粒的散射作用所造成。试验测量结果表明，在接近地平线的低仰角情况下，大气辐射几乎等于处于环境温度下的黑体辐射。当大气含有较多的水蒸气时，如在雨前、潮湿季节和潮湿地区等，会在水蒸气发射带的光谱范围内有比较高的天空背景辐射。因而，在阴雨潮湿天气不适宜使用红外热像仪进行露天检测。

（4）实施效果

本工程通过应用自密实混凝土，成功解决了复杂内隔板钢管柱混凝土浇筑质量问题，取得了良好的实际应用效果。

在应用中，克服了高强度混凝土水泥用量高、黏度大、坍落度泵送损失大等不利因素，研制出了强度高、流动性好、超高超远泵送坍落度损失小、和易性满足顶升法施工要求的自密实混凝土；采用顶升法浇筑，通过温度监测、应变监测和破损检测等一系列手段进行验证，钢管柱自密实混凝土最终成活浇筑密实、与管壁间无缝隙、内部无收缩和无温度应力裂纹等。

2.3.3 超高泵送混凝土技术与应用

1. 技术要求

超高泵送混凝土技术，一般是指泵送高度超过200m的现代混凝土泵送技术。近年来，超高层建筑越来越多，对于高度超过200m的建筑，混凝土浇筑需要采用超高泵送技术，超高泵送混凝土技术已成为现代建筑施工中的关键技术之一。超高泵送混凝土技术是一项综合技术，包含混凝土制备技术、泵送参数计算、泵送设备选定与调试、泵管布设和泵送过程控制等内容。

（1）原材料的选择

宜选择C_2S含量高的水泥，对于提高混凝土的流动性和减少坍落度损失有显著的效果；粗骨料宜选用连续级配，应控制针片状含量，而且要考虑最大粒径与泵送管径之比，对于高强混凝土，应控制最大粒径范围；细骨料宜选用中砂，因为细砂会使混凝土变得黏稠，而粗砂容易使混凝土离析；采用性能优良的矿物掺合料，如矿粉、Ⅰ级粉煤灰、Ⅰ级复合掺合料或易流型复合掺合料、硅灰等，高强泵送混凝土宜优先选用能降低混凝土黏性的矿物外加剂和化学外加剂，矿物外加剂可选用降粘增强剂等，化学外加剂可选用降粘型减水剂，可使混凝土获得良好的工作性；减水剂应优先选用减水率高、保塑时间长的聚羧酸系减水剂，必要时掺加引气剂，减水剂应与水泥和掺合料有良好的相容性。

（2）混凝土的制备

通过原材料优选、配合比优化设计和工艺措施，使制备的混凝土具有较好的和易性；流动性高，虽黏度较小，但无离析泌水现象，因而有较小的流动阻力，易于泵送。

（3）泵送设备的选择和泵管的布设

泵送设备的选定应参照《混凝土泵送施工技术规程》JGJ/T 10 中规定的技术要求，首先要进行泵送参数的验算，包括混凝土输送泵的型号和泵送能力，水平管压力损失、垂直管压力损失、特殊管的压力损失和泵送效率等。对泵送设备与泵管的要求为：

1）宜选用大功率、超高压的 S 阀结构混凝土泵，其混凝土出口压力满足超高层混凝土泵送阻力要求；

2）应选配耐高压、高耐磨的混凝土输送管道；

3）应选配耐高压管卡及其密封件；

4）应采用高耐磨的 S 管阀与眼镜板等配件；

5）混凝土泵基础必须浇筑坚固并固定牢固，以承受巨大的反作用力，混凝土出口布管应有利于减轻泵头承载；

6）输送泵管的地面水平管折算长度不宜小于垂直管长度的 1/5，且不宜小于 15m；

7）输送泵管应采用承托支架固定，承托支架必须与结构牢固连接，下部高压区应设置专门支架或混凝土结构以承受管道重量及泵送时的冲击力；

8）在泵机出口附近设置耐高压的液压或电动截止阀。

（4）泵送施工的过程控制

应对到场的混凝土进行坍落度、扩展度和含气量的检测，视具体要求对混凝土入泵温度和环境温度进行监测，如出现不正常情况，及时采取应对措施；泵送过程中，要实时检查泵车的压力变化、泵管有无渗水、漏浆情况以及各连接件的状况等，发现问题及时处理。泵送施工控制要求为：

1）合理组织，连续施工，避免中断；

2）严格控制混凝土流动性及其经时变化值；

3）根据泵送高度适当延长初凝时间；

4）严格控制高压条件下的混凝土泌水率；

5）采取保温或冷却措施控制管道温度，防止混凝土摩擦、日照等因素引起管道过热；

6）弯道等易磨损部位应设置加强安全措施；

7）泵管清洗时应妥善回收管内混凝土，避免污染或材料浪费。泵送和清洗过程中产生的废弃混凝土，应按预先确定的处理方法和场所，及时进行妥善处理，不得将其用于浇筑结构构件。

2. 技术指标

（1）混凝土拌合物的工作性良好，无离析泌水，坍落度宜大于 180mm，混凝土坍落度损失不应影响混凝土的正常施工，经时损失不宜大于 30mm/h，混凝土倒置坍落筒排空时间宜小于 10s。泵送高度超过 300m 的，扩展度宜大于 550mm；泵送高度超过 400m 的，扩展度宜大于 600mm；泵送高度超过 500m 的，扩展度宜大于 650mm；泵送高度超过 600m 的，扩展度宜大于 700mm。

（2）硬化混凝土物理力学性能符合设计要求。

（3）混凝土的输送排量、输送压力和泵管的布设要依据准确的计算，并制定详细的实施方案，进行模拟高程泵送试验。

（4）其他技术指标应符合《混凝土泵送施工技术规程》JGJ/T 10 和《混凝土结构工程施工规范》GB 50666 的规定。

3. 适用范围

超高泵送混凝土技术适用于泵送高度大于 200m 的各种超高层建筑混凝土泵送作业，长距离混凝土泵送作业参照超高泵送混凝土技术。

4. 工程案例

（1）工程概况

某超高层建筑，主体结构为钢管混凝土柱框架-钢筋混凝土核心筒混合结构，总建筑面积为 214388.77m²，其中地上建筑面积 162008.49m²，地上 71 层，地下 6 层，檐高 301.6m，地上总高度 317.6m，是一座集商业、酒店、办公、娱乐等功能为一体的综合性超高层建筑。

（2）工程特点

本工程的超高泵送混凝土施工核心要点如下：

1）混凝土良好的工作性能，除满足强度、耐久性等外，还必须有良好的泵送性能和坍落扩展度；

2）混凝土须连续供应，且不应出现运输途中坍落度损失过大的情况；

3）混凝土泵的输送能力满足要求；

4）输送管路设置和固定须满足正常输送不堵管和抵抗输送反力作用的要求。

（3）方案实施

1）在混凝土配合比方面，经过多次试配，不仅满足强度、耐久性等要求，还必须有良好的泵送性能和坍落扩展度；本工程要求坍落扩展度 600mm 左右。

2）混凝土运输车的数量根据当次浇筑的实际情况确定，保证混凝土连续浇筑，混凝土从出机至浇筑的时间不应超过 90min。混凝土运输搅拌车在运输过程中保持 3～6r/min 的转速保证混凝土到场后的各项工作性能；供应速度：浇筑基础底板时要求混凝土供应 100m³/h；浇筑顶板混凝土时要求混凝土供应 60m³/h；浇筑墙柱混凝土时要求混凝土供应 40m³/h。

3）混凝土泵选择：主要参数是混凝土泵的浇筑输出量和浇筑压力，按照主楼的单次最大浇筑量和最大浇筑高度计算并根据经验值调整确定。

主楼单次浇筑时间控制在 10～11h 内，主楼单次最大浇筑量为 400m³，根据《混凝土泵送施工技术规程》JGJ/T 10 和类似工程混凝土浇筑经验超高层混凝土浇筑时实际浇筑流量为设计浇筑流量的 50% 左右，最终计算得 $Q_{max} = 79.4m³$，选择 90m³/h 的输送泵。

根据《混凝土泵送施工技术规程》JGJ/T 10 进行混凝土泵的工作压力计算，经计算混凝土最大工作阻力 $P_{max} = 12.27MPa$，依据类似工程的实际泵送数据，泵送阻力需在计算值的基础上增加 6MPa，则本工程 $P_{max} = 18.27MPa$，另外混凝土泵送过程中应预留 30% 左右的储备压力用来应付混凝土泵送性能变化引起的异常情况，避免堵管，同时考虑到本工程泵送距离长，混凝土强度高，更需要预留储备压力，最终结合生产厂家的规格型号选用出口压力为 28MPa 的 HBT90 CH-2128D 型混凝土输送泵。

管路换算长度见表 2-23。

管路换算长度 表 2-23

序号	管路状态	单位	数量	换算比例	换算水平长度(m)
1	水平管	m	142	1:1	142
2	垂直向上管	m($D=125$)	318	1:4	1272
3	锥形管	根(150～125)	1	1:8	8
4	弯管	只(90度)	11	1:9	99
5	胶管	根	1	/	20
6	总计				1541

4）泵管布置及固定

输送管的固定对超高层泵送的效果及安全起重要的作用，水平和垂直输送管布置均要求沿地面和墙面铺设，并全程做可靠的固定。①水平管应采用预埋件固定在混凝土墩上；②竖向管应每隔 4～5m 设置一个固定在墙体上的管夹；③高压管采用法兰连接。

泵管的安装节点做法见表 2-24。

泵管安装节点做法 表 2-24

名称	安装方法	示意图
预埋件	在输送管线对应的地面和墙面上采用预埋的方式将约 300mm×300mm 厚度不低于 16mm 的高强钢板(插焊 4 根直径 20 锚筋，长约 300mm)植于地面和墙面,铺设管道时将输送管固定装置配焊到预埋钢板上来固定输送管	 预埋板平面尺寸示意图　　预埋件大样
水平输送管直管	每根标准 3m 输送管在距连接处 0.5m 处用 2 个输送管固定装置牢固固定(在水泥墩中或地面预埋高强度钢板，输送管固定装置焊接于钢板上)，防止管道因震动而松脱。其他较短的输送管采用一个输送管固定装置牢固固定	 3m 管固定示意图

名称	安装方法	示意图
水平弯管	90°弯管在距连接处0.5m处用2个输送管固定装置牢固固定(在水泥墩中或地面预埋高强度钢板,输送管固定装置焊接于钢板上),防止管道因震动而松脱。其他较短的输送管采用一个输送管固定装置牢固固定	地面90°弯管固定平面示意图
水平转垂直处弯管	采用水泥墩支撑	地面水平管转核心筒立管示意图 地面水平管转立管示意图

名称	安装方法	示意图
垂直管道	输送管沿墙面爬升,在墙壁对应位置处预埋高强度钢板,混凝土管固定装置焊接在钢板上。每根3米管、90°弯管用2个混凝土管固定装置牢固固定	竖向直管固定示意图　　竖向弯管固定示意图
管道密封	超高压和高压耐磨管道密封,采用密封性能可靠的O形圈端面密封形式。可耐100MPa的高压。普通输送管采用管卡进行连接	超高压耐磨管连接　　普通输送管连接

5) 混凝土浇筑方案

主楼总体浇筑顺序实行核心筒先行,外围钢管柱及楼板滞后施工。混凝土浇筑前应检查泵管密闭性,可先用打水检查泵管密闭性,通过调换漏水处的泵卡,调整泵管的水平度等措施,确保泵管密闭。

6) 管道清洗见表2-25。

泵管清洗做法 表 2-25

序号	内　　容
1	在混凝土浇筑即将完成时,估计管道内剩余的混凝土能满足至混凝土浇筑结束,料斗内混凝土在搅拌轴以下时停止泵送,关上截止阀;(垂直高度＋水平长度共 280m 管道容积约 3.72m³)再加砂浆进行泵送
2	当泵送完一料斗砂浆后,往料斗内注水进行泵送→连续泵送水直至布料机出口出水停止泵送(水源充足,确保泵送连续性)→关上截止阀→立起布料机臂架→拆除泵机出口处三通管的盖板(或拆除泵机与截止阀之间的弯管)→接管至地面沉淀水池→打开截止阀,管道内的水受重力作用呈喷射状冲出,并经沉淀水池分级沉淀,以用作循环水洗或排放至污水管 管道清洗原理示意图　　　　　　　沉淀水池平面、剖面图
3	水流完后,关上截止阀→再操纵布料机使臂架上扬与水平成约 5°夹角→从布料机出口处往管道内注水,直到灌满输送管
4	立起布料机臂架→打开截止阀→让水再冲洗管道(C60、C50 混凝土黏度大,不易清除,反复清洗可确保管道内残留混凝土清尽,避免下次泵送发生堵管)

（4）实施效果

通过优化混凝土配合比，确保了混凝土的工作性能，在科学计算的基础上确定需要的输送量和工作压力并选择适合的泵型；在管路设计上，合理设置管路的水平长度，通过设置缓冲弯等方式减少阻力并对泵管进行有效的固定；对混凝土生产、运输环节进行了有效控制，在输送和浇筑过程中，通过合理调度，确保混凝土连续供应的同时避免罐车积压，保持了混凝土的连续输送；通过严谨认真的技术工作和现场调试，在整个工程施工过程中未出现过堵管等问题，确保了混凝土施工的连续性，提高了经济效益，取得了良好的工程效果和技术应用效果。

2.4　模板脚手架技术与应用

2.4.1　智能液压爬升模板技术与应用

1. 技术要求

爬模装置通过承载体附着或支承在混凝土结构上，当新浇筑的混凝土脱模后，以液压油缸或液压升降千斤顶为动力,以导轨或支承杆为爬升轨道,将爬模装置向上爬升一层,反复循环作业的施工工艺,简称爬模。

爬模装置由模板系统、架体与操作平台系统、液压爬升系统、智能控制系统四部分组成。

(1)爬模设计

1)采用液压爬升模板施工的工程,必须编制爬模安全专项施工方案,进行爬模装置设计与工作荷载计算,且必须对承载螺栓、导轨等主要受力部件按施工、爬升、停工三种工况分别进行强度、刚度及稳定性计算;编制的爬模安全专项施工方案应通过施工单位技术负责人审批和总监理工程师审查,并且应由施工单位组织进行专家论证,实行总承包的应由总承包单位组织进行专家论证。

2)爬模技术可以实现墙体外爬、外爬内吊、内爬外吊、内爬内吊、外爬内支等爬升施工。

3)模板可采用组拼式全钢大模板及成套模板配件,也可根据工程具体情况,采用铝合金模板、组合式带肋塑料模板、重型铝框塑料板模板、木工字梁胶合板模板等;模板的高度常为标准层层高。

4)模板采用水平油缸合模、脱模,也可采用吊杆滑轮合模、脱模,操作方便安全;钢模板上还可带有脱模器,确保模板顺利脱模。

5)爬模装置全部金属化,确保防火安全。

6)爬模机位同步控制、操作平台荷载控制、风荷载控制等均采用智能控制,做到超过升差、超载、失载的声光报警。

(2)爬模施工

1)爬模组装从已施工2层以上的结构开始,楼板需要滞后4~5层施工。也可使用铝合金模板整层浇筑,楼板楼梯与筒体结构同步。

2)液压系统安装完成后应进行系统调试和加压试验,确保施工过程中所有接头和密封处无渗漏。

3)混凝土浇筑宜采用布料机均匀布料,分层浇筑、分层振捣;在混凝土养护期间绑扎上层钢筋;当混凝土脱模后,将爬模装置向上爬升一层。

4)模板、爬模装置及液压设备可在其他工程周转使用。

5)爬模可节省模板堆放场地,在工程质量、安全生产、施工进度和经济效益等方面均有良好的保证。

2. 技术指标

(1)液压油缸额定荷载50kN、100kN、150kN,工作行程150~600mm。

(2)油缸机位间距不宜超过5m,当机位间距内采用梁模板时,间距不宜超过6m。

(3)油缸布置数量需根据爬模装置自重及施工荷载计算确定,根据《液压爬升模板工程技术规程》JGJ 195—2010规定,油缸的工作荷载应不大于额定荷载的1/2。

(4)爬模装置爬升时,承载体受力处的混凝土强度必须大于10MPa,并应满足爬模设计要求。

3. 适用范围

适用于高层、超高层建筑剪力墙结构、框架结构核心筒、桥墩、桥塔、高耸构筑物等现浇钢筋混凝土结构工程的液压爬升模板施工。

4．工程案例

（1）工程概况

某超高层工程，建筑功能为办公、会议、商业、观光及餐饮；占地面积 18931 万 m²，工程总建筑面积约 46 万 m²，主塔楼地下 5 层，地上 118 层，标准层层高 4.5m，主塔楼核心筒采用爬模施工。

该工程核心筒尺寸为 33m×33m，平面分为 9 个小筒，标准层高为 4.5m，非标层高为 3.8m、5.2m、5.3m、6m 等，个别层高 8m。

根据设计图纸要求，本工程各层核心筒外墙角部在楼面位置存在与钢梁连接的牛腿，牛腿从核心筒墙面向外侧伸出 400～600mm。核心筒爬模设计考虑避开钢牛腿。如图 2-36、图 2-37 所示。

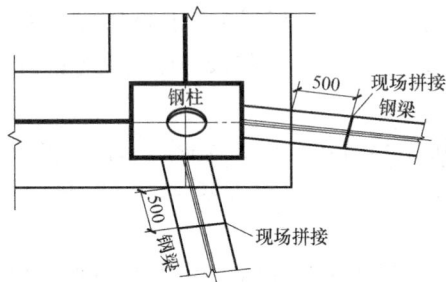

图 2-36　牛腿节点做法图

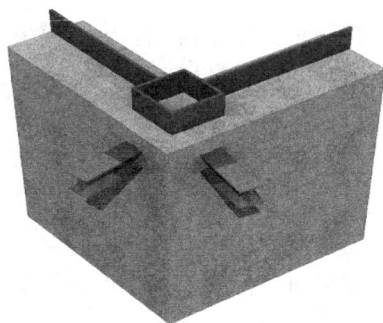

图 2-37　牛腿节点示意图

（2）工程特点

1）施工组织计划对爬模的要求

塔楼核心筒墙体（爬模）混凝土结构施工处于施工进度关键线路上，除在伸臂桁架部位存在停顿外，其余部位均为连续施工；核心筒墙体（爬模）混凝土结构施工是结构施工阶段延续时间最长的工作之一，其资源均衡配置、连续施工有利于降低成本并提高施工效率。

2）爬模设计相关的条件及要求

① 塔吊布置方案

主塔楼结构施工期间布设了四台大吨位、变幅式动臂塔吊，分别安装在核心筒外立面，单面式附着，塔吊中心距离核心筒周边墙体的内侧距离为 5.1m，位置如图 2-38 所示。

② 与爬模工程配合的施工电梯布置

主楼核心筒结构施工期间布置两部双笼电梯，1♯电梯布置在核心筒内 3♯小筒内，供 L01-L83 层施工期间使用。2♯电梯布置在核心筒内 8♯小筒内，供 L84 以上楼层施工时使用。施工电梯通过与爬模下挂平台对接，作为施工人员的上下班通道。如图 2-38 所示。

③ 爬模平台设置及设计荷载要求

平台设计荷载如下：上平台 5kN/m²，另需考虑两台布料机荷载 10T，值班室荷载 2T，饮水机及日常用品 0.5t，消防水箱两个共 10t，爬模爬升施工考虑风荷载 7 级，非爬升状态考虑风荷载 9 级。

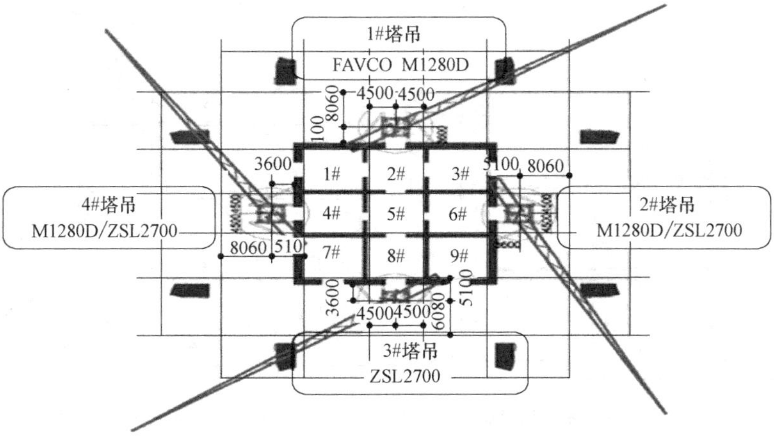

图 2-38　主楼塔吊、电梯平面布置图

3）危险源分析

① 模板及平台板多为木质材料，而现场较多施工在爬模平台进行，防范火灾为爬模体系的重要环节。

② 深圳市夏秋季有台风，同时伴随暴雨、雷电。爬模施工必须考虑大风、雷电情况下架体的相应加固措施和防雷措施。

③ 由于核心筒液压爬模施工高度高，高处温度会低于 0℃。对冰冻的防范是施工中重点考虑的问题。

（3）方案实施

1）模板施工方案设计

① 模板设计

模板设计高度 4.65m，面板采用 21mm 厚进口木胶合板模板，次肋为木工字梁，间距小于 300mm，主背楞双 12♯ 槽钢，间距 300/1100/1200/1200/900mm，对拉螺栓材质采用 45♯ 钢，直径 $D15$，对拉螺杆最大间距 1200mm。

② 模板平面设计

模板配置范围包括核心筒内外墙体模板。模板配置方案从地下五层开始。

如图 2-39 所示。

③ 模板节点设计

A. 阳角模板节点

模板的阳角部位采用阳角斜拉的方式将两侧模板固定，确保模板在施工过程拼缝严密。

B. 阴角模板节点

阴角模板的两侧各布置长度约为 200mm 的调节封板，调节封板的两侧连接大块直墙模板，阴角模板通过钢丝绳或手拉葫芦吊装在架体的上横梁上，下端与架体做有效拉结防止爬升时角模晃动。如图 2-40 所示。

模板安装过程中先安装角模和大块直墙模板，调整模板就位后根据剩余尺寸（预留在 150～400mm 之间）安装调节缝板，模板拆除时先将调节封板拆出，然后可以利用后移装置拆除直墙模板，最后拆除阴角模板，将阴角模板拆除并将下端与架体拉结后可爬升架体。

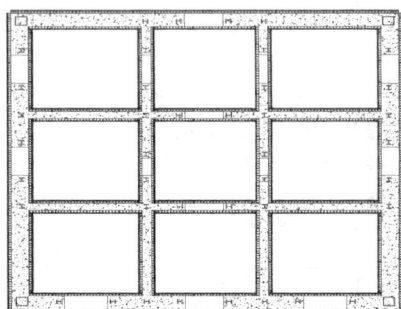

图 2-39　核心筒标准层模板设计图

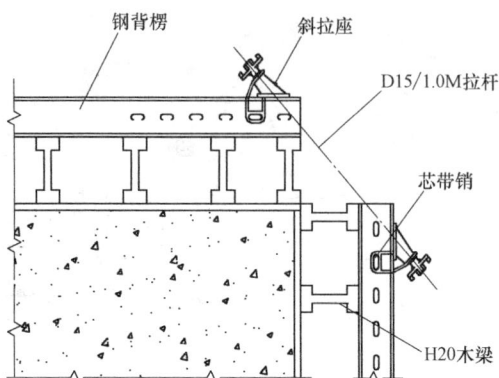

图 2-40　阳角模板组装示意图

C. 预埋设计

采用标准双埋件系统，确保安全稳固；混凝土浇筑完毕脱模后安装受力螺栓。

双埋件系统预埋件螺杆直径 $D25$，采用 45♯钢；受力螺栓直径 M42，10.9 级。

D. 对拉螺杆设计

采用 $D15$ 型号对拉螺杆，材质为 45♯钢，破坏拉力 150kN。

核心筒剪力墙内有钢板墙时，不能满足对拉时，采取在钢板上焊接连接器的方式，将拉杆与连接器进行拉接来抵抗混凝土浇筑时对模板的侧压力。

2）液压爬模架体设计

① 液压爬模性能指标及特点，见表 2-26。

液压爬模性能指标　　　　　　　　　　　　　　表 2-26

序号	项目	性能指标
1	架体宽度	主平台＝3.0m(最宽)
2	架体高度	13.8m
3	离墙距离	0.1～0.3m
4	液压油缸	额定荷载 120kN；额定压力 25MPa，油缸行程 400mm，伸出速度约 400mm/min，提升步距 300mm
5	泵站功率	22kW
6	升降速度	10min/m
7	支承跨度	≤5 米(相邻埋件点之间距离)
8	荷载要求	(1)施工时，外侧爬模上操作平台施工荷载标准值为 3.0kN/m²；(内筒爬模上平台为 5.0kN/m²；模板操作平台及液压操作平台施工荷载标准值为 1.0kN/m²；吊平台施工荷载标准值为 1.0kN/m²； (2)允许两层平台同时承载

② 架体平面设计

本工程共布置 108 个机位，其中外墙单侧液压爬模机位 40 个，内筒使用双侧液压爬模机位共 34 个，其中外侧架体最大承受跨度为 4.05m，内侧爬模架体最大支撑跨度为 3.25m，为满足结构变化需要，其中核心筒四个角的双面爬升机位可拆为单面爬升，每组双面爬升机位有两个液压顶升机构，标准层架体布置如图 2-41 所示。

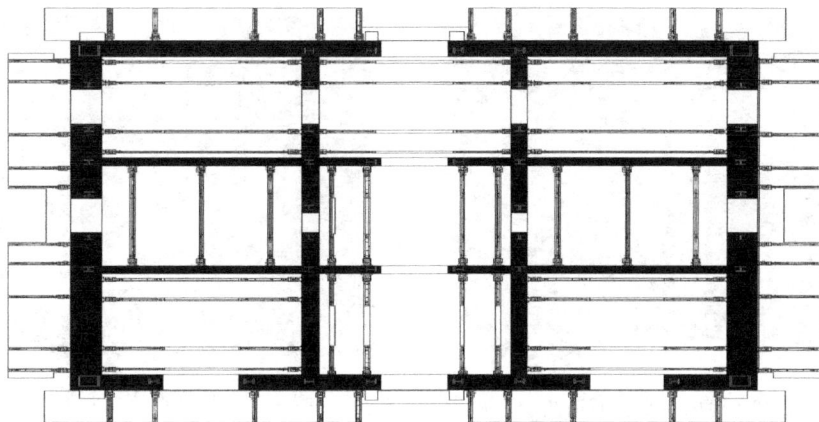

图 2-41 标准层架体平面布置图

③ 架体立面设计

A. 平台设计

筒外爬模设 5 层平台，从上往下分别为上平台、模板操作平台、主平台、液压控制平台和吊平台，各层平台板均为 50mm 脚手板，由于深圳地区气候炎热、多雨，上平台脚手板铺设镀锌花纹钢板防水，且有防火、防滑、耐腐蚀的作用。

筒外侧平台 3m 宽，筒内抬梁式爬模上平台和主平台为整体式平台，液压控制平台和吊平台同外侧爬模，平台护栏高度为 1.5m。

核心筒外侧面采用单面爬升式液压自爬模，内侧采用抬梁式爬升液压自爬模，如图 2-42 所示。

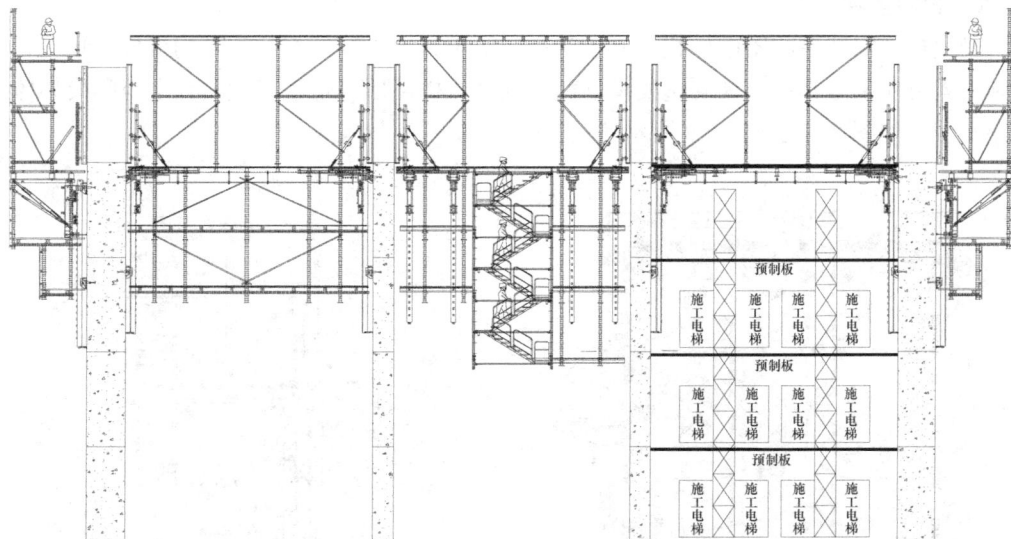

图 2-42 核心筒爬模剖面图

B. 通道设计

除吊平台外，各层平台均设上下人孔，周围设护栏，层与层之间设置钢制和木制梯子，梯子分爬梯和楼梯两种，楼梯扶手高度 900mm。如图 2-43～图 2-46 所示。

图 2-43　筒内主平台通道图

图 2-44　筒内液压控制平台通道图

图 2-45　筒内吊平台通道图

图 2-46　外侧爬模平台通道图

C. 爬模楼梯布置

爬模楼梯安装在施工电梯相邻的小筒内，由于施工电梯所在的小筒的楼板为预制，因此施工人员在乘坐施工电梯到达爬模下面的预制板楼层后可通过爬模楼梯上至爬模架体上操作平台。如图 2-47、图 2-48 所示。

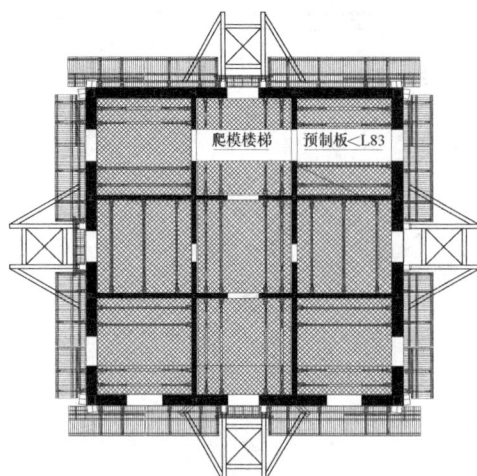

图 2-47　爬梯布置图

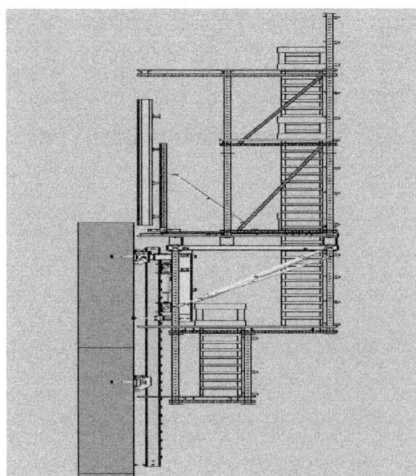

图 2-48　爬模平台示意图

④ 施工荷载设计

爬模架体共 5 层平台（如图 2-48），上平台供施工时放置钢筋等材料使用；模板操作平台供模板施工操作使用；主平台供模板后移使用兼做主要人员通道；液压操作平台供爬模爬升时进行液压系统操作使用；吊平台供拆卸挂座、爬锥及受力螺栓使用。

根据《液压爬升模板工程技术规程》JGJ 195 要求，爬模处于施工工况时，爬模上架体荷载为 4.0kN/m²，设计时取上平台荷载为 3.0kN/m²，模板操作平台施工荷载标准值为 1.0kN/m²；液压操作平台和吊平台施工荷载标准值为 1.0kN/m²。

⑤ 爬模架体爬升同步性设计

爬模架体整体爬升的同步性是爬模性能的一个重要指标，为了将同步误差控制在允许范围内《液压爬升模板工程技术规程》JGJ 195 规定，整体爬升升差值宜控制在 50mm 以内），采取了爬模体系同步控制的先进技术，在液压泵站中集成了同步马达，利用同步马达均衡调节各个独立油缸的油压，将液压爬模整体爬升的同步误差控制在 20mm 以内。

3）施工工艺及技术要求

① 爬模安装

A. 爬模安装前的准备工作

安装前对爬模进场构件进行检验，并要求厂家提供构件试验报告，现场检验需形成检查记录。对爬锥中心标高及模板底标高进行抄平，当模板在楼板、基础底板或变截面墙体上安装时，对高低不平的部位应进行找平处理；放墙轴线、墙边线、门窗洞口线、模板边线、架体或提升架中心线、提升架外边线；对爬模安装标高的下层结构外形尺寸、预留承载螺栓孔、爬锥进行检查，对超出允许偏差的结构进行剔凿修正；绑扎完成模板高度范围内的钢筋；安装门窗洞口模板、预留洞模板、预埋件、预埋管线；模板板面需刷脱模剂，机加工件需加润滑油。

B. 安装流程

安装准备→搭设脚手架，绑扎钢筋，合模，安装爬锥→第一次浇混凝土→第二次绑扎钢筋→拆除模板及脚手架，安装挂座→安装爬模液压操作平台三脚架→安装主平台、上平台支架及模板→第二次混凝土浇筑→第三次钢筋绑扎→退模，安装挂座→安装导轨→第一次爬升平台，搭设脚手架，安装吊平台→合模，第三次浇筑混凝土。

C. 安装技术要求

安装前的主要准备工作：对预埋件的中心标高和模板底标高应进行抄平确认；在有门洞的位置安装架体时，应首先安装好门洞支撑架。安装三脚架、桁架时，必须使用钢管对架体单元进行连接，做好剪刀撑，使架体形成稳定结构。安装预埋件时，爬锥孔内抹黄油后拧紧高强螺杆，保证混凝土不流进爬锥螺纹内，爬锥外面用胶带及黄油包裹以便于拆卸。确保预埋件位置的正确，预埋时须依据"预埋定位图"中平面预埋位置及立面预埋位置进行逐点放线预埋。

② 爬模施工

A. 施工流程

混凝土浇筑完成→模板拆模后移→安装附墙装置→提升导轨→爬升架体→绑扎钢筋→模板清理刷脱模剂→预埋件固定在模板上→合模→浇筑混凝土。

B. 爬模施工技术要求

合模前将模板清理干净，刷好脱模剂，装好埋件系统，测量模板拉杆孔的位置，是否与钢筋冲突，埋件、对拉螺栓如和钢筋有冲突时，将钢筋适当移位处理后再进行合模。

用线坠或仪器校正调整模板垂直度，穿好套管、拉杆，拧紧每根对拉螺杆。

混凝土振捣时严禁振捣棒碰撞受力螺栓套管或锥形接头等。

上层混凝土强度达到10MPa时，根据提升通知单，爬模小组对架体系统（包括架体上的杂物，各连接部位的连接，及液压控制系统等）进行检查并填写提升前检查记录表，清理架体杂物，符合要求后方可提升。

爬升架体或提升导轨：液压控制台应有专人操作，每榀架子设专人看管是否同步，发现不同步，可调节液压阀门进行控制。

拆模：外侧支架先拔出齿轮插销，内筒支架松动后移螺母，扳动后移装置将模板后移；后移到位后，外侧支架再插上齿轮插销，内筒支架拧紧后移螺母。

维护、检修：每次爬升后检查架体系统的连接部位和防护是否符合要求，否则及时整改，对电气控制系统要定期调试，及时更换易损件。

③ 测量控制与纠偏

A. 浇筑完一层混凝土墙体后，在测量平台架设仪器，将轴线控制线引测到核心筒角部混凝土墙体立面上。在核心筒大角两侧30cm外墙上，各弹出一条竖直线，并涂上两个红色三角标记，作为上层墙模板的控制线，上层墙体支模板时，以此30cm线校准模板边缘位置，以保证墙角与下一层墙角在同一铅直线上。

B. 校正模板之前，在上平台上架设经纬仪，对准墙角上的轴线控制点，作为后视点，将位置线投测到上平台上，画上临时标记，拉通线加排钢尺校核模板上口位置。模板位置正确后将后移装置的斜杆拧紧、固定。

C. 每次混凝土施工完，爬模架提升后，围绕核心筒四周外墙，弹一圈标高控制线，用于整体标高控制。爬模模板在就位时根据此高程控制点为基准，微调模板下方的高度可调装置，使得模板标高正确。上层爬模根据下层剪力墙偏差方向进行反方向调整，达到纠偏的效果和目的，使剪力墙垂直度控制在规范允许范围之内。

④ 爬模拆除

A. 拆除准备

拆除条件：当结构施工完毕，即可对爬模进行拆除。由现场塔吊配合爬模的拆除作业。爬模小组负责爬模拆除过程中的技术指导和安全培训工作，施工方负责爬模的拆除工作，配备专业架子工，爬模拆除前，工长应向施工人员进行书面安全交底，接受交底人应签字。

爬模拆除前，先将通道封闭，并做醒目标识，画出拆除警戒线，严禁人员进入警戒线内。拆除人员，在地面先按照拆除流程进行爬模架体拆除的演练，达到预期效果后才能正式进行核心筒爬模架体的拆除工作。

爬模拆除时应先清理架上杂物，如脚手板上的混凝土、砂浆块、U型卡、活动杆件及材料。

B. 拆除顺序

爬模装置拆除前应明确平面和竖向拆除顺序，按照现场塔吊起重力矩要求，爬模装置的外筒拆除顺序按照顺时针（或逆时针）方向逐个单元拆除，内筒爬模架体按照各独立小筒整体拆除。

C. 拆除流程

最上部杆件清理拆除→拆除主平台以上架体→后移模板→拆除模板→拆除导轨→拆除下层挂座→拆除液压系统→拆除下架体，拆除挂座。

（4）实施效果

本工程采用了液压爬升模板，在工程质量、安全生产、施工进度、降低成本、提高工效和经济效益等方面均有良好的效果，如图 2-49、图 2-50 所示。

图 2-49　效果图一

图 2-50　效果图二

2.4.2　清水混凝土模板技术与应用

1. 技术要求

（1）清水混凝土概念

清水混凝土是直接利用混凝土成型后自然质感作为饰面效果的混凝土。可分为：普通清水混凝土、饰面清水混凝土、装饰清水混凝土，如图 2-51 所示。

图 2-51　清水混凝土的外观效果

普通清水混凝土：表面颜色无明显色差，对饰面效果无特殊要求的清水混凝土。

饰面清水混凝土：表面颜色基本一致，由有规律排列的对拉螺栓孔眼、明缝、蝉缝、假眼等组合形成，以自然质感为饰面效果的清水混凝土。

装饰清水混凝土：表面形成装饰图案、镶嵌装饰片或彩色的清水混凝土。

清水混凝土模板是按照清水混凝土要求进行设计加工的模板技术。根据结构外形尺寸要求及外观质量要求，清水混凝土模板可采用大钢模板、钢木模板、组合式带肋塑料模板、铝合金模板及聚氨酯内衬模板技术等。

（2）清水混凝土特点

清水混凝土在配合比设计、制备与运输、浇筑、养护、表面处理、成品保护、质量验收方面都应按《清水混凝土应用技术规程》（JGJ 169—2009）的相关规定处理。

（3）清水混凝土模板特点

清水混凝土是直接利用混凝土成型后的自然质感作为饰面效果的混凝土工程，清水混凝土表面质量的最终效果主要取决于清水混凝土模板的设计、加工、安装和节点细部处理。

模板应有平整度、光洁度、拼缝、孔眼、线条与装饰图案的要求，清水混凝土模板更重视模板选型、模板分块、面板分割、对拉螺栓的排列和模板表面平整度等技术指标。

（4）清水混凝土模板设计

1）模板设计前应对清水混凝土工程进行全面深化设计，妥善解决好对饰面效果产生影响的关键问题，如：明缝、蝉缝、对拉螺栓孔眼、施工缝的处理、后浇带的处理等。

2）模板体系选择：选取能够满足清水混凝土外观质量要求的模板体系，具有足够的强度、刚度和稳定性；模板体系要求拼缝严密、规格尺寸准确、便于组装和拆除，能确保周转使用次数要求。

3）模板分块原则：在起重荷载允许的范围内，根据蝉缝、明缝分布设计分块，同时兼顾分块的定型化、整体化、模数化和通用化。

4）面板分割原则：应按照模板蝉缝和明缝位置分割，必须保证蝉缝和明缝水平交圈、竖向垂直。装饰清水混凝土的内衬模板，其面板的分割应保证装饰图案的连续性及施工的可操作性。

5）对拉螺栓孔眼排布：应达到规律性和对称性的装饰效果，同时还应满足模板受力要求。

6）节点处理：根据工程设计要求和工程特点合理设计模板节点。

（5）清水混凝土模板施工特点

模板安装时遵循先内侧、后外侧，先横墙、后纵墙，先角模、后墙模的原则；吊装时注意对面板保护，保证明缝、蝉缝的垂直度及交圈；模板配件紧固要用力均匀，保证相邻模板配件受力大小一致，避免模板产生不均匀变形；施工中注意不撞击模板，施工后及时清理模板，涂刷隔离剂，并保护好清水混凝土成品。

2. 技术指标：

（1）饰面清水混凝土模板表面平整度 2mm；

（2）普通清水混凝土模板表面平整度 3mm；

（3）饰面清水混凝土模板相邻面板拼缝高低差≤0.5mm；

（4）相邻面板拼缝间隙 ≤0.8mm；

（5）饰面清水混凝土模板安装截面尺寸±3mm；

（6）饰面清水混凝土模板安装垂直度（层高不大于5m）3mm。

3．适用范围：

体育场馆、候机楼、车站、码头、剧场、展览馆、写字楼、住宅楼、科研楼、学校等，桥梁、筒仓、高耸构筑物等。

4．工程案例

（1）工程概况

某科技研发楼工程，采用了清水混凝土施工技术。该工程清水混凝土技术主要应用在首层，大致可以概括分为三类：一是 LOGO "CHINATELECOM" 镂空清水混凝土墙（随结构施工），二是首层休息区处清水混凝土墙（随结构施工），三是围护墙部分清水混凝土墙（结构完成后施工）。

本工程清水混凝土墙的混凝土强度等级为C35。

（2）工程特点

1）镂空清水混凝土墙

在大楼首层的正面（即南立面），建筑师别具创意地设计了清水混凝土镂空 LOGO 墙，结构框架柱需要利用字符贯穿至上部或进行转换，此墙外露面全部为清水。字体高度5.1m，厚度0.8m，每个字符的宽度根据情况不等，镂空墙平面位置及立面如图 2-52 所示。

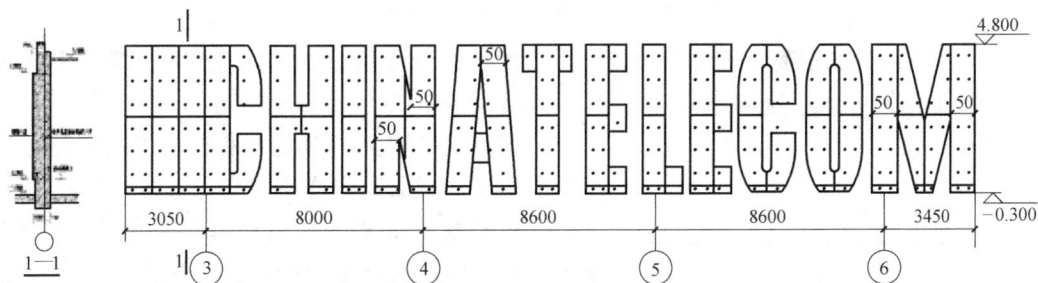

图 2-52　镂空墙立面图

本工程混凝土墙厚度大、高度高、钢筋密，混凝土振捣、养护是难点；另外，保证"C"、"N"、"A"、"M"等字符的镂空部分模板的支撑强度及模板拆除是另一个难点。

2）首层围护墙部分清水混凝土

首层围护墙外侧为清水混凝土装饰墙，清水墙外围上口标高大部分在 4.8m，厚度均为 250mm；清水墙平面分布如图 2-54，实线部分为清水混凝土墙。

外围护清水混凝土墙外立面与外幕墙平齐，对清水混凝土墙的偏差要求控制在 2mm 以内。另外，受围护清水混凝土的底部标高变化及内部柱墙的影响，在清水混凝土墙的穿墙杆和分缝设计上比较复杂，既要保证墙体模板支撑的牢固及模板严密，又要达到穿墙点的排列规律、美观。

首层清水混凝土围护墙施工划分为两部分，一是位于（8)-(12)/(A)-(C) 轴处，该部分清水混凝土墙与结构同时施工。该处上、下板、南侧钢筋混凝土扁梁也为清水混凝土。二是其他的围护墙，待结构完成后施工。围护墙部分清水混凝土墙立面如图 2-53 所示。

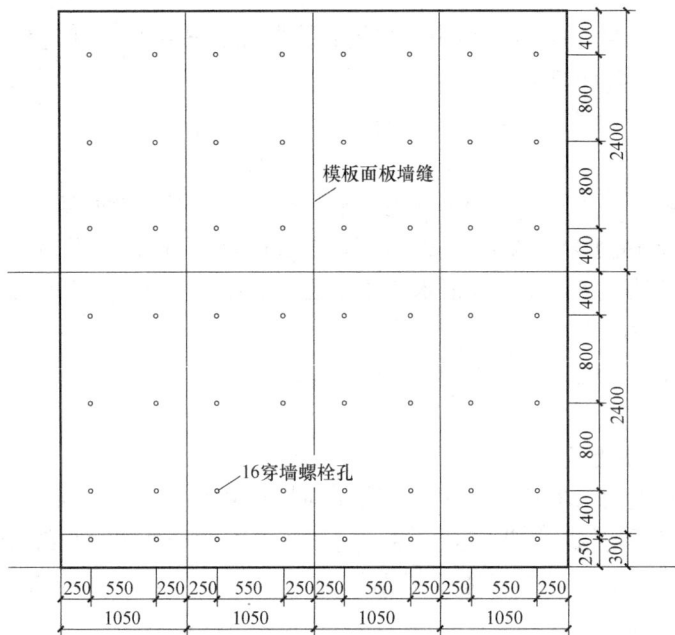

图 2-53　围护墙部分清水混凝土墙立面图

3）本工程清水混凝土墙蝉缝按设计图纸留置。设计图中已标明明缝的位置，明缝共有八处，缝宽 20mm，竖向通长。明缝做法：如图 2-54 所示。

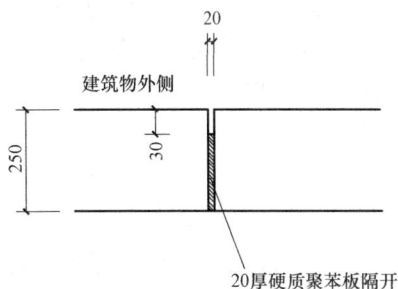

图 2-54　明缝做法图

4）清水混凝土施工实行样板制，正式施工前在现场根据施工图纸制作样板。为保证清水混凝土施工完成达到最好效果，项目选择难度较大的"C"字母作为样板，从混凝土配合比、模板的选材、脱模剂的使用、清水混凝土保护剂的选择等方面进行样板试验，并经业主、设计、监理认可。

（3）方案实施

1）混凝土工程技术要点

① 清水混凝土的技术要求：

混凝土的配合比设计、混凝土的性能、运输及施工，对清水混凝土的质量及清水效果极为重要。本工程混凝土施工采用泵送混凝土，必须满足现场的泵送混凝土使用要求，在混凝土运输、浇筑以及成型过程中不离析、易于操作，具有良好的工作性能。

坍落度：清水混凝土墙的混凝土坍落度控制在 180±10mm。

和易性：泵送混凝土 10s 时的相对压力泌水率不得超过 40%。

初凝时间：混凝土的初凝时间保证在 6～8h。当气候有变化时，应根据情况及时调整。

② 混凝土配合比设计

为保证清水混凝土的工作性和耐久性的要求，基本组成材料应包括矿物外加剂，用于混凝土中的矿物外加剂等量取代水泥，硅粉≤10%，粉煤灰掺量≤35%，磨细矿渣粉≤60%，天然沸石粉≤15%，混凝土中的氯离子含量应不超过 0.2kg/m³。砂率控制在 40%～45%的范围内；粗骨料用量最大粒径≤25mm。这些材料在浇筑时不能替代，一次备足用量。

③ 清水混凝土透明保护剂

透明保护剂是保证清水混凝土外观美观效果的重要环节。本工程根据试验样板最终确定采用黏结性好、对混凝土无腐蚀性的品牌保护剂。

2）模板工程技术要点

本工程清水混凝土模板面板采用优质覆膜多层板，木方、钢管做背楞的体系，并且根据施工样板确定脱模剂采用 BT-20 模板漆，该模板漆是改性聚氨酯漆，对混凝土表面气泡的控制起到一定作用。

① 镂空清水混凝土 LOGO 模板设计

A. 模板体系的选择

本工程模板面板采用 15mm 厚优质覆膜多层板；小弧形字体面板选取用 3mm 防火板进行弯弧粘于拼接的背板上，大弧形采用 15mm 厚多层板，背面开槽后弯成弧形。竖肋采用 50mm×100mm 和 100mm×100mm 木方，间距 200mm，横肋为双钢管，间距小于400mm，最下面一道距底部不大于 250mm，最上面一道距顶面不大于 300mm；在单块模板中，多层板与竖肋采用自攻螺丝连接。穿墙螺栓采用 φ16。模板面板拼缝与模板的拼缝与建筑设计的明缝、蝉缝相对应。

B. 镂空清水混凝土 LOGO 模板设计

板面拼缝：模板拼接缝采取专用工具打密封胶，与木方平行的拼缝，在面板背面钉木枋背楞，与木方垂直的拼缝在打胶后将密封条沿拼缝贴好，再用木条压实，用钉子钉牢。

板面：多层板用木螺丝固定在龙骨上，在钉木螺丝之前，先根据木螺丝的大小进行钻孔，沉头宜凹进板面 2～3mm，用原子灰腻子将凹坑刮平。

穿墙螺栓：与围护墙部分所述相同。

C. 字符内（即镂空部分）模板及支撑

镂空部分模板的支设及拆除是模板方案的关键，镂空部分的模板形状（正投影）实体部分如图 2-55 所示，多数为独立的不规则形状。

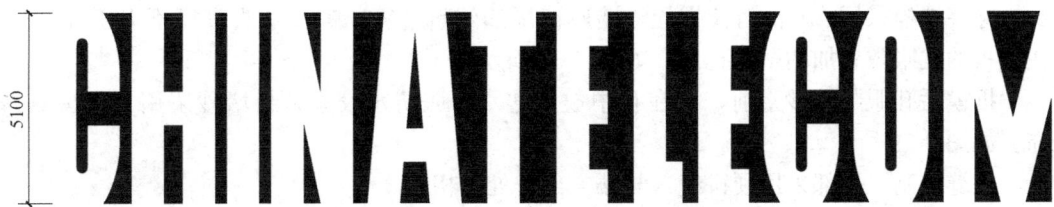

图 2-55 镂空部分模板（正投影）示意图

模板的构造如图 2-56 所示。

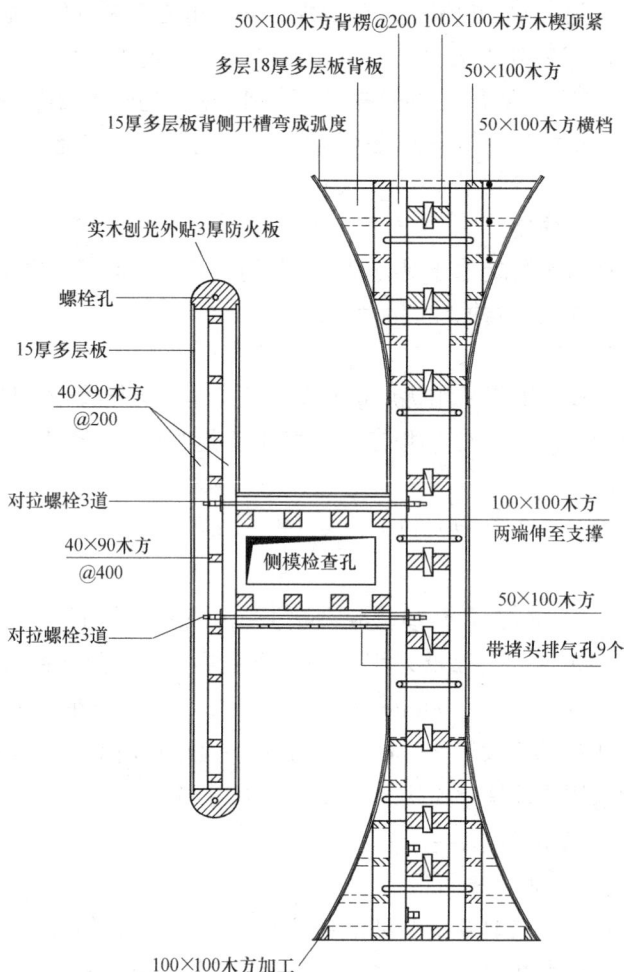

图 2-56　模板构造图

② 围护墙部分清水混凝土

A. 模板及支撑体系

外墙采用双面支模，高度高于顶板板底标高 30～50mm。模板用 $50\times100mm$ 和$100\times100mm$ 木方、钢管做横背楞，木背楞间距 200mm，采用 M16 对拉螺栓固定和钢管支顶体系，构造如图 2-57 所示：

B. 穿墙螺栓

穿墙螺栓采用 $\phi16$ 的对拉螺栓，墙厚范围加塑料套管，螺栓端头直径不大于 35mm，在面板的孔眼位置加粘塑料孔塞。如图 2-58 所示。

拆模后孔眼封堵砂浆前，应在孔中放入遇水膨胀防水胶条，封堵砂浆用专用模具修饰。如图 2-59 所示。

拼缝控制：全部采用硬拼缝。与镂空部分处理相同。

3）清水混凝土的浇筑、拆模及养护

① 混凝土浇筑

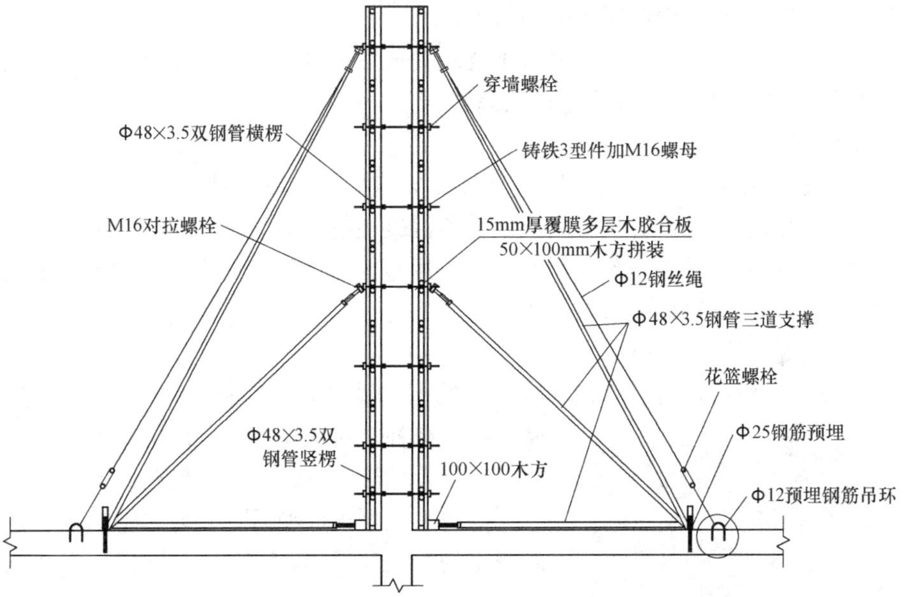

图 2-57 墙体支撑示意图

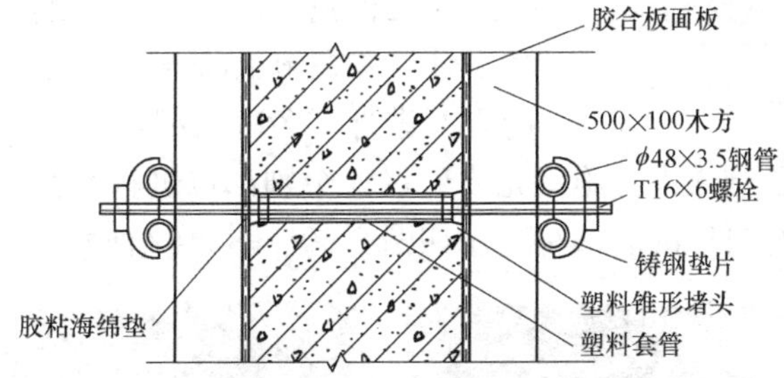

图 2-58 穿墙螺栓连接方式图

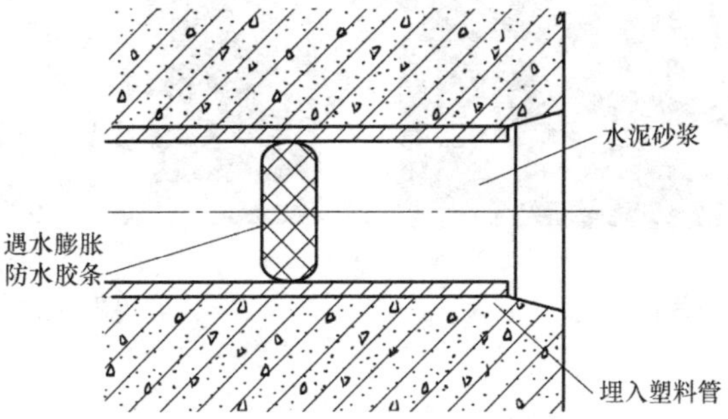

图 2-59 螺栓孔眼封堵示意图

LOGO "CHINATELECOM" 镂空清水混凝土墙采用振捣棒和附着振动器共同进行，其他部分墙体采用振捣棒。

现场浇筑混凝土时分层均匀下料，振动棒采用"快插慢拔"、均匀的"梅花形"布点，并使振捣棒在振捣过程中上下略有抽动，振动均匀，使混凝土中的气泡充分上浮消散，以提高混凝土的密实性和减少混凝土表面气泡。

采用二次浇捣工艺，第一次在混凝土浇筑完成后振捣，第二次振捣在第二层混凝土浇筑前再进行，顶层一般在 0.5h 后进行振捣。

② 混凝土拆模、养护

拆模时间控制在同条件试块强度达到 3MPa 时拆模，以便使混凝土有充足的养护时间，立面结构的清水混凝土拆模时间应比普通混凝土拆模时间延长 4～6 小时。

在混凝土浇筑完毕后要立刻进行养护，采用塑料薄膜包裹的方式，对于不能包裹的部位采用淋水进行养护，养护的时间不少于 14d。

4）清水混凝土的外观处理

清水混凝土拆模后，需对个别影响美观的部位做必要的修补。主要对气泡进行修复、漏浆部位修补、对胀模、错台部位修复。

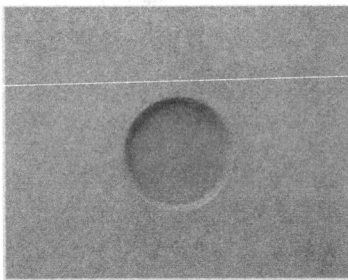

图 2-60　修饰后的穿墙螺杆孔图

5）清水混凝土成品保护措施

待清水混凝土成型后，采取严格的措施避免清水混凝土的污染和损坏，特别是在拆模、安装门窗等施工环节中。

（4）实施效果

本工程施工过程中，在模板方面进行了详细的深化设计，并在施工前进行了预拼装；在混凝土技术性能方面进行了多次试配，并且采取二次振捣等措施，保证了清水混凝土的装饰效果。施工完成后仅在个别部位进行了修补。实施后效果良好，体现了清水混凝土古朴自然的装饰特点。如图 2-60～图 2-62 所示。

图 2-61　效果图一

图 2-62　效果图二

2.5　装配式混凝土结构技术与应用

2.5.1　装配式混凝土剪力墙技术与应用

1. 技术要求

装配式混凝土剪力墙结构全称为"装配整体式剪力墙结构"，是指单体建筑内全部结构构件或部分结构构件在工厂内预先制作，运输至施工现场后拼装、组合，通过有效现浇节点、套筒灌浆连接形成整体式剪力墙的结构形式。装配式混凝土剪力墙结构体系主要应用于住宅工程，随着国家政策推动和各省、直辖市推行力度逐步加大，也成为近年来在我国应用最多、发展最快的装配式混凝土结构类型。

国内的装配式剪力墙结构体系主要包括：

（1）高层装配整体式剪力墙结构：泛指高度大于 24m 的剪力墙结构建筑（最大适用高度需要结合实际场地条件、抗震设防烈度考虑），该体系主要应用于高层住宅，按照"等同现浇"的设计原则进行结构设计，整体受力性能与现浇剪力墙结构相当。竖向结构底部加强区部位宜采用现浇混凝土，宜设置地下室，地下室应采用现浇混凝土。地上主体结构楼层内相邻预制剪力墙之间应采用整体式接缝连接（该区域混凝土采用现浇形式），当接缝位于边缘构件区域时，边缘构件宜全部采用现浇混凝土。相邻预制剪力墙内的水平向钢筋在现浇节点部位实现可靠连接或锚固；预制剪力墙水平接缝位于楼面标高处，水平接缝处钢筋可采用套筒灌浆连接、浆锚搭接连接或在底部预留后浇区内搭接连接的形式。水平构件可用于叠合楼板、预制楼梯、叠合板式阳台。各层楼面位置，应设置连续的水平后浇带并配置连续纵向钢筋；屋面以及立面收缩的楼层，应在预制剪力墙顶部设置封闭的后浇钢筋混凝土圈梁，圈梁应与现浇构件或者叠合楼、屋盖浇筑成整体。预制构件节点及接缝处后浇混凝土强度等级不应低于预制构件的混凝土强度等级。

（2）多层装配式剪力墙结构：泛指高度大于 10m 小于 24m 的剪力墙结构建筑，结构计算阶段可采用弹性方法进行结构分析。综合考虑地勘条件、结构实际情况、装配式结构计算特点等，建立具有针对性的结构分析模型，从而完成建筑结构分析。构造连接措施可简化处理，墙体及边缘构件配筋率、配箍率可弱化考虑，允许采用全预制楼盖做法。水平接缝用座浆料的强度等级应高于被连接构件的混凝土强度等级。

2. 技术指标

高层装配整体式剪力墙结构和多层装配式剪力墙结构的设计应符合国家现行标准《装配式混凝土结构技术规程》JGJ 1 和《装配式混凝土建筑技术标准》GB/T 51231 中的规定。上述规程和标准中将装配整体式剪力墙结构的最大适用高度比现浇结构适当降低。装配整体式剪力墙结构的高宽比限值，与现浇结构基本一致。

作为混凝土结构的一种类型，装配式混凝土剪力墙结构在设计和施工中应该符合现行国家标准《混凝土结构设计规范》GB 50010、《混凝土结构施工规范》GB 50666、《混凝土结构工程施工质量验收规范》GB 50204 中各项基本规定；若房屋层数为 10 层及 10 层以上或者高度大于 28m，还应该参照《高层建筑混凝土结构技术规程》JGJ 3 中关于剪力墙结构的一般性规定。

针对装配式混凝土剪力墙结构的特点，结构设计中还应该注意以下基本概念：

（1）应采取有效措施加强结构的整体性。装配整体式剪力墙结构是在选用可靠的预制构件受力钢筋连接技术的基础上，采用预制构件与后浇混凝土相结合的方法，通过连接节点的合理构造措施，将预制构件连接成一个整体，其整体性主要体现在预制构件之间、预制构件与后浇混凝土之间的连接节点上，包括接缝混凝土粗糙面及键槽的处理、钢筋连接锚固技术、各类附加钢筋、构造钢筋的设置位置和数量等。

（2）装配式混凝土结构的材料宜采用高强钢筋与适宜的高强混凝土。预制构件在工厂生产，混凝土构件可实现蒸汽养护，对于混凝土的强度、抗冻性及耐久性有显著提升，方便高强混凝土技术的采用，且可以提早脱模提高生产效率；采用高强混凝土可以减小构件截面尺寸，便于运输吊装。采用高强钢筋，可以减少钢筋数量，简化连接节点，便于施工，降低成本。

（3）装配式结构的节点和接缝应受力明确、构造可靠，一般采用经过充分的力学性能试验研究、施工工艺试验和实际工程检验的节点做法。节点和接缝的承载力、延性和耐久性等一般通过对构造、施工工艺等的严格要求来满足，必要时单独对节点和接缝的承载力进行验算。

（4）装配整体式剪力墙结构中，预制构件合理的接缝位置、尺寸及形状的设计是十分重要的，应以模数化、标准化为设计工作基本原则。

3. 适用范围

适用于抗震设防烈度为6～8度区，装配整体式剪力墙结构可用于高层居住建筑，多层装配式剪力墙结构可用于低、多层居住建筑。

4. 工程案例

（1）工程概况

本工程为北京市某住宅建筑项目，由三栋同类型的单体工程组成，总建筑面积为63072.14m²，其中地上39822m²。工程地下2层至地上3层为现浇混凝土剪力墙结构，地上4层及以上为装配式剪力墙结构，预制构件类型分为预制墙板（外墙板、内墙板）、预制PCF板、预制女儿墙、预制空调板、预制楼梯、预制叠合板共六种构件，满足预制率不低于40%，装配率超50%的要求。

如图2-63所示。

本工程设防烈度为8度，属二类建筑；建筑结构安全等级为二级。

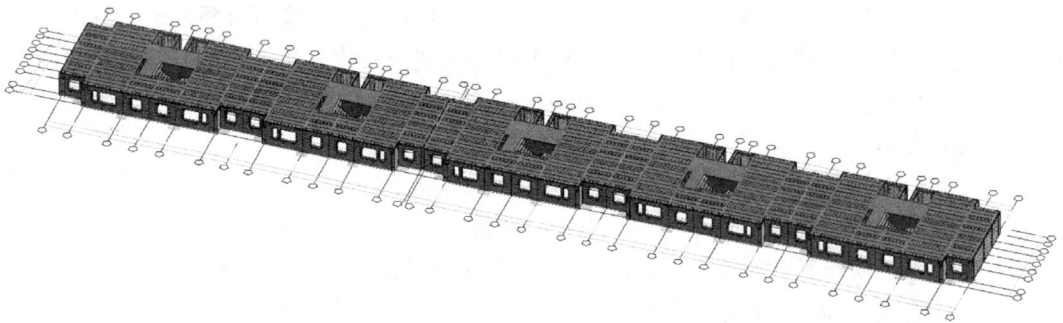

图2-63 平面布置图

（2）工程特点

本工程从现场情况、施工难度、周边环境、设计协调、总承包管理等方面进行简要分析如下：

1）预制构件在全过程中的精细化管理难度大。本工程1#～3#楼采用水平、竖向预制混凝土构件施工，预制构件的深化设计、运输、堆放及吊装是确保工程施工质量和使用功能的关键，也是本工程的重点之一。

2）塔吊在施工过程中能否最大效率作业是施工组织的重点难点。该工程现场布置了6台塔吊。塔吊作业区域均有不同程度的交叉，如何保证塔吊在施工过程中不发生碰撞，且最大效率作业，是施工组织的重点和难点。

3）装配结构设计协调工作难度大。就目前阶段而言，所获得的施工图纸深度还不足以支持施工，本工程有部分工程需要二次设计，需要深入细致将有关做法、节点形式形成详细图纸。

技术路线：本工程在施工前期组织过程中，针对以上重点、难点进行专项方案策划，制定预制构件监造管理方案、安装专项方案、群塔施工方案等专项策划方案；针对3个装配式建筑单体，配备6台塔吊，保障预制混凝土构件的吊装；并设置PC专项管理人员，落实精细化管理制度与措施。

（3）方案实施

1）工艺流程

本工程地上结构施工阶段的每栋楼划分2～3个流水段，每个流水段以6天为一周期，其施工顺序如下：

放线、竖向构件吊装→灌浆→竖向模板安装→暗柱混凝土浇筑→独立支撑安装、叠合板吊装→机电管线铺设、上部钢筋绑扎→混凝土浇筑。

下面主要以预制外墙板和叠合板为例讲述其安装工艺流程。

预制外墙板安装工艺流程：

测量放线→预留钢筋定位钢板调节→墙体标高垫片安装→起吊→安装就位→临时支撑固定→墙体垂直度校正→墙体封缝→套筒灌浆→钢筋绑扎→模板施工→浇筑混凝土→拆除支撑。

① 构连接节点，如图2-64～图2-66所示。

图2-64 预制墙板起吊图　　图2-65 预制墙板就位图　　图2-66 安装斜支撑图

② 叠合板安装工艺流程：吊装准备（安装独立支撑等）→起吊→就位→校正→钢筋绑扎→双向板钢筋放置→混凝土浇筑，如图2-67～图2-69所示。

2）技术要点

本工程预制构件包括6种类型，每种类型又有多种型号，截面尺寸相同，但墙面的预留孔位置、数量不等，在存放时，应按照规格、品种、吊装顺序分别设置堆放，现场堆放

图 2-67　安装独立支撑图　　　　图 2-68　叠合板起吊图　　　　图 2-69　钢筋绑扎及管线铺设图

场应尽量设置在吊车工作范围内，避免二次倒运、吊运，宜为正吊，堆垛之间宜设置通道，保证构件安装的顺利进行。构件的堆放及吊装原则如下：

① 堆放技术要点

A. 做好存放保护措施；

B. 根据构件类型、重量、尺寸、受力方式确定构件存放方式和距离塔吊的位置；

C. 堆放场地应进行硬化处理，避免不均匀沉降，致使构件受损；

D. 堆放场地面积应满足构件存放需求。

② 吊装技术要点

A. 明确现场平面布置；

B. 塔吊作业区域划分；

C. 确定吊装施工顺序；

D. 选择合理吊装方式。

本工程在安装前，对塔吊方案进行 PC 吊装专项分析，从吊次、吊重多方面进行复核，根据本项目单体特点，采用"一个单体两台塔吊"布置，单个塔吊覆盖范围控制在 800m² 以内。考虑竖向、水平构件的吊装要求，对吊点、吊件等进行标准化设置。

3）模数化工具梁验算的内容

装配式混凝土结构施工前应对预制构件、吊装设备、支撑体系等进行必要的施工验算，施工验算应包括以下内容：

① 预制构件应按运输、堆放和吊装工况进行构件承载力验算。

② 吊装设备的吊装能力验算。

③ 预制构件安装过程中施工临时荷载作用下，预制构件支撑系统和临时固定装置的承载力验算。

④ 卸料平台进行施工过程的承载力验算。

⑤ 根据构件特点采用不同的运输方式，托架、靠放架、插放架应进行专门设计，进行强度、稳定性和刚度验算。

在项目实施前期，根据预制构件特点、堆放要求、吊装工艺等方面要求，完成预制构件吊点布置计算、预制构件堆放架强度及稳定性和刚度验算、支撑体系布置专项方案（计算）等多项计算书。

（4）实施效果

在本项目实施过程中，应用多项施工技术与措施，保证在人、材、机消耗量最少的情况下，保质保量完成工程施工任务、节约施工成本。下面以质量和工期两个角度说明工程项目实施效果。

本工程选用独立支撑体系，操作简单、施工便捷，对比传统顶板满堂架（碗扣架）支撑，减少人工、增加工效，仅支模和拆模工艺方面，每层提效 0.5d。如图 2-70 所示。

定位钢板对竖向钢筋进行校正，保证插筋精度，提高安装质量，减小现场安装误差至 2mm 内。如图 2-71 所示。

图 2-70　独立支撑体系图

图 2-71　竖向插筋定位钢板图

窗洞口上下鹰嘴的预留防止雨水顺墙面向下流时进入阳台内或流到玻璃上，提高了防水性能。

预制构件预留企口，宽度 50mm，深度 5mm，减少了模板与构件接触位置平整度差而导致的涨模等质量问题。

2.5.2　装配式混凝土框架技术与应用

1. 技术要求

装配式混凝土框架结构包括装配整体式混凝土框架结构及其他装配式混凝土框架结构。装配整体式框架结构是指全部或部分框架梁、柱采用预制构件通过可靠的连接方式装配而成，连接节点处采用现场后浇混凝土、水泥基灌浆料等将构件连成整体的混凝土结构。其他装配式框架主要指各类干式连接的框架结构，主要与剪力墙、抗震支撑等配合使用。

装配整体式框架主要包括框架节点后浇和框架节点预制两大类：前者的预制构件在梁柱节点处通过后浇混凝土连接，预制构件为"一字"形；而后者的连接节点位于框架柱、框架梁中部，预制构件有"十字"形、"T"形、"一字"形等，由于预制框架节点制作、运输、现场安装难度较大，现阶段国内工程较少采用。

装配整体式框架结构连接节点设计时，应合理确定梁和柱的截面尺寸以及钢筋的数量、间距及位置等，钢筋的锚固与连接应符合国家现行标准相关规定，并应考虑构件钢筋不同方向的碰撞问题以及构件的安装顺序，确保装配式结构的易施工性。

2. 技术指标

装配式框架结构的构件及结构的安全性与质量应满足国家现行标准《装配式混凝土结构技术规程》JGJ 1—2014、《装配式混凝土建筑技术标准》GB/T 51231—2016、《混凝土结构设计规范》GB 50010—2010、《混凝土结构工程施工规范》GB 50666—2011、《混凝土结构工程施工质量验收规范》GB 50204—2015以及《预制预应力混凝土装配整体式框架结构技术规程》JGJ 224—2010等的有关规定。当采用钢筋机械连接技术时，应符合现行行业标准《钢筋机械连接应用技术规程》JGJ 107—2010的规定；当采用钢筋套筒灌浆连接技术时，应符合现行行业标准《钢筋套筒灌浆连接应用技术规程》JGJ 355—2015的规定；当钢筋采用锚固板的方式锚固时，应符合现行行业标准《钢筋锚固板应用技术规程》JGJ 256—2011的规定。

装配整体式框架结构的关键技术指标如下：

(1) 装配整体式框架结构房屋的最大适用高度与现浇混凝土框架结构基本相同。

(2) 装配式混凝土框架结构宜采用高强混凝土、高强钢筋，框架梁和框架柱的纵向钢筋尽量选用大直径钢筋，以减少钢筋数量，拉大钢筋间距，有利于提高装配施工效率，保证施工质量，降低成本。

(3) 当房屋高度大于12m或层数超过3层时，预制柱宜采用套筒灌浆连接，包括全灌浆套筒和半灌浆套筒。

(4) 采用预制柱及叠合梁的装配整体式框架中，柱底接缝宜设置在楼面标高处，且后浇节点区混凝土上表面应设置粗糙面。柱纵向受力钢筋应贯穿后浇节点区，柱底接缝厚度宜为20mm，并应用灌浆料填实。

3. 适用范围

装配整体式混凝土框架结构可用于6度至8度抗震设防地区的公共建筑、居住建筑以及工业建筑。除8度外，装配整体式混凝土框架结构房屋的最大适用高度与现浇混凝土结构相同。其他装配式混凝土框架结构，主要适用于各类低多层居住、公共与工业建筑。

4. 工程案例

(1) 工程概况

某办公楼项目，总建筑面积约6400m²，预制构件数量近1200件，地上6层为装配式混凝土框架结构，预制构件类型包括预制柱、预制梁、预制叠合板、预制楼梯、预制外挂板、预制女儿墙板、预制悬挑板、预制遮阳板、预制内墙板共九类构件。平面布置如图2-72所示。

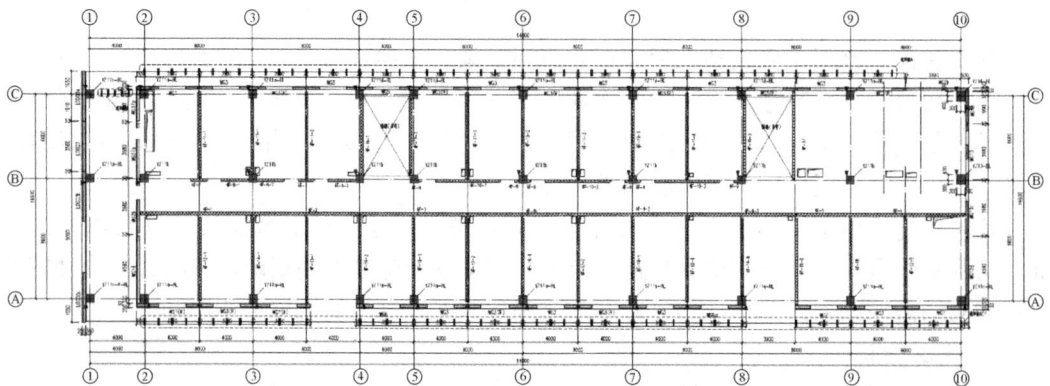

图2-72 平面布置图

（2）工程特点

1）预制构件在设计过程中的钢筋避让难度大。本工程预制梁在现浇节点内的钢筋避让通过设置了高差、出筋位置避让、钢筋弯折等措施实现设计节点中钢筋避让，同时，生产环节以及施工环节的生产安装精度，也是本项目重点之一。如图 2-73 所示。

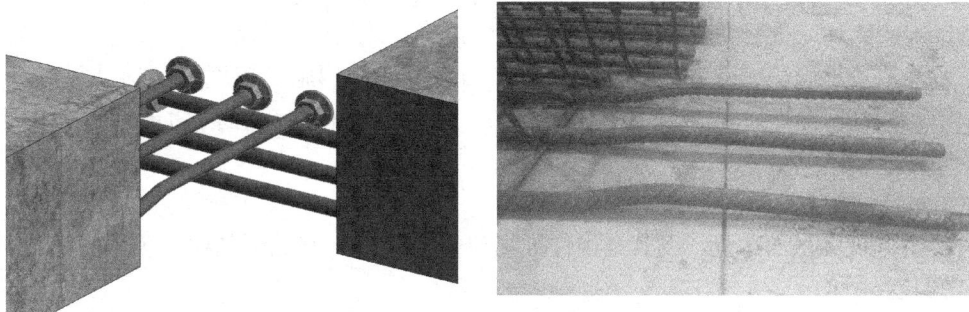

图 2-73　下折钢筋示意图

2）在施工过程中保证预留筋的位置是施工的重点难点。本工程预制构件的安装过程中，需要严格控制外露钢筋中心定位以及外露钢筋长度，以防现场出现预留钢筋偏差较大的问题，导致安装难度增加，也会影响结构安全。

（3）方案实施

1）工艺流程

下面主要以预制柱为例讲述其安装工艺流程。

起吊→测量校正→预制柱翻转→吊装就位→支设斜支撑→安装柱脚模板→套筒灌浆，如图 2-74～图 2-76 所示。

图 2-74　起吊图　　　　图 2-75　预制柱翻转图　　　　图 2-76　安装就位图

2）技术要点

本工程预制构件包括 9 种类型，每种类型又有多种型号，在存放时，应按照规格、品种、吊装顺序分别设置堆放，现场堆放场应设置在吊车工作范围内，宜为正吊，堆垛之间宜设置通道，保证构件安装的顺利进行。

构件的堆放及吊装原则如下：

① 堆放原则

A. 做好存放保护措施。

B. 根据构件类型、重量、尺寸、受力方式确定构件存放方式。例如预制柱构件一般采用平放，一般同尺寸预制柱构件可叠放一层，如构件重量过重，则需考虑单独堆放；预制梁构件与预制柱构件类似，但预制梁上部可能受外伸钢筋以及构件重量影响，也需要单独存放；预制板构件存放时同尺寸构件堆放一起，且堆放层数不得超过 6 层；堆放时还应注意垫木位置上下对齐且布置均匀。

C. 堆放场地应进行硬化处理，避免不均匀沉降，致使构件受损。

D. 堆放场地面积应满足构件存放需求，因为框架结构施工速度快且构件尺寸较大，预制构件还存在需单独存放的要求，需要较大的存放空间，应在前期规划过程中重点考虑。

② 吊装原则

A. 明确现场平面布置，尤其是构件堆场应提前规划，避免预制柱、预制梁等构件进行二次倒运。

B. 塔吊或者汽车吊作业区域划分：预制梁柱构件重量较大，但预制叠合板相对较轻，合理安排塔吊或汽车吊的作业区域，可相对提高构件的吊装速度。

C. 确定吊装施工顺序，一般为预制柱、预制梁、叠合板的顺序，各个流水段再进行合理划分。

D. 选择合理吊装方式；预制柱一般利用构件顶部的吊装埋件进行构件的翻转和起吊；预制梁、板构件，采用水平起吊的方式。

3）计算验算与检测

装配式混凝土结构施工前应对预制构件、吊装设备、支撑体系等进行必要的施工验算，施工验算应包括以下内容：

① 预制构件应按运输、堆放和吊装工况进行构件承载力验算。

② 吊装设备的吊装能力验算。

③ 预制构件安装过程中施工临时荷载作用下，预制构件支撑系统和临时固定装置的承载力验算。

④ 预制柱进行施工过程的翻转验算。

（4）实施效果

在项目实施过程中，关于钢筋定位的问题，生产过程中以及施工过程中，借助钢模具和定位钢板严格控制精度，满足安装要求。如图 2-77 所示。

图 2-77　实施效果图

在预制外挂板上预留企口、空腔以及导水槽等构造防水做法，防止雨水倒吸入室内；并且在雨水累积后能沿着导水槽留出。

2.5.3 钢筋套筒灌浆连接技术与应用

1. 技术要求

钢筋套筒灌浆连接由金属筒插入钢筋，灌注高强、早强、可微膨胀的水泥基灌浆料，并通过刚度很大的套筒对灌浆料的约束作用在钢筋表面和套筒内侧产生正向作用力，钢筋在此作用力下，利用粗糙带肋的表面产生摩擦力，从而实现受力钢筋之间的应力传递。

该技术应用于各种装配整体式混凝土结构中受力钢筋连接，是预制构件中受力钢筋连接的主要形式。灌浆套筒应按照设计要求预埋在混凝土构件内，待构件安装就位后，通过注浆管将灌浆料注入套筒，来完成预制构件钢筋的连接。

钢筋套筒灌浆连接接头由钢筋、灌浆套筒、灌浆料三种材料组成；其中，灌浆套筒又有半灌浆套筒和全灌浆套筒之分。半灌浆套筒连接的接头一端为灌浆连接，另一端为机械连接如图 2-78 所示；而全灌浆套筒两侧均通过灌浆实现连接。

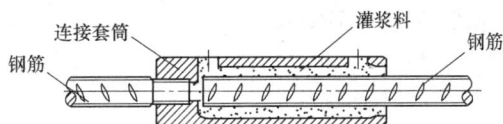

图 2-78 半灌浆套筒连接接头图

根据预制构件应用的位置不同，一般要求：竖向预制构件的受力钢筋连接可采用半灌浆套筒或全灌浆套筒；水平预制构件纵向受力钢筋一般采用半灌浆套筒连接，但在后浇带处连接可采用全灌浆套筒连接。

对于灌浆设备应根据灌浆方式和灌浆料的性能进行选择。

一般来讲，竖向预制构件中灌浆套筒沿竖向放置，灌浆料由下方孔道进浆，由上方孔道出浆；对于水平应用的灌浆套筒应将两个孔道朝上放置，选择其中一个作为进浆孔，另外一个为出浆孔。

套筒灌浆施工完成后，与灌浆料同条件养护的试块抗压强度未达到 35MPa 前，不得开展对接头有扰动的后续工作。

2. 技术指标

钢筋套筒灌浆连接技术的应用须满足国家现行标准《装配式混凝土结构技术规程》JGJ 1、《钢筋套筒灌浆连接应用技术规程》JGJ 355 和《装配式混凝土建筑技术标准》GB/T 51231 的相关规定。由于钢筋套筒灌浆连接的传力机理比传统机械连接更复杂，《钢筋套筒灌浆连接应用技术规程》JGJ 355 对钢筋套筒灌浆连接接头性能、型式检验、工艺检验、施工与验收等进行了专门要求。

灌浆套筒按加工方式分为铸造灌浆套筒和机械加工灌浆套筒。铸造灌浆套筒宜选用球墨铸铁，机械加工套筒宜选用优质碳素结构钢、低合金高强度结构钢、合金结构钢或其他经过接头型式检验确定符合要求的钢材。

灌浆套筒的设计、生产和制造应符合现行行业标准《钢筋连接用灌浆套筒》JG/T

398 的相关规定，专用水泥基灌浆料应符合现行行业标准《钢筋连接用套筒灌浆料》JG/T 408 的各项要求。当采用其他材料的灌浆套筒时，套筒性能指标应符合相关产品标准的规定。

套筒材料主要性能指标：球墨铸铁灌浆套筒的抗拉强度不小于 550MPa，断后伸长率不小于 5％，球化率不小于 85％；各类钢制灌浆套筒的抗拉强度不小于 600MPa，屈服强度不小于 355MPa，断后伸长率不小于 16％；其他材料套筒应符合相关产品标准要求。

灌浆料主要性能指标：初始流动度不小于 300mm，30min 流动度不小于 260mm，1d 抗压强度不小于 35MPa，28d 抗压强度不小于 85MPa。

套筒材料在满足断后伸长率等指标要求的情况下，可采用抗拉强度超过 600MPa（如 900MPa、1000MPa）的材料，以减小套筒壁厚和外径尺寸，也可根据生产工艺采用其他强度的钢材。灌浆料在满足流动度等指标要求的情况下，可采用抗压强度超过 85MPa（如 110MPa、130MPa）的材料，以便于连接大直径钢筋、高强钢筋和缩短灌浆套筒长度。

3. 适用范围

本技术适用于装配整体式混凝土结构中直径 12~40mm 的 HRB400、HRB500 钢筋的连接，包括：预制框架柱和预制梁的纵向受力钢筋、预制剪力墙竖向钢筋等的连接，也可用于既有结构改造现浇结构竖向及水平钢筋的连接。

4. 工程案例

（1）工程概况

北京某住宅项目由 3 个同类型单体组成，地上 20 层，采用装配整体式剪力墙结构，建筑面积约 4.5 万 m²。本项目共安装预制构件 6152 件，其中预制墙板 1188 块。工程抗震设防烈度为 8 度，结构安全等级为二级。为保证墙板在竖向的有效连接，项目采用了钢筋套筒灌浆的技术。

（2）工程特点

钢筋套筒灌浆接头施工具有以下特点：

1）不可见性：钢筋接头的直螺纹连接端及套筒预埋于预制构件中，连接钢筋在插入套筒连接时，无法直接观察到钢筋插入套筒的情况，灌浆时也无法观察到套筒内部灌浆料的分布情况。

2）不可逆性：连接钢筋在连接时插入套筒，接头一经灌浆完毕，连接钢筋无法拔出，操作过程不可逆。

3）不可测性：灌浆完成后，由于套筒位于预制构件的内部，且被连接的钢筋被钢套筒包裹，没有有效的检查手段可以检测灌浆的饱满程度。

4）材料敏感性：灌浆接头所使用的灌浆料为高强、快硬水泥制品，该材料具有高度的水敏感性及环境敏感性。灌浆过程中配合比的偏差及灌浆温度的改变，都会对灌浆料的操作性能及强度造成很大的影响。

（3）方案实施

1）技术路线

结合上述难点、特点，为保证该项目套筒连接符合要求，首先应对灌浆操作人员进行技术培训，加强质量意识；其次应对灌浆料的制备加强管理，保证灌浆料符合施工参数要求；最后，施工现场应加强过程监督检查，保证一次成活。

2）工艺流程

钢筋套筒灌浆连接施工流程如图 2-79 所示。

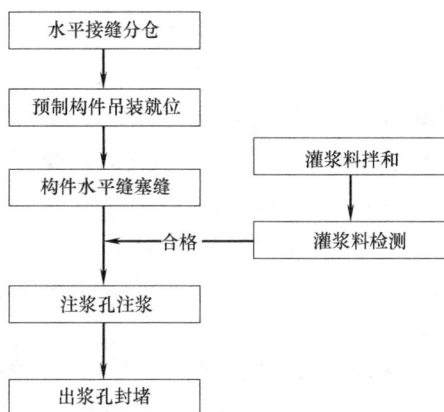

图 2-79 套筒灌浆施工工艺流程图

3）技术要点

套筒灌浆施工工艺的要点主要分为两个阶段：灌浆作业准备和灌浆操作。

灌浆作业准备：

① 浆料的进场与存放

通常灌浆料的保质期较短，受环境影响较大（如环境潮湿、特别干燥），由于该项目跨越雨期施工，因此，需要制定合理的灌浆材料的进场计划，即现场尽量少存放灌浆料，灌浆料的存放应满足其温湿度要求。

② 灌浆工具准备

灌浆工具主要包括计量灌浆料配合比用的计量器具、拌合工具、灌注机具等，确保灌浆料按照配合比进行拌和。

③ 操作人员准备

套筒灌浆接头质量受操作影响很大，所以需对注浆操作人员从浆料准备、浆料拌制、注浆及速度控制、机具清理等程序进行严格的培训和试件实际操作，如图 2-80 所示确保施工过程万无一失，同时施工过程中尽量避免更换相关人员。

④ 灌浆工艺参数确认

由于灌浆料的特殊性，需要在正式灌浆前，完成对灌浆参数的确定以便控制施工工艺。灌浆工艺参数包括：

A. 灌浆料失去流动性的时间、初凝时间；

B. 单个接头灌浆时间；

C. 单个接头灌浆料用量，单个构件灌浆料用量。

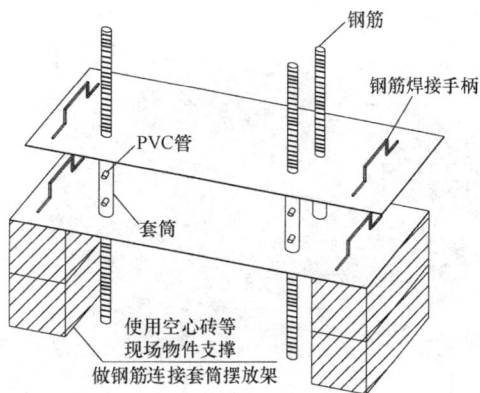

图 2-80 预制墙板灌浆套筒连接模拟制作示意图

⑤ 灌浆作业面准备

正式灌浆前，应对灌浆作业面进行必要的准备工作，包括：灌浆分区和灌浆作业面降温湿润以及墙体底部塞缝和周边环境清理。

⑥ 灌浆操作：部分作业如图 2-81～图 2-83 所示。

A. 灌浆料拌制

灌浆料与水拌和应以重量计量，拌和水必须经称量后加入。

先将灌浆料倒入搅浆桶内，加水至约 80％ 水量后，搅拌 3～4min，再加入剩余的 20％ 水量，搅拌均匀后静置排气，即可进行灌浆作业。

B. 灌浆作业

灌浆应从灌浆孔灌入灌浆料直到浆料从溢流孔涌出，然后迅速、持续按压溢流孔 15s 左右，封堵灌浆孔及溢流孔；

为保证预制墙板下灌浆缝灌注密实，应按照先外后内、先斜后直的顺序进行操作；

灌浆完毕后立即清洗搅拌机、搅拌桶、灌浆筒等机具，以免灌浆料凝固与器具表面，清理困难；

灌浆完成后一定时间内预制构件不得受到扰动。

图 2-81　灌浆机图　　　　　图 2-82　塞缝图　　　　　图 2-83　出浆孔封堵图

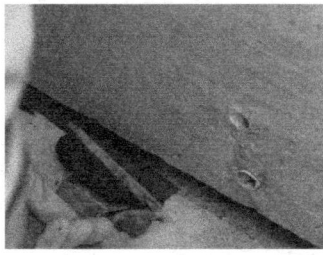

4）计算验算与检测

根据行业标准《钢筋套筒灌浆连接应用技术规程》JGJ 355 的要求，灌浆料的配合比提前计算确定，以满足强度和工作性能要求。

① 流动度测试：初始时不小于 300mm，30min 后不小于 260mm；如图 2-84 所示。

图 2-84　测量灌浆料 30min 流动度图　　　　图 2-85　灌浆料强度测试块制作图

② 强度测试：施工过程中，每次灌浆留置用于检测其强度的试块，尺寸为 $40\mathrm{mm}\times40\mathrm{mm}\times160\mathrm{mm}$，要求 1d 抗压强度不小于 35MPa，28d 抗压强度不小于 85MPa。如图 2-85所示。

（4）实施效果

通过采用钢筋套筒连接技术，预制外墙板得以良好的连接，同时通过在注浆过程中加强监督检查，保证了该项目各个套筒都能注浆饱满，保证构件连接安全可靠，避免了后期采用其他手段进行检测的麻烦，降低了施工成本，提升了施工技术人员的操作水平。

2.6　钢结构技术与应用

2.6.1　钢结构深化设计与物联网应用技术与应用

1. 技术要求

钢结构深化设计是以设计院的施工图、计算书及其他相关资料为依据，依托专业深化设计软件平台，建立三维实体模型，计算节点坐标定位调整值，并生成结构安装布置图、零件构件图、报表清单等的过程。钢结构深化设计与 BIM 结合，实现了模型信息化共享，由传统的"放样出图"延伸到施工全过程。物联网技术是通过射频识别（RFID）、红外感应器等信息传感设备，按约定的协议，将物品与互联网相连接，进行信息交换和通讯，以实现智能化识别、定位、追踪、监控和管理的一种网络技术。在钢结构施工过程中应用物联网技术，改善了施工数据的采集、传递、存储、分析、使用等各个环节，将人员、材料、机器、产品等与施工管理、决策建立更为密切的关系，并可进一步将信息与 BIM 模型进行关联，提高施工效率、产品质量和企业创新能力，提升产品制造和企业管理的信息化管理水平。主要包括以下内容：

（1）深化设计阶段，需建立统一的产品（零件、构件等）编码体系，规范图纸深度，保证产品信息的唯一性和可追溯性。深化设计阶段主要使用专业的深化设计软件，在建模时，对软件应用和模型数据有以下几点要求：

1）统一软件平台：同一工程的钢结构深化设计应采用统一的软件及版本号，设计过程中不得更改。同一工程宜在同一设计模型中完成，若模型过大需要进行模型分割，分割数量不宜过多。

2）人员协同管理：钢结构深化设计多人协同作业时，明确职责分工，注意避免模型碰撞冲突，并需设置好稳定的软件联机网络环境，保证每个深化人员的深化设计软件运行顺畅。

3）软件基础数据配置：软件应用前需配置好基础数据，如：设定软件自动保存时间；使用统一的软件系统字体；设定统一的系统符号文件；设定统一的报表、图纸模板等。

4）模型构件唯一性：钢结构深化设计模型，要求一个零构件号只能对应一种零构件，当零构件的尺寸、重量、材质、切割类型等发生变化时，需赋予零构件新的编号，以避免零构件的模型信息冲突报错。

5）零件的截面类型匹配：深化设计模型中每种截面的材料指定唯一的截面类型，保证材料在软件内名称的唯一性。

6）模型材质匹配：深化设计模型中每个零件都有对应的材质，根据相关国家钢材标准指定统一的材质命名规则，深化设计人员在建模过程中需保证使用的钢材牌号与国家标准中的钢材牌号相同。

（2）施工过程阶段，需建立统一的施工要素（人、机、料、法、环等）编码体系，规范作业过程，保证施工要素信息的唯一性和可追溯性。

（3）搭建必要的网络、硬件环境，实现数控设备的联网管理，对设备运转情况进行监控，提高设备管理的工作效率和质量。

（4）将物联网技术收集的信息与 BIM 模型进行关联，不同岗位的工程人员可以从 BIM 模型中获取、更新与本岗位相关的信息，既能指导实际工作，又能将相应工作的成果更新到 BIM 模型中，使工程人员对钢结构施工信息做出正确理解和高效共享。

（5）打造扎实、可靠、全面、可行的物联网协同管理软件平台，对施工数据的采集、传递、存储、分析、使用等环节进行规范化管理，进一步挖掘数据价值，服务企业运营。

2. 技术指标

（1）按照深化设计标准、要求等统一产品编码，采用专业软件开展深化设计工作。

（2）按照企业自身管理规章等要求统一施工要素编码。

（3）采用三维计算机辅助设计（CAD）、计算机辅助工艺规划（CAPP）、计算机辅助制造（CAM）、工艺路线仿真等工具和手段，提高数字化施工水平。

（4）充分利用工业以太网，建立企业资源计划管理系统（ERP）、制造执行系统（MES）、供应链管理系统（SCM）、客户管理系统（CRM）、仓储管理系统（WMS）等信息化管理系统或相应功能模块，进行产品全生命期管理。

（5）钢结构制造过程中可搭建自动化、柔性化、智能化的生产线，通过工业通信网络实现系统、设备、零部件以及人员之间的信息互联互通和有效集成。

（6）基于物联网技术的应用，进一步建立信息与 BIM 模型有效整合的施工管理模式和协同工作机制，明确施工阶段各参与方的协同工作流程和成果提交内容，明确人员职责，制定管理制度。

3. 适用范围

钢结构深化设计、钢结构工程制作、运输与安装。

4. 工程案例

（1）工程概况

北京某工程，结构体系为巨柱外框筒＋内核心筒，内核心筒为钢筋混凝土核心筒（含钢板），外框筒为"巨柱＋翼墙＋楼层钢梁"，地下室采用混凝土梁（部分劲性钢骨梁）、钢筋混凝土楼板结构，包括：巨柱、翼墙、钢板剪力墙、楼面钢梁、锚栓。结构新颖，节点复杂，巨柱、翼墙连接节点构造相当复杂。如图 2-86 所示。

（2）工程特点

本工程结构新颖，节点复杂，如巨型柱内腔体，对结构的安全性至关重要。节点设计需考虑运输的便捷性和安装的可行性，能否设计出科学合理、施工操作性强、焊接残余应力小的节点是本工程钢结构设计深化难点。

另外，工程钢结构体量大，构件截面尺寸大、形式复杂，特别是外框巨柱、核心筒钢板剪力墙等，这些部位的节点构造复杂且超重，同一基本构件样式多，在运输出厂、现场

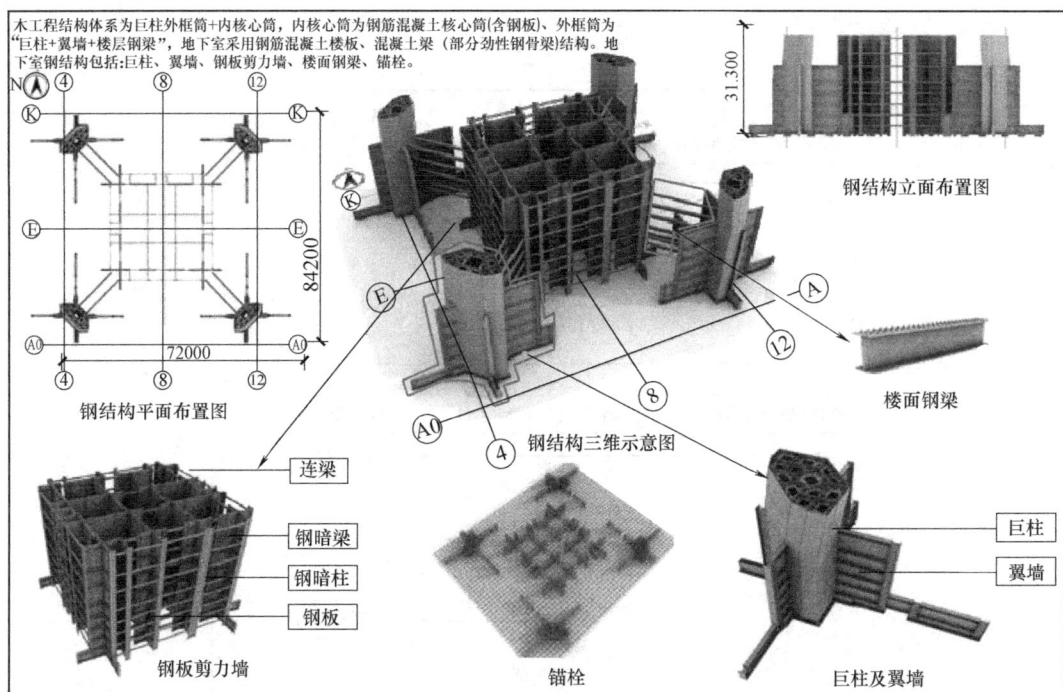

本工程结构体系为巨柱外框筒+内核心筒,内核心筒为钢筋混凝土核心筒(含钢板)、外框筒为"巨柱+翼墙+楼层钢梁",地下室采用钢筋混凝土楼板、混凝土梁(部分劲性钢骨梁)结构。地下室钢结构包括:巨柱、翼墙、钢板剪力墙、楼面钢梁、锚栓。

图 2-86　钢结构设计构造（BIM 模型节选）图

安装时容易混淆。综合结构安全、构造措施、制作运输、现场安装等因素,进行科学合理的分段分节及全过程状态的追踪管理是本工程钢结构施工管理重点。

为合理解决上述施工难题,本工程钢结构施工中采用 Tekla Structures 软件进行三维实体建模,将复杂节点单元化,结合有限元模拟分析进行合理的分段分节,同时引入物联射频技术,识别获取构件在厂内制作、成品运输、进场堆放、现场安装等状态数据,以最终确保构件的精确安装。

（3）方案实施

1）钢结构深化设计工作流程

钢结构构件及节点需要在原设计图的基础上进行深化设计,以便加工厂加工制作和现场安装使用,钢结构深化设计工作流程如图 2-87 所示。

2）复杂巨柱内腔体深化设计

巨柱腔体截面由 13 个腔体组成,在满足运输条件下主要考虑运输中各单元整体变形小,现场方便施焊。巨柱腔体截面每节分为 7 个单元进行现场拼装。

通过三维实体建模,结合有限元分析,确定巨柱分段原则:

① 分段时需错开结构受力较大的部位,横纵焊缝尽量考虑错开布置,错开间距在 200mm 以上;

② 分段单元高度限制在 3.2~3.5m,宽度限制在 4.2~4.5m,长度方向限制在 15m 以内,以满足构件运输要求;

③ 水平分节位置设置在结构隔板上或下 150mm;

④ 分段单元重量应在塔吊吊装范围内,满足现场吊装要求。

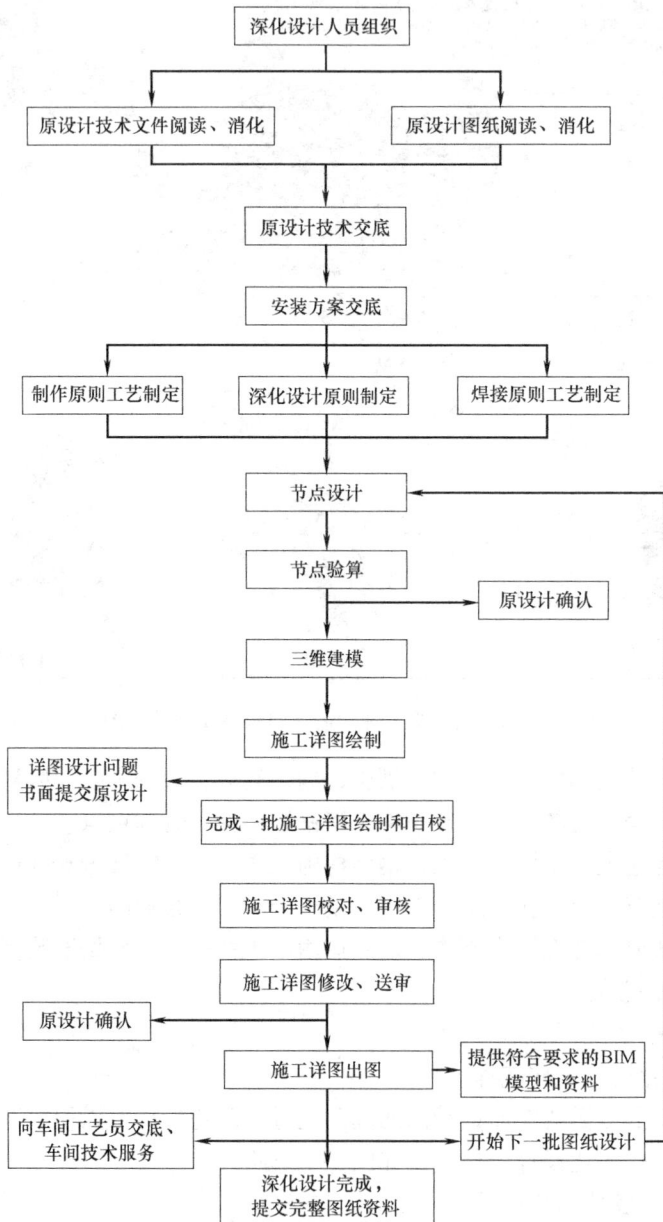

图 2-87　钢结构深化设计工作流程图

经深化，巨柱首节（含翼墙）分为 12 块，构件最大宽度为 4.5m，最大长度 15m，最大单重 52t。如图 2-88 所示。

3）物联网技术在钢结构制作、运输、安装过程中的应用

本工程钢结构制作和安装板块的原材料、成品构件等具有数量大、易混淆、难监管的特点，造成难以及时追踪材料的堆放位置，无法跟踪采购-生产-施工进度，为钢结构制作与安装带来巨大影响。为此将物联网引入到钢结构制作和安装领域，充分利用物联网全面感知、可靠传递、智能处理的特点，对钢材原料的使用和成品构件的运输、安装进行全程

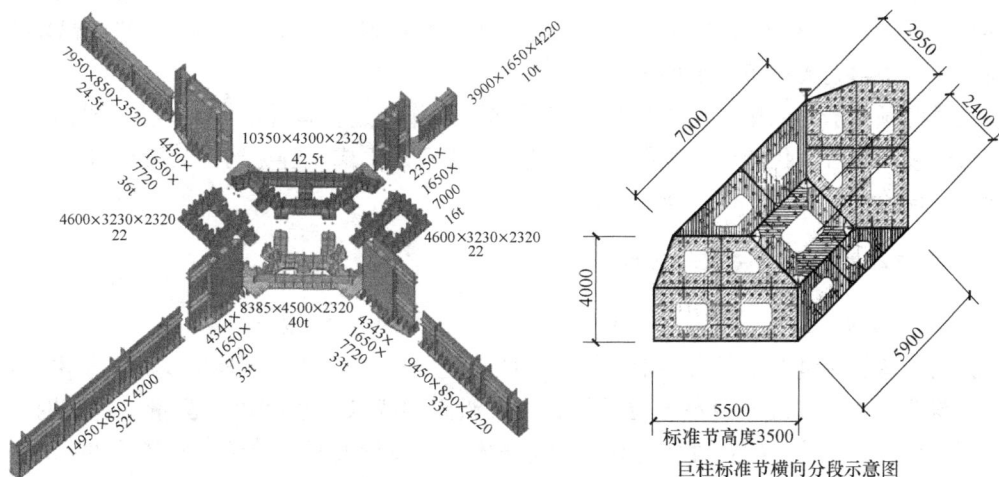

图 2-88　钢结构复杂节点深化设计（分段示意）图

监控，同钢结构 BIM 深化模型关联实现钢构资源的多方的共享。

① 在生产制造中的应用

本工程很多钢材规格相同，而材质不同，现场容易产生物料混用情况，给构件质量埋下隐患。通过对钢材的预先编码、标定，在车间大门上设置门禁系统，使其在获取进入车间的钢材信息后与后台项目 BIM 深化模型联动，自动形成进入车间的钢板统计表；当未确认出库的钢材误进入车间时门禁系统会自动报警，从而保证进入车间的材料是符合要求的。

② 在成品构件运输中的应用

通过在车辆上安装车载标签，当构件运出加工厂后，出口处的网关会读取构件的标签信息，并将信息同时传入后台 BIM 深化模型，在制作厂家和安装项目部及相关方之间共享，并比对运输构件与深化模型构件的统一性。借助 GPS 定位系统，通过车载标签可以对货车进行自动跟踪，以准确掌握车辆运输状态，进而预知构件抵达安装现场的时间，合理安排构件的装卸作业。

③ 在钢结构安装过程中的应用

钢结构项目施工现场的主要工作是组装由制造厂提供的成品构件。本工程成品构件数量繁多，并且有的外形极为相似，容易混淆。安装时容易造成安装过程中出现"张冠李戴"现象。通过引入物联网技术，在施工现场部署实时定位系统，利用手持设备可以快速地找到指定构件，避免了构件的误用情况发生。同时，通过访问后台 BIM 模型数据库，可以随时了解项目目前的安装进展及预计完工日期，从而有效地监控施工进展。

（4）实施效果

通过 Tekla Structures、Midas、ANSYS 等软件对整个钢结构模型的静、动态分析，三维实体模型的建立，施工验算和最不利工况下的节点强度验算；巨柱分段分节、巨柱与梁连接节点区域等的深化设计；复杂钢板剪力墙组装焊缝及与钢梁连接节点等的深化设计；以及预埋件的连接节点、楼承板连接节点等的深化设计；进一步掌握了工程的整体结构特点及结构造型，合理解决了多构件空间相互交错、焊接变形大的难题。

深化分段分节的构件间连接焊缝，构件吊次均有大幅减少，如巨柱标准节分为 4 块，构件最大宽度 4m，最大长度 7m，最大单重 44t，竖向焊缝由 16 道缩减至 8 道，吊次由 7 钩减少为 4 钩，大大缩短了工期。

物联射频技术的采用，使得构件从场外加工制作、过程运输、现场安装全过程可跟踪、可追溯，以智能化的识别读取替代传统的人工清点模式，避免构件的安装错误，确保了施工过程的安全可靠，以及质量和进度。

2.6.2 钢结构智能测量技术与应用

1. 技术要求

钢结构智能测量技术是指在钢结构施工的不同阶段，采用基于全站仪、电子水准仪、GPS 全球定位系统、北斗卫星定位系统、三维激光扫描仪、数字摄影测量、物联网、无线数据传输、多源信息融合等多种智能测量技术，解决特大型、异形、大跨径和超高层等钢结构工程中传统测量方法难以解决的测量速度、精度、变形等技术难题，实现对钢结构安装精度、质量与安全、工程进度的有效控制。主要包括以下内容：

（1）高精度三维测量控制网布设技术

采用 GPS 空间定位技术或北斗空间定位技术，利用同时智能型全站仪（具有双轴自动补偿、伺服马达、自动目标识别（ATR）功能和机载多测回测角程序）和高精度电子水准仪以及条码因瓦水准尺，按照现行《工程测量规范》号及年份，建立多层级、高精度的三维测量控制网。

（2）钢结构地面拼装智能测量技术

使用智能型全站仪及配套测量设备，利用具有无线传输功能的自动测量系统，结合工业三坐标测量软件，实现空间复杂钢构件的实时、同步、快速地面拼装定位。

（3）钢结构精准空中智能化快速定位技术

采用带无线传输功能的自动测量机器人对空中钢结构安装进行实时跟踪定位，利用工业三坐标测量软件计算出相应控制点的空间坐标，并同对应的设计坐标相比较，及时纠偏、校正，实现钢结构快速精准安装。

（4）基于三维激光扫描的高精度钢结构质量检测及变形监测技术

采用三维激光扫描仪，获取安装后的钢结构空间点云，通过比较特征点、线、面的实测三维坐标与设计三维坐标的偏差值，从而实现钢结构安装质量的检测。该技术的优点是通过扫描数据点云可实现对构件的特征线、特征面进行分析比较，比传统检测技术更能全面反映构件的空间状态和拼装质量。

（5）基于数字近景摄影测量的高精度钢结构性能检测及变形监测技术

利用数字近景摄影测量技术对钢结构桥梁、大型钢结构进行精确测量，建立钢结构的真实三维模型，并同设计模型进行比较、验证，确保钢结构安装的空间位置准确。

（6）基于物联网和无线传输的变形监测技术。

通过基于智能全站仪的自动化监测系统及无线传输技术，融合现场钢结构拼装施工过程中不同部位的温度、湿度、应力应变、GPS 数据等传感器信息，采用多源信息融合技术，及时汇总、分析、计算，全方位反映钢结构的施工状态和空间位置等信息，确保钢结构施工的精准性和安全性。

2. 技术指标

(1) 高精度三维控制网技术指标

相邻点平面相对点位中误差不超过 3mm，高程上相对高差中误差不超过 2mm；单点平面点位中误差不超过 5mm，高程中误差不超过 2mm。

(2) 钢结构拼装空间定位技术指标

拼装完成的单体构件即吊装单元，主控轴线长度偏差不超过 3mm，各特征点监测值与设计值（X、Y、Z 坐标值）偏差不超过 10mm。具有球结点的钢构件，检测球心坐标值（X、Y、Z 坐标值）偏差不超过 3mm。构件就位后各端口坐标（X、Y、Z 坐标值）偏差均不超过 10mm，且接口（共面、共线）错台不超过 2mm。

(3) 钢结构变形监测技术指标

所测量的三维坐标（X、Y、Z 坐标值）观测精度应达到允许变形值的 1/20～1/10。

3. 适用范围

大型复杂或特殊复杂、超高层、大跨度等钢结构施工过程中的构件验收、施工测量及变形观测等。

4. 工程案例

(1) 工程概况

某铁路站房建筑面积为 334736.5m²，地上 4 层，总高度 52.15m，是一座贯通南北的铁路交通枢纽建筑。基础为桩基承台基础，主体结构为框架结构；屋面采用钢管混凝土柱＋梯形桁架＋网架结构。其中屋面桁架结构、网架结构安装过程中采用了钢结构智能测量技术。

(2) 工程特点

本工程的钢结构智能测量技术施工核心要点如下：

1）前期根据图纸采用全站仪进行全局点位控制；

2）使用全站仪及定位技术，将桁架与胎架位置进行比对；

3）基于智能测量技术对现场安装的定位。

(3) 方案实施

1）根据桁架的几何尺寸及深化设计详图，利用全站仪在拼接场地上放出桁架的投影线，将边界杆、腹杆贯通处作为控制特征点，在拼装平台内放出各特征点的地面投影点，最后将设计的三维坐标体系利用全站仪极坐标法复核。如图 2-89 所示。

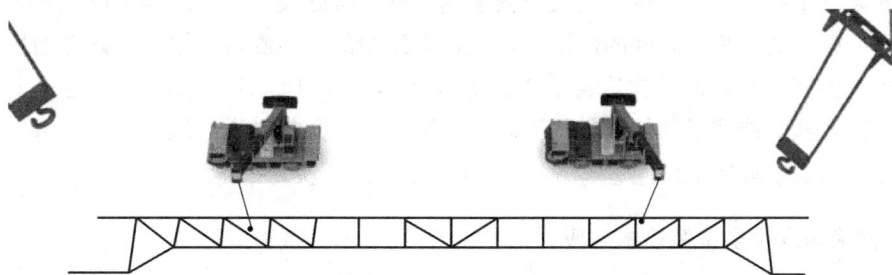

图 2-89 使用全站仪在拼接场地放出桁架的平台投影线图

2）利用全站仪精确测定胎架位置，做出十字线，胎架搭设完成后，采用 GPS 空间定位技术或北斗空间定位技术，将钢结构安装位置与胎架进行定点比对。如图 2-90 所示。

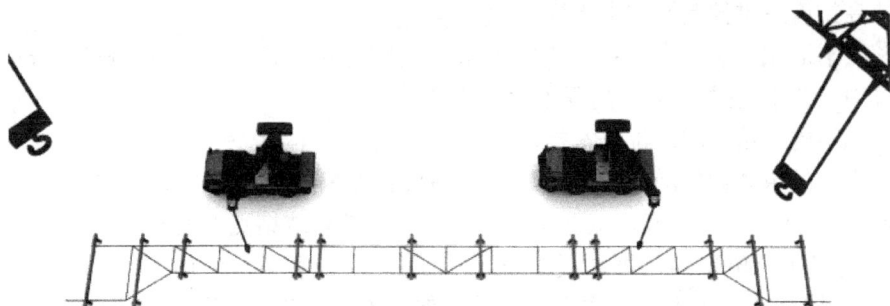

图 2-90　使用全站仪设置胎架位置图

3）在桁架拼装过程中，使用全站仪配合无线数据传输功能，及时将桁架拼接中的空间三维坐标测量点与设计图纸进行比对，及时调整现场桁架拼接中的方向与距离。如图 2-91 所示。

图 2-91　测量校正图

（4）实施效果

在本工程中，通过使用钢结构智能测量技术，在钢结构安装开始前，通过数据软件，提前对安装测量点位进行复核，大大降低了返工率；实际安装中智能测量技术有效提高了现场测量精度，通过相关软件的使用，将设计图纸中的各项测量数据如实详细的反映到施工现场中，做到了所有钢结构连接节点误差均大幅度小于设计要求误差，提高了工程质量。通过钢结构智能测量的使用，既提高了施工效率又降低了质量风险，有效解决了传统测量方法误差大、效率低的问题。

2.6.3　钢结构虚拟预拼装技术与应用

1. 技术要求

（1）虚拟预拼装技术

采用三维设计软件，将钢结构分段构件控制点的实测三维坐标，在计算机中模拟拼装形成分段构件的轮廓模型，与深化设计的理论模型拟合比对，检查分析加工拼装精度，得到所需修改的调整信息。经过必要校正、修改与模拟拼装，直至满足精度要求。

（2）虚拟预拼装技术主要内容

1）根据设计图文资料和加工安装方案等技术文件，在构件分段与胎架设置等安装措施可保证自重受力变形不致影响安装精度的前提下，建立设计、制造、安装全部信息的拼装工艺三维几何模型，完全整合形成一致的输入文件，通过模型导出分段构件和相关零件的加工制作详图。

2）构件制作验收后，利用全站仪实测外轮廓控制点三维坐标。

① 设置相对于坐标原点的全站仪测站点坐标，仪器自动转换和显示位置点（棱镜点）在坐标系中的坐标。

② 设置仪器高和棱镜高，获得目标点的坐标值。

③ 设置已知点的方向角，照准棱镜测量，记录确认坐标数据。

3）计算机模拟拼装，形成实体构件的轮廓模型。

① 将全站仪与计算机连接，导出测得的控制点坐标数据，导入到 EXCEL 表格，换成（X，Y，Z）格式。收集构件的各控制点三维坐标数据、整理汇总。

② 选择复制全部数据，输入三维图形软件。以整体模型为基准，根据分段构件的特点，建立各自的坐标系，绘出分段构件的实测三维模型。

③ 根据制作安装工艺图的需要，模拟设置胎架及其标高和各控制点坐标。

④ 将分段构件的自身坐标转换为总体坐标后，模拟吊上胎架定位，检测各控制点的坐标值。

4）将理论模型导入三维图形软件，合理地插入实测整体预拼装坐标系。

5）采用拟合方法，将构件实测模拟拼装模型与拼装工艺图的理论模型比对，得到分段构件和端口的加工误差以及构件间的连接误差。

6）统计分析相关数据记录，对于不符规范允许公差和现场安装精度的分段构件或零件，修改校正后重新测量、拼装、比对，直至符合精度要求。

（3）虚拟预拼装的实体测量技术

1）无法一次性完成所有控制点测量时，可根据需要，设置多次转换测站点。转换测站点应保证所有测站点坐标在同一坐标系内。

2）现场测量地面难以保证绝对水平，每次转换测站点后，仪器高度可能会不一致，故设置仪器高度时应以周边某固定点高程作为参照。

3）同一构件上的控制点坐标值的测量应保证在同一人同一时段完成，保证测量准确和精度。

4）所有控制点均取构件外轮廓控制点，如遇到端部有坡口的构件，控制点取坡口的下端，且测量时用的反光片中心位置应对准构件控制点。

2. 技术指标

预拼装模拟模型与理论模型比对取得的几何误差应满足《钢结构工程施工规范》GB 50755—2012 和《钢结构工程施工质量验收规范》GB 50205—2001 以及实际工程使用的特别需求。

无特别需求情况下，结构构件预拼装主要允许偏差：

预拼装单元总长	±5.0mm
各楼层柱距	±4.0mm
相邻楼层梁与梁之间距离	±3.0mm
拱度（设计要求起拱）	±1/5000
各层间框架两对角线之差	H/2000，且不应大于5.0mm
任意两对角线之差	∑H/2000，且不应大于8.0mm
接口错边	2.0mm
节点处杆件轴线错位	4.0mm

3. 适用范围

各类建筑钢结构工程，特别适用于大型钢结构工程及复杂钢结构工程的预拼装验收。

4. 工程案例

（1）工程概况

某铁路站房建筑面积为334736.5m^2，地上4层，地上总高度52.15m，是一座贯通南北的铁路交通枢纽建筑。主体结构为框架结构，屋面采用钢管混凝土柱＋梯形桁架＋网架结构，其中屋面桁架结构、网架结构安装中采用了虚拟预拼装技术。

（2）工程特点

1）基于BIM平台，根据不等高空间体系设计出了分段胎架滑移施工方案，解决了施工狭小不利于保证施工质量、安全、工期的难题。

2）运用BIM建模对施工工艺过程进行了模拟，给出了胎架搭设、轨道铺设、网架安装、胎架拆除等关键施工工艺和相关技术要求，确保了施工质量安全，提高了施工效率，加快施工工期。

3）使用计算机综合各项数据，对整个拼装过程进行预演，发现安装中可能会出现的问题，提前制订预案或对策。

（3）方案实施

1）根据设计图纸及现场实际情况，采用BIM技术模拟分段胎架滑移施工方案，分析滑移过程中可能出现的问题，研究解决。在模拟中，发现胎架轨道路径中存在洞口，采取在洞口下搭设满堂架支撑的处理方案，如图2-92所示；另外发现胎架与扶梯平台发生碰撞，采取将该部分结构拆除改为钢结构平台方案，如图2-93所示。

图2-92 胎架轨道路径上存在洞口，搭设满堂架支撑进行处理

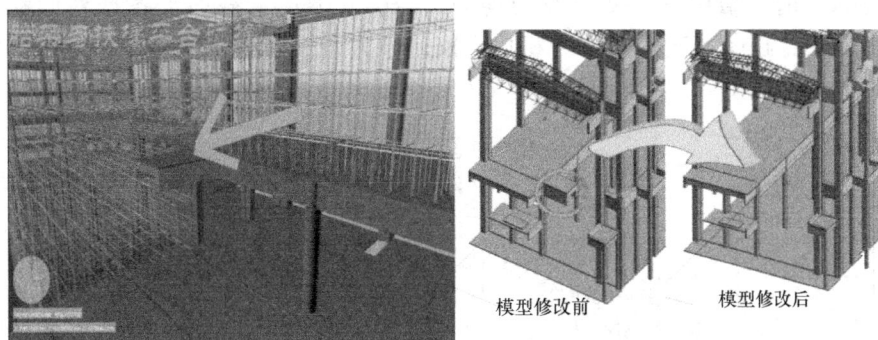

图 2-93　胎架与扶梯平台发生碰撞，改钢结构进行处理

2）运用 BIM 虚拟现实技术进行模拟拼装，将前期制作好的三维模型，通过软件组装形成实体构件的轮廓模型。从细小问题处着手，避免小问题累加变成大问题，并且及时根据模拟反馈对现场的钢结构实体进行修改、重做。如图 2-94、图 2-95 所示。

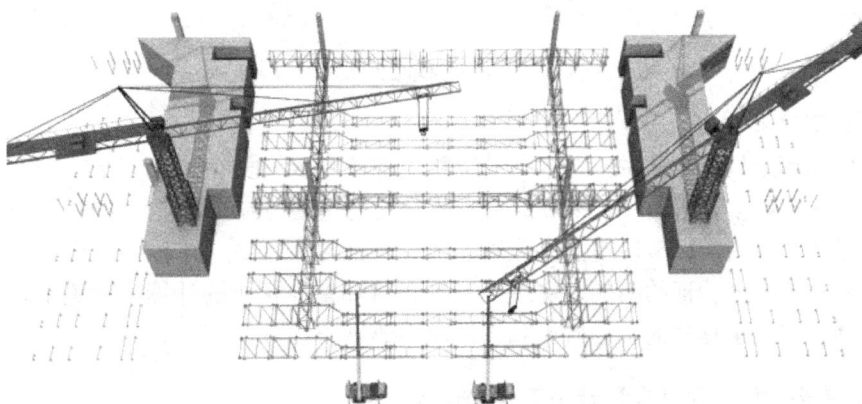

图 2-94　虚拟预拼装示意（一）

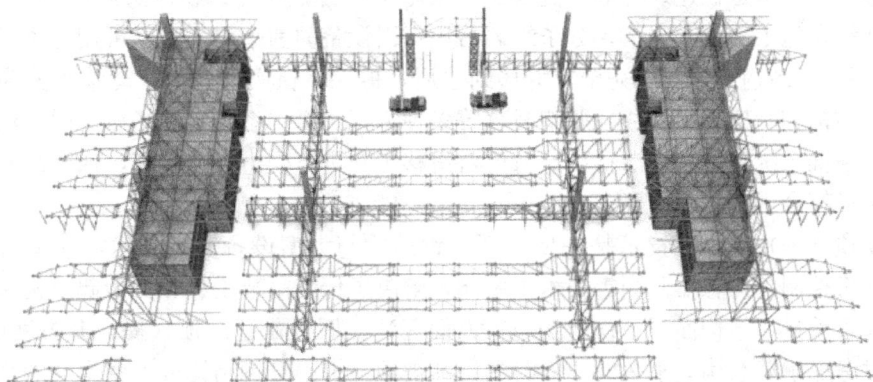

图 2-95　虚拟预拼装示意（二）

3）通过模型可以进行胎架的受力分析，得出结论在胎架结构两侧及中间施加相同滑

移荷载 550kN 时，结构整体变形较为均匀，结构受力最大截面上各杆件侧移差仅为 0.0054m，与结构整体变形 0.120m 相比，偏差仅为 4.5%，满足胎架整体同步性要求。如图 2-96 所示。

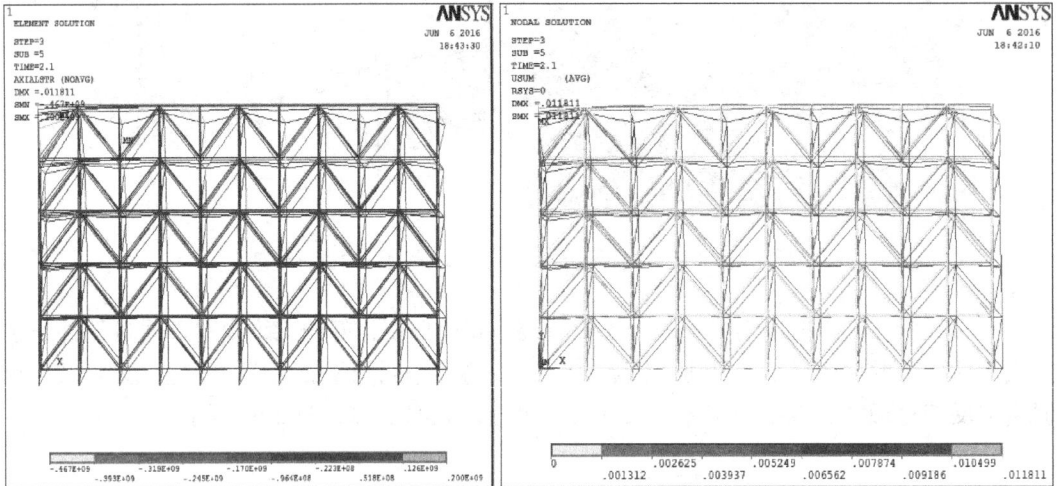

图 2-96　胎架滑移同步性分析图

（4）实施效果

通过使用钢结构虚拟预拼接技术，计算机模拟预测多节段节点拼接结果，通过控制节段节点加工过程精度，进而实现对安装后整体精度的主动控制。防止由于单个节段节点加工误差的累积造成安装后节段节点的位置、线形、扭转等超差。解决了由于场地限制而不能进行实际预拼精度验证的问题，实现了三维预拼和整体预拼的计算，避免了现场修整，保证了工期。取得了良好的工程效果和技术应用效果。

2.6.4　钢结构滑移、顶（提）升施工技术与应用

1. 技术要求

滑移施工技术是在建筑物的一侧搭设一条施工平台，在建筑物两边或跨中铺设滑道，所有构件都在施工平台上组装，分条组装后用牵引设备向前牵引滑移（可用分条滑移或整体累积滑移）。结构整体安装完毕并滑移到位后，拆除滑道实现就位。滑移可分为结构直接滑移、结构和胎架一起滑移、胎架滑移等多种方式。牵引系统有卷扬机牵引、液压千斤顶牵引与顶推系统等。结构滑移设计时要对滑移工况进行受力性能验算，保证结构的杆件内力与变形符合规范和设计要求。

整体顶（提）升施工技术是一项成熟的钢结构与大型设备安装技术，它集机械、液压、计算机控制、传感器监测等技术于一体，解决了传统吊装工艺和大型起重机械在起重高度、起重重量、结构面积、作业场地等方面无法克服的难题。顶（提）升方案的确定，必须同时考虑承载结构（永久的或临时的）和被顶（提）升钢结构或设备本身的强度、刚度和稳定性。要进行施工状态下结构整体受力性能验算，并计算各顶（提）点的作用力，配备顶升或提升千斤顶。对于施工支架或下部结构及地基基础应验算承载能力与整体稳定性，保证在最不利工况下足够的安全性。施工时各作用点的不同步值应通过计算合理

选取。

顶（提）升方式选择的原则：一是力求降低承载结构的高度，保证其稳定性，二是确保被顶（提）升钢结构或设备在顶（提）升中的稳定性和就位安全性。确定顶（提）升点的数量与位置的基本原则是：首先保证被顶（提）升钢结构或设备在顶（提）升过程中的稳定性，结构顶（提）升状态，原结构拉杆变为压杆的数量尽可能少；在确保安全和质量的前提下，尽量减少顶（提）升点数量；顶（提）升设备本身承载能力符合设计要求。顶（提）升设备选择的原则是：能满足顶（提）升中的受力要求，结构紧凑、坚固耐用、维修方便、满足功能需要（如行程、顶（提）升速度、安全保护等）。

2. 技术指标

滑移牵引力计算，当钢与钢面滑动摩擦时，摩擦系数取 0.12～0.15；当滚动摩擦时，滚动轴处摩擦系数取 0.1；当不锈钢与四氟聚乙烯板之间的滑靴摩擦时，摩擦系数取 0.08。

整体顶（提）升方案要作施工状态下结构整体受力性能验算，依据计算所得各顶（提）点的作用力配备千斤顶；提升用钢绞线安全系数：上拔式提升时，应大于 3.5；爬升式提升时，应大于 5.5。正式提升前的试提升需悬停静置 12 小时以上并测量结构变形情况；相邻两提升点位移高差不超过 2cm。

钢结构卸载应使结构逐渐进入设计受力状态，一般采用整体卸载，分步、循环释放的卸载方法，在结构分析计算的基础上，卸载按照等比例微量下降的原则，来实现荷载平稳转移，做好监测工作。

3. 适用范围

滑移施工技术适用于大跨度网架结构、平面立体桁架（包括曲面桁架）及平面形式为矩形的钢结构屋盖的安装施工、特殊地理位置的钢结构桥梁。特别是由于现场条件的限制，吊车无法直接安装的结构。

整体顶（提）升施工技术适用于体育场馆、剧院、飞机库、钢连桥（廊）等具有地面拼装条件，又有较好的周边支承条件的大跨度屋盖钢结构；电视塔、超高层钢桅杆、天线、电站锅炉等超高构件；大型龙门起重机主梁、锅炉等大型设备等。

4. 工程案例

（1）工程概况

某铁路站房地下一层，地上二层，局部设夹层。总建筑面积 87261.4m²，其中新建东站房 18458m²，新建高架候车室面积 16540m²，候车层商业建筑 3118.4m²，新建无柱雨棚 49145m²，是一个集国铁、公交、出租等各种交通方式一体的客运综合体。其中东站房屋面钢结构施工过程中，根据设计的不等高空间体系，采用了分段胎架滑移施工技术。如图 2-97 所示。

图 2-97　钢结构网架屋面轴视图

（2）工程特点

本工程的大跨度钢结构网架安装的核心要点如下：

1）屋盖网架结构在横断面方向共设置 3 排支座，网架跨度大，支座安装的精度直接影响到钢结构安装的质量，对其安装的精度要求非常高。

2）网架结构安装面积大、杆件数量多，杆件主要受轴向力、截面相对较小，安装过程中易产生结构位移、挠度、局部焊接应力大等特点，对安装施工提出了较高的要求。

3）运用 BIM 建模对轨道铺设、胎架搭设、网架滑移等施工工艺过程进行模拟；利用有限元数值模拟，对滑移胎架支撑体系在水平荷载作用、水平荷载和竖向荷载共同作用下的受力和变形进行计算分析，在施工过程中采用现代监测技术进行施工过程的实时监测，确保施工过程中的质量安全。

（3）方案实施

1）施工准备

网架分为 A 区、B 区和 C 区，其中 FF～FD 轴为 35cm 厚的楼板层，FD～FB 轴处为地面。滑移胎架搭设在 FF～FB 轴之间，呈现跃层不等高状态。如图 2-98 所示。

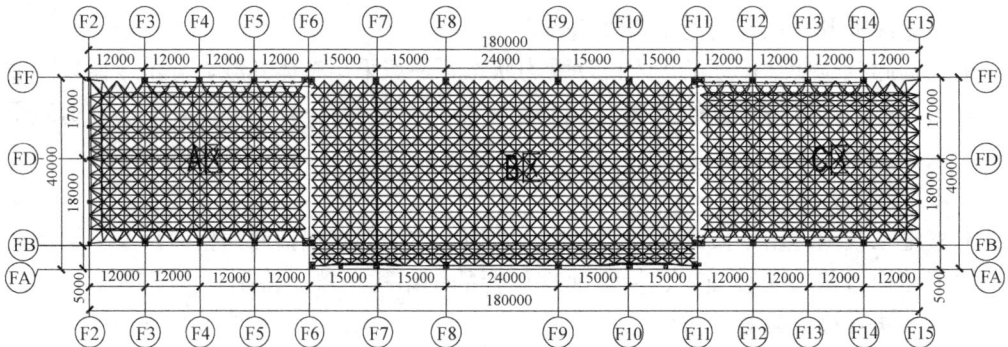

图 2-98 钢结构网架屋面平面分区图

在 A 区 FF～FD 轴土建结构和 FD～FB 轴地面回填硬化完成后，开始搭设胎架。并在楼板面层铺设胎架的 2 条滑移轨道，地面处铺设 3 条轨道。滑移轨道定位完成后，在滑移轨道上铺设钢平台和搭设钢管滑移胎架。另外，7.95m 楼板上需搭设一排 4.5m 宽的通长临时支撑架，如图 2-99 所示。

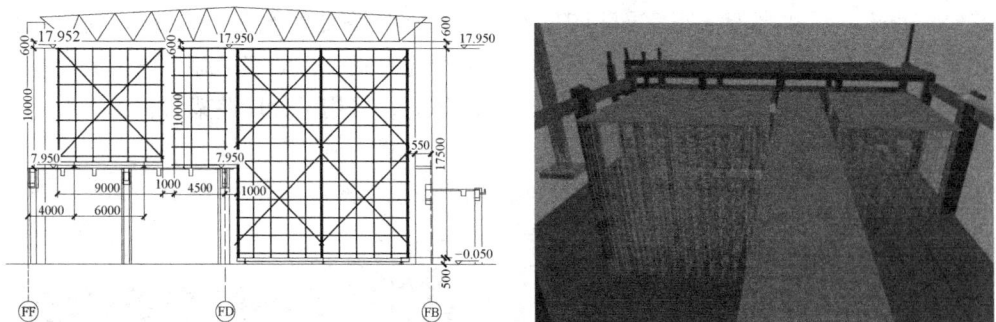

图 2-99 不等高空间胎架滑移方案设计典型剖面及轴示图

2）滑移轨道安装

轨道采用 43♯ 重轨，直接铺设在混凝土楼面上，混凝土浇筑之前需在混凝土楼面埋设 200mm×200mm×10mm 钢板埋件，间距为 1800mm。楼面设 3 排轨道，轨道间距 6800mm，A 区比 B 区楼面标高底 50mm，所以 A 区楼面轨道位置通长铺设一层 50mm× 100mm 的方木，轨道铺设在方木上，达到与 B 区标高一致，楼面设 2 排轨道，轨道间距 6000mm，如图 2-100 所示。

图 2-100　滑移轨道设置和 43♯ 重轨安装图

3）底部钢平台搭设

铺设完的钢轨道上进行钢平台搭设，钢平台主框架采用 H294×200mm×8mm× 12mm 的 H 型钢，次构件采用 10♯ 工字钢，楼板上钢平台两边需挑出轨道 1200mm。钢平台采用焊接连接。如图 2-101 所示。

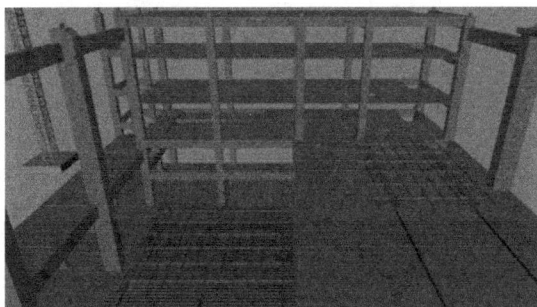

图 2-101　钢平台搭建图　　　　　　　　图 2-102　平台板安装完成图

4）胎架搭设

地面和楼面处需搭设钢管胎架。胎架采用 ϕ48mm×3.5m 钢管，立杆间距为 1200mm、步距为 1800mm，并且根据脚手架规范要求需搭设水平支撑、斜撑。楼板上操作平台高 10m，楼面上操作平台高 18m，在 7.95m 楼板上，需通长搭设宽 4.8m；滑移支架搭设长度 15m、宽度 9m；支架及结构间的间距都为 1m。

5）顶部平台板安装

胎架搭设完成后，满铺木脚手板厚度不少于 50mm，至此胎架搭设完成。如图 2-102 所示。

6）分段网架安装

A 区网架安装：A 区采用分段逐跨滑移安装法。先安装下弦球及杆，形成整体单元；再安装上弦球及杆件，按照"一球四杆"的规律安装；网架安装按照安装一排上弦球，再安装一排下弦球的顺序来回安装。网架安装完毕后对整跨网架进行测量复核，满足设计规范要求后，再焊接螺栓球节点支座和安装马道及檩条；卸载网架定位调节支撑，使支架与结构全部脱离，采用人工倒链将胎架滑移至紧邻区域，速度控制在 10～20cm/min，采用以上相同安装方式，最终完成 A 区的网架安装。如图 2-103、图 2-104 所示。

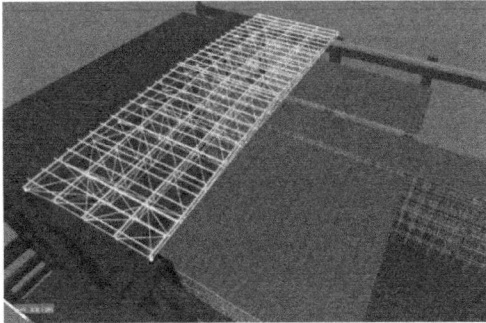

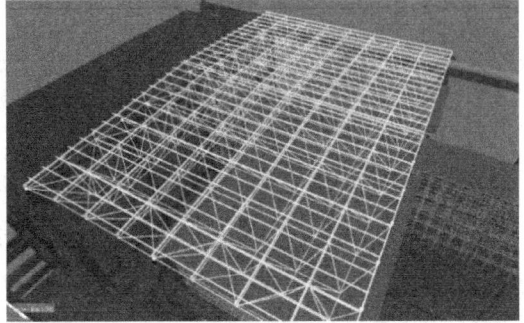

图 2-103　第一段安装完毕，胎架滑移图　　　　图 2-104　第二段安装完毕图

B 区网架安装：采用人工倒链将胎架自 A 区滑移至 B 区，速度控制在 10～20cm/min。由于 B 区网架标高比 A 区高，对原有架体进行拆改，立杆通过连接扣件进行连接（各立杆对接点相互错开），将平台增高。该区主网架搭设方式与 A 区相同。由于，B 区比 A 区宽，B 区 FA～FB 轴下无法搭设胎架，处于悬空位置，因此该部位网架安装采用高空散装，待 FB～FF 轴网架施工完成后，再将 FA～FB 轴满拉设安全网，采用高空散装方式施工，如图 2-105、图 2-106 所示。

图 2-105　B 区胎架增高图　　　　　　　　　图 2-106　高空散拼区域图

C 区网架安装：采用人工倒链将胎架自 B 区滑移至 C 区，速度控制在 10～20cm/min。同时，利用人工方式将胎架降低到 A 区同标高，并采用与 A 区和 B 区相同的安装方式，完成 C 区网架结构安装，如图 2-107、图 2-108 所示。

7）拆除胎架

C 区网架施工完成后，拆除临时支撑架及滑移操作支架，整个网架施工完成。

8）过程监测

为确保胎架滑移过程上方网架结构施工过程安全，网架施工过程中采用脚手架架体监测、挠度监测及应力监测等措施。

脚手架架体监测：脚手架架体在滑移过程中，通过监测立杆的垂直度，可以直接判断有关杆件是否超限，然后依据关键测点的垂直值可以推断整个架体是否保持稳定。

图 2-107　C 区网架安装完成图

图 2-108　C 区网架安装完成现场实景图

挠度监测：空间结构杆件的挠度值最能直观反映结构（杆件）的局部变形，通过监测关键杆件的下挠值，可以直接判断有关杆件的挠度是否超限，然后依据关键测点的挠度值可以推断屋面网架结构的整体稳定性。

应力监测：空间网架结构在卸载过程中容易出现局部杆件屈曲和应力超限，通过对关键构件的应力监测，可随时发现应力的变化特征和规律，从而为更好的优化卸载方案提供依据。网架应力监测，采用对称卸载的方式，由内向外逐级卸载，共分六次卸载。

（4）实施效果

本工程利用数值建模对轨道铺设、胎架搭设、网架滑移等施工工艺过程进行了模拟，给出了胎架搭设、轨道铺设、网架安装、胎架拆除等关键施工工艺和相关技术要求；同时利用有限元数值模拟，对滑移胎架支撑体系在水平荷载和竖向荷载共同作用下的受力和变形进行了安全计算分析。与常规拼装方法对比，整个工期提前 11 天完工，降低成本 177 万元。

2.7　绿色施工技术与应用

2.7.1　施工过程水回收利用技术与应用

1. 技术要求

施工过程中应高度重视施工现场非传统水源的水收集与综合利用，该项技术包括基坑施工降水回收利用技术、雨水回收利用技术、现场生产和生活废水回收利用技术。

（1）基坑施工降水回收利用技术，一般包含两种技术：一是利用自渗效果将上层滞水引渗至下层潜水层或土体中，可使部分水资源重新回灌至地下或基底以下的回收利用技术，同时满足了基坑土体开挖的要求；二是将降水期间所抽取的水体集中存放，施工时再加以综合利用。

（2）雨水回收利用技术是指在施工现场中将雨水收集后，经过雨水渗蓄、沉淀等处理，集中存放后再利用。回收雨水可直接用于冲刷厕所、施工现场洗车及现场洒水控制扬尘。

（3）现场生产和生活废水利用技术是指将施工生产和生活废水经过过滤、沉淀或净化等处理达标后再利用。经过处理达到要求的水体可用于绿化、冲洗厕所等。

2. 技术指标

（1）利用自渗效果将上层滞水引渗至下层潜水层或土体中，有回灌量、集中存放量和使用量记录。

（2）施工现场用水至少应有 20% 来源于雨水和生产废水回收利用等。

（3）污水排放应符合《污水综合排放标准》GB 8978。

（4）基坑降水回收利用率为

$$R = K_6 \frac{Q_1 + q_1 + q_2 + q_3}{Q_0} \times 100\% \tag{2-2}$$

式中　Q_0——基坑涌水量（m^3/d），按照最不利条件下的计算最大流量；

　　　Q_1——回灌至地下的水量（根据地质情况及试验确定）；

　　　q_1——现场生活用水量（m^3/d）；

　　　q_2——现场控制扬尘用水量（m^3/d）；

　　　q_3——施工砌筑抹灰等用水量（m^3/d）；

　　　K_6——损失系数，取 0.85～0.95。

3. 适用范围

基坑封闭降水技术适用于地下水位埋藏较浅的地区；雨水及废水利用技术适用于各类施工工程。

4. 工程案例

（1）工程概况

某改造项目建设地点位于太原市迎泽区、劲松路以东、××小区用地以北、某研究所用地以西、桃南西巷以南。包括新建住宅楼四栋及地下二层停车场，总建筑面积 19.76 万 m^2。

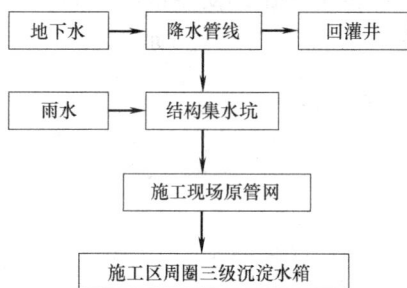
图 2-109　工艺流程图

（2）工程特点

本工程建设场地临近汾河，地下水位高（水位标高为 781.52～782.41m），自然地坪 784.05m，基坑较深（8.15m），基坑降水量大。非传统水源利用主要包括基坑降水以及雨水回收利用技术。

（3）方案实施

1）施工现场水资源收集、利用工艺流程。如图 2-109 所示。

建立非传统水循环利用系统，收集基坑降水、雨水循环再利用，用于工程中的非传统用水均应进行水质检测。

结合原有管网状况，根据工程特点分阶段设计水循环利用系统：基础、±0.000 以下结构施工，采用降水管线利用现场原有管网收集，接近楼座设置三级沉淀水箱，按照不同使用功能分别使用；±0.000 以上结构及装修阶段利用 4# 楼南侧新建消防水池和接近楼座的三级沉淀蓄水箱存储并进行循环利用。雨水收集依托原有管网结合场地布置新建管网有效结合形成集水系统，并入阶段水循环利用系统。如图 2-110、图 2-111、图 2-112 所示。

2）技术要点

① 水循环系统的建立

综合项目场地布置规划地下管线，应有效利用原有管网，合理布置新建管网，尽可能依托项目室外工程外网管线的设计，优化场地布置。

收集系统尽可能地综合考虑不同施工阶段的需求，减少设备投入，提高利用率。

② 管网及沉淀池的设置

管网的设置需满足工程需要，坡向应合理，形成环形管网且有分流措施，便于水量不足时或过剩时能够集中分流管控。管径的选择应满足工程要求，沉淀池配置需要根据施工段及工程量用水进行布置，减少抽水扬程，最大化地发挥水泵功效。

③ 计量器具的设置

每个分支出水口均需配置标定合格的计量用水表，且水表读数每日记录，确保数字的准确性、真实性。

④ 水量的计算

计算全部降水井满开时的总水量，计算保证设计水位时回灌井全部用水量。根据现场实际观测水位做好统计，满足设计地下水位要求的同时尽可能回收利用地下水。

⑤ 水质监测

用于工程的地下水、雨水均需进行水质检测，以满足工程用水的相关技术指标达到要求。

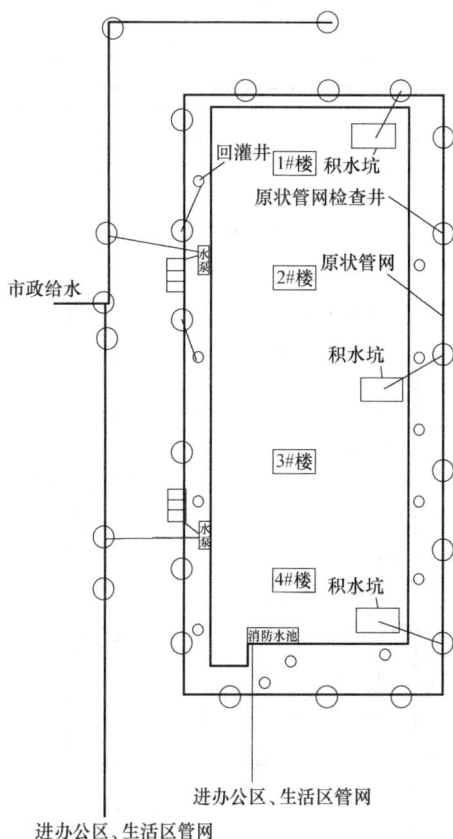

图 2-110　雨水收集布置图

排放的水质也要进行监测其 pH 值，确保不造成市政管道和水质的污染。

3）计算验算与监测

① 基坑涌水水量计算

上部为细砂按潜水计算

按潜水不完整井计算：

$$Q=1.366K'(2H_0-S)S/(\lg R'-\lg r_0) \tag{2-3}$$

式中　R'——群井的影响半径（$R+r_0$）；

　　　r_0——假想计算半径，$r_0=\sqrt{F/\pi}$；

　　　F——井点系统包围的基坑面积；

　　　R——降水影响半径，$R=2S\sqrt{K'H_0}$；

　　　K'——渗透系数；

　　　H_0——有效深度，按表 2-27 查。

表 2-27

$S/(S+L)$	0.2	0.3	0.5	0.8
H_0	1.3$(S+L)$	1.5$(S+L)$	1.7$(S+L)$	1.8$(S+L)$

注：S——降水深度（原始地下水位到滤头上部之高度）；

　　L——滤头长度。

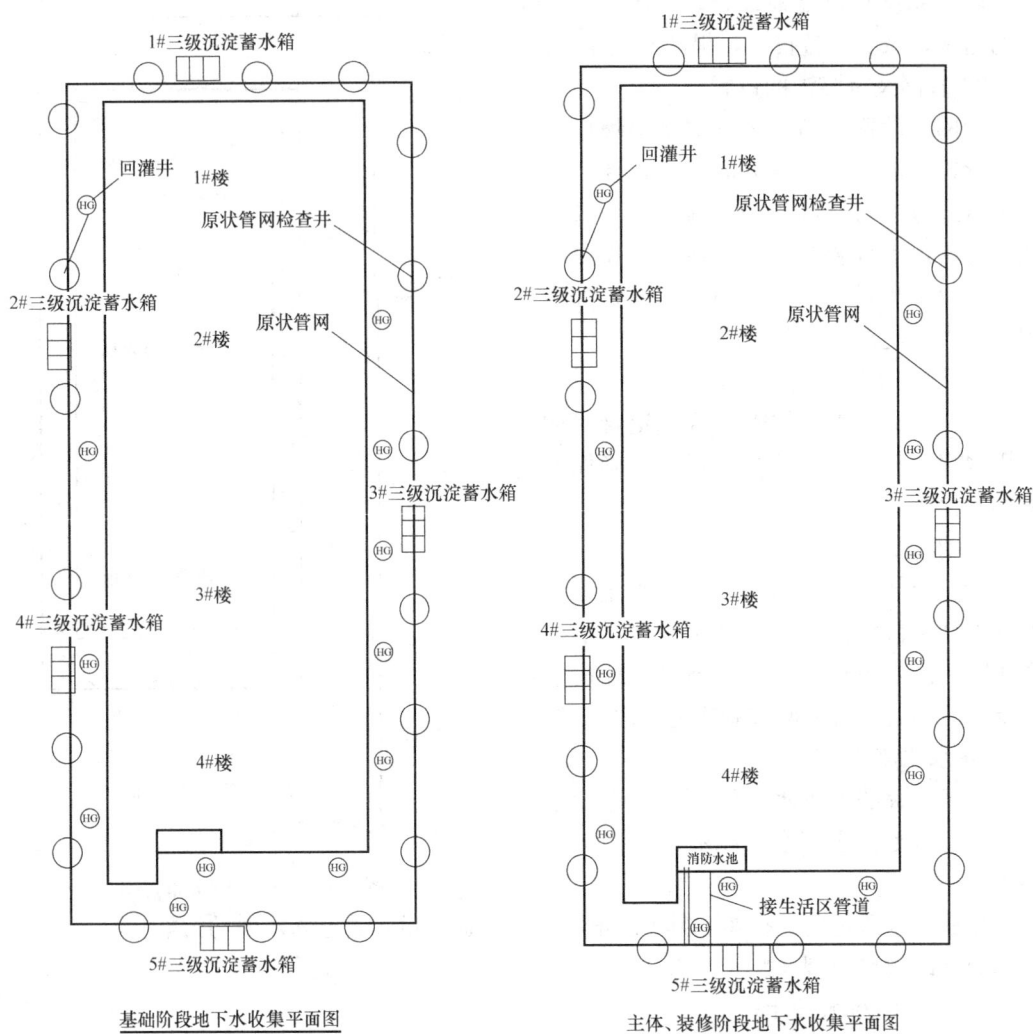

图 2-111　水循环系统布置图

关于降水有效深度，根据地下水动力学，在不完整井中抽水时，其影响不涉及蓄水层全部深度，而只影响其一部分，此部分称为有效深度，在此有效深度以下，抽水时处于不受扰动状态。

H_0 计算：

$S = 6.15 + 1.0 = 7.15 \text{m}$，$L = 15 \text{m}$

则 $S/(S+L) = 0.33$

查表 2-27，用插入法的 $H_0 = 1.53(S+L) = 1.53 \times 22.15 = 33.89 \text{m}$

$$r_0 = \sqrt{F/\pi} = 85.04 \text{m}$$

$$R = 2S\sqrt{K'H_0}$$

渗透系数具勘察报告得 3~5m/d 及初始地下水位标高 781.52~782.41m，自然地坪784.05m，初始地下水位按自然地面下 2.1m 计算。

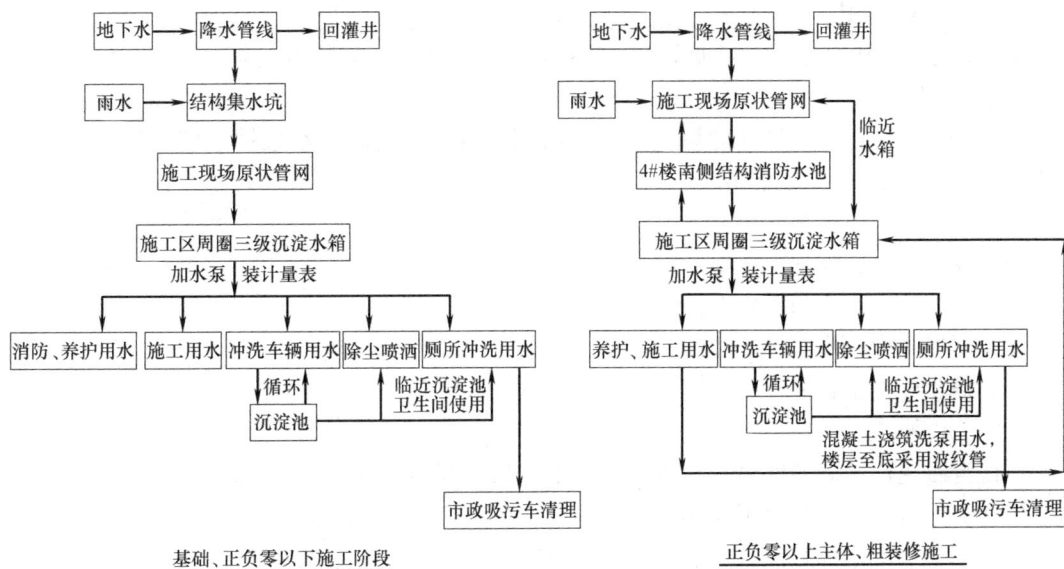

图 2-112 水循环系统图

$R = 2 \times 7.15 \sqrt{5 \times 33.89} = 186.15\text{m}$ $R' = R + r_0 = 186.15 + 85.04 = 271.19\text{m}$

则基坑涌水量为：

$Q = 1.366 \times 5 \times \{(2 \times 33.89 - 7.15) \times 7.15 / \lg 271.19 - \lg 85.04\} = 5874\text{m}^3/\text{d}$

② 施工期间各沉淀箱用水量统计，见表 2-28。

施工期间各沉淀箱用水量统计表   表 2-28

月份	1#沉淀箱	2#沉淀箱	3#沉淀箱	4#沉淀箱	5#沉淀箱	
计水量 m³	SBj1	SBj2	SBj3	SBj4	SBj5	小计
2013.6	400	296	150	132	0	978
2013.7	301	185	852	621	111	2070
2013.8	781	603	888	1350	480	4102
2013.9	666	910	950	780	960	4266
2013.10	560	880	651	827	1010	3928
2013.11	640	800	740	682	833	3695
2013.12	18	420	235	377	121	1171
2014.1	0	0	0	0	108	108
2014.2	88	100	46	0	387	621
2014.3	200	222	189	340	280	1231
2014.4	890	780	1089	986	997	4742
2014.5	802	374	678	864	900	3618
2014.6	674	537	321	588	569	2689
2014.7	210	380	390	470	208	1658
2014.8	40	367	200	189	564	1360
2014.9	161	438	400	400	235	1634
2014.10	228	374	580	210	102	1494
2014.11	0	0	215	18	336	569
2014.12	0	28	0	0	376	404
合计	6659	7694	8574	8834	8577	40338

4）水资源利用

非传统水源利用主要以降低基坑水位抽取的地下水为主，雨水为辅。

地下水收集与利用：

① 上层滞水通过土体孔隙渗透至原状管网检查井，沉淀后水泵抽至使用区域三级沉淀蓄水箱或消防水池分区使用。

② 多余的水体排至回灌井。

③ 现场降尘、绿化、机械冲洗等用水。

雨水收集与利用（雨水量少）：

① 器皿集中收集。

② 原状管网检查井收集后沉淀，而后抽取分区使用。

循环水利用：

① 混凝土浇筑后冲洗泵车等废水收集沉淀后再利用。

② 大门洗车池循环水再利用。

③ 其他循环水冲厕用水等。

（4）实施效果

经过合理规划水系统，该旧城改造项目生产、办公、生活区非传统水源利用量为24240m³，项目总用水量为79715m³；非传统水源用水占总用水量的比例为30.4%。

2.7.2 垃圾减量化与资源化利用技术与应用

1. 技术要求

建筑垃圾是指在新建、扩建、改建和拆除加固各类建筑物、构筑物、管网以及装饰装修等过程中产生的施工废弃物。

建筑垃圾减量化是指在施工过程中采用绿色施工新技术、精细化施工和标准化施工等措施，减少建筑垃圾排放；建筑垃圾资源化利用是指建筑垃圾就近处置、回收直接利用或加工处理后再利用。对于建筑垃圾减量化与建筑垃圾资源化利用主要措施为：实施建筑垃圾分类收集、分类堆放；碎石类、粉状类的建筑垃圾进行级配后用作基坑肥槽、路基的回填材料；采用移动式快速加工机械，将废旧砖瓦、废旧混凝土就地分拣、粉碎、分级，变为可再生骨料，也可就地再加工用于非正式工程中。

可回收的建筑垃圾主要有散落的砂浆和混凝土、剔凿产生的砖石和混凝土碎块、打桩截下的钢筋混凝土桩头、砌块碎块、废旧木材、钢筋余料、塑料包装等。

现场垃圾减量与资源化的主要技术有：

（1）对钢筋采用优化下料技术，提高钢筋利用率；对钢筋余料采用再利用技术，如将钢筋余料用于加工马凳筋、预埋件或安全围栏等。

（2）对模板的使用应进行优化拼接，减少裁剪量；对木模板应通过合理的设计和加工制作提高重复使用率；对短木方采用齿接接长技术，提高木方利用率。

（3）对混凝土浇筑施工中的混凝土余料做好回收利用，可用于制作小过梁、混凝土砖或地坪块等。

（4）对二次结构的加气混凝土砌块隔墙施工，做好加气块的排序设计，在加工车间进行机械切割，减少工地加气混凝土砌块的废料。

（5）废塑料、废木材、钢筋头与废混凝土的机械分拣技术；利用废旧砖瓦、废旧混凝土为原料的再生骨料就地加工与分级技术。

（6）现场直接利用再生骨料和微细粉料作为骨料和填充料，生产混凝土砌块、混凝土砖，透水砖等制品的技术。

（7）利用再生细骨料制备砂浆及其使用的综合技术。

2. 技术指标

（1）再生骨料应符合《混凝土再生粗骨料》GB/T 25177—2010、《混凝土和砂浆用再生细骨料》GB/T 25176—2010、《再生骨料应用技术规程》JGJ/T 240—2011、《再生骨料地面砖、透水砖》CJ/T 400—2012 和《建筑垃圾再生骨料实心砖》JG/T 505—2016 的规定；

（2）建筑垃圾产生量应不高于 350t/万 m²；可回收的建筑垃圾回收利用率达到 80% 以上。

3. 适用范围

适合建筑物的基础设施拆迁、新建和改扩建工程。

4. 工程案例

（1）工程概况

某新建住宅楼四栋及物业附属用房，地下二层，地上三十层，总建筑面积 19.76 万 m²，工期 547 日历天。

（2）工程特点

本工程体量大，工期紧，材料需用量较多，且需要同时组织施工，如何合理组织材料，减少过程损耗，提高材料使用率、周转率、再利用率是项目管理的重点之一。

（3）方案实施

1）工艺流程

编制材料资源利用策划方案→制定建筑垃圾减量化计划→措施交底，落实责任→过程检查、调整方案→效果总结

2）技术要点

① 建立完善材料进出综合台账，数据真实准确；

② 就地取材，施工现场 500km 以内生产的建筑材料用量占建筑材料总用量的 90% 以上；

③ 结合当地市场情况和企业管理能力，对方案进行优化，使周转性材料的使用达到最佳状态。

④ 确定目标值

根据投标工程数据库，分析工程特点，制定工程节材及材料资源利用的目标值，并落实责任。

制定建筑垃圾减量化计划，并落实具体措施和责任人，扩大垃圾处置和消纳途径，该工程建筑垃圾回收再利用率为 50%。

3）计算验算与监测

① 建筑垃圾产生量，一般根据不同类型工程和结构特点等并结合企业量化控制目标数据库，确定项目目标值。垃圾产生量不大于 6000t，即 6000t/19.76 万 m² ＝30.3kg/m²。

② 根据施工图纸计算混凝土、加气混凝土砌块、钢筋等工程量，确定损耗量。工程主要材料损耗量统计表：见表 2-29。

工程主要材料损耗量统计 　　　　表 2-29

序号	材料名称	预算量 （含定额损耗量）	定额允许损耗率及量	目标损耗率及量	目标减少损耗量
1	钢材	12064.809t	2%；241.296t	1.5%；180.053t	61.243t
2	商品混凝土	88888.826m³	2%；1777.78m³	1.5%1326.56m³	451.22m³
3	加气混凝土砌块	9620.29m³	1.5%；144.3m³	1%；95.7m³	48.60m³
4	围挡等周转材料	重复使用率大于90%			
5	500km 以内 建筑材料用量	占建筑材料总重量的90%以上			

③ 建立材料供应商台账，过程中准确记录取材地点及使用情况，每月对控制指标进行分析对比；及时记录建筑垃圾的再利用情况，见表 2-30。

项目建筑垃圾回收利用统计台账 　　　　表 2-30

工程名称		工程项目				
序号	建筑垃圾种类	产生垃圾量 （t）	回收利用量 （t）	消纳方案	废弃物排放量 （t）	日期	备注
1	模板	1.0	0.5	钉垃圾箱	0.5	2013.06.05	
2	方木	1.0	0.8	阳角防护	0.2	2013.06.18	
3	模板	1.5	0.7	安全通道	0.8	2013.06.27	
4	模板	0.5	0.3	踢脚板	0.2	2013.07.03	
5	模板	1.4	1.2	安全通道	0.2	2013.07.17	
6	模板	1.0	0.9	重新回收	0.1	2013.07.23	
7	模板	1.0	0.8	钉垃圾箱	0.2	2013.08.04	
8	方木	0.9	0.9	阳角防护	0.0	2013.08.19	
9	方木	1.1	1.1	重新回收	0.0	2013.08.27	
10	模板	0.5	0.5	踢脚板	0.0	2013.09.06	

填表人：

注：建筑垃圾回收利用率应达到30%。

（4）实施效果

1）材料资源利用效果分析对比：见下表 2-31、表 2-32。

　　　　表 2-31

序号	材料名称	预算量	预算损耗	目标损耗率	实际量	实际损耗	减少损耗量
1	商品混凝土	88888.826m³	1777.78m³ 2%	1.5%	87757.33m³	646.28m³ 0.74%	132.496t
2	加气混凝土砌块	9620.29m³	144.3m³ 1.5%	1.0%	9560m³	84m³ 0.88%	60.30m³
3	钢材	12064.809t	241.296t 2%	1.5%	11932.313t	108.8t	132.496t

表 2-32

序号	主材名称	预算损耗量	实际损耗量	实际损耗量/总建筑面积比值
1	钢材	241.296t（预算量:12064.809t）	108.8t（实际用量:11932.313t）	0.0005
2	商品混凝土	1777.78m³（预算量:88888.826m³）	646.28m³（实际用量:87757.33m³）	0.003
3	加气混凝土砌块	144.3m³（预算量:9620.29m³）	84m³（实际用量:9560m³）	0.0004
4	模板	平均周转次数 7 次	平均周转次数 8 次	
5	地砖	预算量:8100m²	实际用量:8095m²	
6	墙砖	预算量:15422m²	实际用量:15418m²	
7	围挡等周转材料	重复使用率大于 90%	重复使用率 100%	
8	就地取材≤500km 以内的占总量的 95%			

2）建筑垃圾减量化对比分析，在实施减量化对比时，单位均统一为吨（t）见表 2-33。

表 2-33

建筑垃圾种类	产生原因及部位	实际产生数量	消纳方案	实际消纳数量
混凝土碎料	混凝土浇筑、爆模,凿桩头等	4236.2t	1. 作为后续底板垫层和临时道路路基及预制混凝土块等 2. 外运其他工地再利用 3. 环保单位清运	1368.2t 868t 2000t
砌块	砌块切割和搬运过程中产生	52t	1. 本工地利用 2. 清理外运	40t 12t
废旧模板、方木	翘曲、变形、开裂、受潮	70.5m³（26.1t）	1. 成品保护使用部分旧模板 2. 短方木接长处理 3. 清理出场回加工厂	50m³(18.5t) 20.5m³(7.6t)
废旧钢筋	施工过程中产生的钢筋断头以及废旧钢筋	162t	1. 废旧钢筋用作马镫支架的制作、钢筋拉钩、构造柱过梁、填充墙植筋、 2.(临时)排水沟盖板等钢筋使用	21t(措施筋) 18t(二次结构) 4t(灭火器箱、试块笼等) 排水沟盖板等临时使用 11t 108t 出售
包装箱(袋)、纸盒	施工材料包装	30t	1. 厂家回收再利用 2. 成品保护利用 3. 送废品回收站	15t 9t 6t
装修产生垃圾	边角料、废料、拆卸物等	20t	1. 块材组合铺路 2. 外运其他工地 3. 清理外运	5t 4t 11t
合计		4526.3t		2385.7t

对不同建筑垃圾进行分类，并提出减量化的控制措施，实施过程中，项目共产生建筑垃

圾 4526.3t,回收再利用 2385.7t,再利用率为 52.7％,超过了原计划 50％的再利用目标。

2.7.3 施工现场太阳能利用技术与应用

1. 技术要求

施工现场太阳能光伏发电照明技术是利用太阳能电池组件将太阳光能直接转化为电能储存并用于施工现场照明系统的技术。发电系统主要由光伏组件、控制器、蓄电池(组)和逆变器(当照明负载为直流电时,不使用)及照明负载等组成。

2. 技术指标

施工现场太阳能光伏发电照明技术中的照明灯具负载应为直流负载,灯具选用以工作电压为 12V 的 LED 灯为主。生活区安装太阳能发电电池,保证道路照明使用率达到 90％以上。

(1)光伏组件:具有封装及内部联结的、能单独提供直流电输出、最小不可分割的太阳电池组合装置,又称太阳电池组件。太阳光充足日照好的地区,宜采用多晶硅太阳能电池;阴雨天比较多、阳光相对不是很充足的地区,宜采用单晶硅太阳能电池;其他新型太阳能电池,可根据太阳能电池发展趋势选用新型低成本太阳能电池;选用的太阳能电池输出的电压应比蓄电池的额定电压高 20％～30％,以保证蓄电池正常充电。

(2)太阳能控制器:控制整个系统的工作状态,并对蓄电池起到过充电保护、过放电保护的作用;在温差较大的地方,应具备温度补偿和路灯控制功能。

(3)蓄电池:一般为铅酸电池,小微型系统中,也可用镍氢电池、镍镉电池或锂电池。根据临建照明系统整体用电负荷数,选用适合容量的蓄电池,蓄电池额定工作电压通常选 12V,容量为日负荷消耗量的 6 倍左右,可根据项目具体使用情况组成电池组。

3. 适用范围

施工现场临时照明,如路灯、加工棚照明、办公区廊灯、食堂照明、卫生间照明等。

4. 工程案例

(1)工程概况

某国际金融中心项目,该工程是由四幢主楼、裙楼及地库组成的群体建筑,总建筑面积 19.5 万 m^2,建筑总高度为 99.00m。建成后将是一座以金融保险、总部基地为主,集绿色、科技、人文一体的城市商务综合体。该工程为全国第三批绿色施工示范工程,社会影响大,项目开工伊始,就确立了"在施工过程中通过科技创新和绿色施工来确保人与自然和谐发展"的总体思路,通过技术创新、绿色施工、精细化管理来实现各阶段质量目标和成本目标。

(2)工程特点

1)难点:太阳能作为以太阳为主的新能源,能量大小与太阳的光照、地理位置等息息相关,因此在使用太阳能前必须根据工程所处地理位置、光照、能量需求等进行科学合理的分析,合理选择太阳能发电系统类型、设备及参数,使之达到最大功效。

2)特点:太阳能作为一种取之不尽,用之不竭,安全、节能、环保的新型能源,越来越受到社会的关注且太阳能光电技术已在各行业广泛地应用。随着基础能源的日益贫乏,国家工业化步伐的加快,电力供应将日趋紧张。从节能、环保、绿色施工能源应用的角度上,提高对新能源的认识,并加以利用是今后节能环保发展的趋势。

3）技术路线：主要通过施工现场太阳能发电系统、光伏板发电系统、热水器类型及设备参数的选择确定和太阳能发电系统、热水器、光伏板安装，充分利用太阳能可再生资源，减少资源浪费，改善环境，降低工程成本，促进经济的可持续发展。

（3）方案实施

1）太阳能路灯及太阳能热水器

① 工艺流程：施工准备→现场规划→太阳能发电系统类型及设备参数的选择确定→照明设备、太阳能热水器类型及设备参数的选择确定→太阳能发电系统、照明系统、热水器安装。

② 技术要点

A. 操作要点

施工准备

组织准备：科学而合理的管理组织是保证施工项目顺利进行的重要因素之一，项目部配备有同类工程施工经验的管理人员负责施工全过程的管理工作，严格控制各项施工工序，确保施工质量。

技术准备：施工前认真熟悉现场环境，根据现场环境和后期现场施工需求合理布置，根据综合现场布置图和现场环境确定太阳能发电系统和热水器的安装位置。开工前及施工过程中，对施工现场管理人员进行相关业务的培训。做好技术、安全交底工作。

物资、机具准备：根据设计要求，提前制定物资、机具计划，并及时组织进场，确保满足施工要求。

B. 太阳能发电系统类型及设备参数的选择确定

系统要求：蓄能天数≥5d，蓄电池放电深度50%，转换效率85%，线损5%。

太阳能光伏发电系统所要带动的负载包括：节能灯、21寸彩电、交流电扇、其他小型电器、手机充电器等。

蓄电池组的容积计算

蓄电池的容积是根据系统日用电量、蓄能的天数及蓄电池放电的深度来确定的，其计算公式为：

$$C=L×D/DOD×E1×(1-E2) \tag{2-4}$$

式中　L——系统日耗电量，单位 kW·h；

　　　D——估计最多无风无光照的天数，或要求的蓄能天数；

　　DOD——蓄电池的最大放电深度，约50%～80%；

　　　E1——系统能量转换率，约80%～90%；

　　　E2——电力传输损失，约5%。

电池组的容量为：

$$C总=C/V \tag{2-5}$$

式中　V——串联蓄电池组电压。

控制器选择

太阳能电池板需要的时均总功率为：

$$P总=L/t \tag{2-6}$$

式中　L——系统日耗电量，单位 kW·h；

t——平均日照时间，单位 h。

太阳能电池对太阳光的转换效率 90%，控制器和逆变器的转换效率为 75%，得出太阳能电池板的功率为：

$$P_板 = P_总 \div 0.75 \div 0.9 \qquad (2\text{-}7)$$
$$I_板 = P_板 / V \qquad (2\text{-}8)$$

其中：V——串联蓄电池组电压。

逆变器功率选择

负载总功率为：$P_负$

负载的总功率大于逆变器总功率的 80% 时，逆变器会发热过度，从而减少逆变器的使用寿命，所以选择逆变器时需要考虑其损耗率，则逆变器的功率计算如下：

$$P_逆 = P_负 / 80\% \qquad (2\text{-}9)$$

太阳能电池方阵的计算

太阳能电池组件是太阳能供电系统工作的基础，它的功能是将太阳能辐射转化为电能，其光电转换效率决定了供电系统的工作效率，所以光电转换效率是选择太阳能电池组件需要考虑的一个重要参数。目前，太阳能电池主要分为单晶硅、多晶硅和非晶硅 3 种。其中单晶硅电池板的光电转换率为 15%～20% 以上，最高可以达到 24%，使用寿命一般为 15 年左右，最高可达到 25 年。多晶硅电池板的光电转换率为 12%，非晶硅约为 10%。使用前根据光照合理选择电池种类。本案例综合考虑多方因素，系统的太阳能电池组件采用单晶硅太阳能电池进行计算。

由于太阳光照射到地面的角度时时刻刻都在变化，而太阳能电池只有在日光直射的时候发电的效率是最高的，因此太阳能电池方阵布置有两种方法：一种是安装向日跟踪系统；另外一种是根据计算确定最佳安装角度安装太阳能电池方阵。前者可以提高太阳能电池的发电效率，但成本很高；后一种虽然效率没有前者高，但建设成本较低，综合考虑采用后一种方法。

C. 太阳能路灯系统设备参数选择确定

光源选择

太阳能路灯光源的选择原则是选择适合环境要求、光效高、寿命长的光源，同时也为了提高太阳能发电的使用效率。

常用的光源类型有：三基色节能灯、高压钠灯、低压钠灯、LED、陶瓷金卤灯、无极灯等。现针对应用最多的太阳能灯具光源加以分析比较：选择 40WLED 灯具。

系统配置计算。峰值日照时数，参考下表 2-34、表 2-35。

我国不同地区太阳光照条件 表 2-34

区域划分	丰富地区	比较丰富地区	可以利用地区	贫乏地区
年总辐射量（kJ/cm². 年）	≥580	500～580	420～500	≤420
地域	内蒙古西部、甘肃西部、新疆南部、青藏高原	新疆北部、东北、内蒙古东部、华北、陕北、宁夏、甘肃部分、青藏高原东侧、海南、中国台湾	东北北端、内蒙古呼盟、长江下游、福建、广东、广西、贵州部分、云南、河南、陕西	重庆、四川、贵州、广西、江西部分地区

区域划分	丰富地区	比较丰富地区	可以利用地区	贫乏地区
连续阴雨天数	2	3	7	5
特征	年日照≥3000h 百分率≥0.75	年日照 2400～3000h 百分率 0.6～0.7	年日照 1600～2400h 百分率 0.6～0.4	年日照≤1600h 百分率≤0.4

年总辐射量与日平均峰值日照时数对应表　　　　　　　表 2-35

年辐射总量 $(kJ/cm^2 \cdot 年)$	420	460	500	540	580	620	660	700	740
平均峰值日照时数 (h)	3.19	3.50	3.82	4.14	4.46	4.78	5.10	5.42	5.72

系统电压的确定

太阳能路灯光源的直流输入电压作为系统电压，一般为 12V 或 24V，初步选择为 24V；选择交流负载时，系统的直流电压在条件允许的情况下，尽量提高系统电压，以减少线损；系统直流输入电压选择还要兼顾控制器、逆变器等电器件的选型。

太阳能板的容量计算

对于太阳能路灯，整体系统配置计算公式如下：

$$P＝光源功率×光源工作时间×(17/24)÷峰值日照时数÷(0.85×0.85) \quad (2\text{-}10)$$

式中：P 为电池组件的功率，单位为 W，系统电压 24V；

光源工作时间单位为 h；

峰值日照时数单位为 h；

0.85 分别为蓄电池的库仑效率和电池组件衰减、方阵组合损失、尘埃遮挡等综合系数。

蓄电池容量计算

首先根据当地的阴雨天情况确定选用的蓄电池类型和蓄电池的存贮天数，一般江南区域阴雨天数 3～5d（选择 4d）。容量计算公式如下：

$$蓄电池容量＝负载功率×日工作时间×(存贮天数＋1)÷放电深度÷系统电压$$
$$(2\text{-}11)$$

其中：蓄电池容量单位为 Ah；

负载功率单位为 W；

日工作时间单位为 h；

存贮天数单位为 d；

放电深度，一般取 0.7 左右；

系统电压单位为 24V。

灯杆设计

太阳能路灯常用的是钢质锥形灯杆，其特点是美观、坚固、耐用，且便于做成各种造型，加工工艺简单、机械强度高。由于太阳能路灯工作的环境是室外，为了防止灯杆生锈腐蚀而降低结构强度，必须对灯杆进行防腐蚀处理。防腐蚀的方法主要是针对锈蚀原因采取预防措施。防腐蚀要避免或减缓潮湿、高温、氧化、氯化物等因素的影响。常用的方法如下：

热镀锌指将经过处理的制件浸入熔融的锌液中，在其表面形成锌和锌铁合金镀层的工艺过程和方法，锌层厚度在 $65\sim90\mu m$。镀锌件的锌层应均匀、光滑、无毛刺、滴瘤和多余结块，锌层应与钢杆结合牢固，锌层不剥离，不凸起。

喷塑处理：热镀锌后再进行喷塑处理，喷塑粉末应选用室外专用粉末，涂层不得有剥落、龟裂现象。喷塑处理可以更高的提高钢杆的防腐性能，且大大提高灯杆的美观装饰性，颜色也可以有多种选择。此外，由于太阳能灯杆内安装有控制器等电气件，蓄电池埋在地下，有地埋箱密封保护。

D. 真空集热管太阳能热水器设备参数选择确定

太阳能热水器主要由太阳能集热器、储热系统、控制系统、换热系统、辅助能源系统、保温材料、管路系统及配件等部分组成。相关组件选用时应注意以下几个原则。

选择合适的热性能指标，其"平均日效率"越高越好，"平均热损系数"越低越好。

选择优质的真空管全玻璃真空太阳能集热管（简称真空管）一定要选择按照国家标准制作生产的，这样才能保证其真空度高、镀层均匀、厚薄一致、热效率高、热损小，使用寿命长。

真空管一般两管间距中心在 70mm 左右为宜。

太阳能热水器支架设计应合理，有足够的强度和刚度。

反光板设计能充分利用到真空管吸热面，真空管最大程度上受光。

根据人员数量确定太阳能热水器水容量。

选购其他相关配件时一定要清楚使用寿命和保修期限。

对自动上水装置、水温水位显示仪、电磁阀等装置选择应慎重。

2）太阳能发电系统、热水器安装

① 太阳能发电系统安装

安装时应注意以下几点：

安装部位不得有树木、建筑等遮挡，对太阳能光照一般要求至少保证上午 9：00 至下午 3：00 之间不能有影响采光的遮挡。

观察太阳能负荷安装位置上空、基础及地埋箱部位地下是否有电缆、光缆、管道或其他影响施工的设施，安装时尽量避开。

避免在低洼或容易造成积水的地段安装。

根据地区不同为太阳能电池组件选择一个最佳倾角。

我国主要城市日平均日照时间统计见表 2-36。

我国主要城市日平均日照时间统计表 表 2-36

城市	纬度	最佳倾角（度）	日平均日照时间（h）	城市	纬度	最佳倾角（度）	日平均日照时间（h）
哈尔滨	45.68	+3	4.40	杭州	30.23	+3	3.42
长春	43.90	+1	4.80	南昌	28.67	+2	3.81
沈阳	41.77	+1	4.60	福州	26.08	+4	3.46
北京	39.80	+4	5.00	济南	36.68	+6	4.44
天津	39.10	+5	4.65	郑州	34.72	+7	4.04

城市	纬度	最佳倾角（度）	日平均照时间（h）	城市	纬度	最佳倾角（度）	日平均日照时间（h）
呼和浩特	40.78	+3	5.6	武汉	30.63	+7	3.80
太原	37.78	+5	4.8	长沙	28.20	+6	3.22
乌鲁木齐	43.78	+12	4.6	广州	23.13	−7	3.52
西宁	36.75	+1	5.5	海口	20.03	+12	3.75
兰州	36.05	+8	4.4	南宁	22.82	+5	3.54
银川	38.48	+2	5.5	成都	30.67	+2	2.87
西安	34.30	+14	3.6	贵阳	26.58	+8	2.84
上海	31.17	+3	3.8	昆明	25.02	−8	4.26
南京	32.00	+5	3.94	拉萨	29.70	−8	6.7
合肥	31.85	+9	3.69				

② 太阳能热水器安装及维护

安装及过程维护应做到以下几点：

热水器安装应牢固、可靠，且上方无遮盖物。

热水器表面落尘应作定期擦拭，水龙头出口端安装滤网装置，水管内水垢杂物定期拆下清洗。

冬季需加强管道保温措施，防止管道冻裂。

平均二年到三年需对真空管内部进行清理，防止真空管内部结水垢影响吸热效果。

3）太阳能光伏发电

通过产品选型、固定支撑支架以及连接件配置组装连接、经过储能转换形成一个完整发电配电系统，整体组装，达到省时、省工、增效的目的。适用于施工项目及生产生活、节能环保型工程。与常规供电设备相比具有搬运方便、组装拆卸简单、可以重复周转等优点。

① 工艺流程

基础施工→预埋件安装→光伏板支架安装→支架檩条安装→光伏板压块安装→电池板安装→系统设置→验收。

② 技术要点

A. 施工工艺流程及操作要点

系统安装：首先按照图纸将水泥基础做好，并将U型螺栓预埋到指定位置，然后再按照以下步骤开始依次组装支架。

前后立柱的安装：将前后立柱放置在对应水泥墩上，和预埋螺栓锁紧。

如图 2-113 所示。

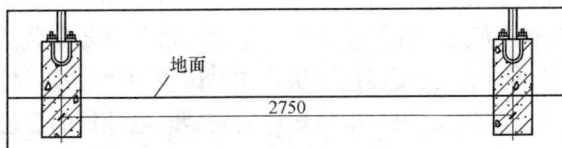

图 2-113 立柱安装图

以第一列立柱为参照，依次向同一方向安装固定立柱，左右间距为 3.1m 一根，共计 6 根。如图 2-114 所示。

在前后立柱上安装铰连接件。如图 2-115 所示。

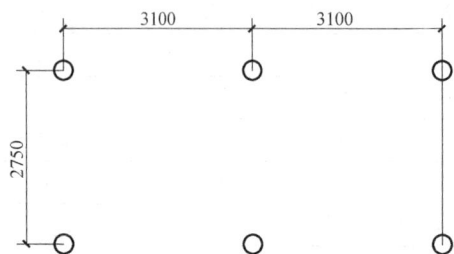

图 2-114　立柱安装图

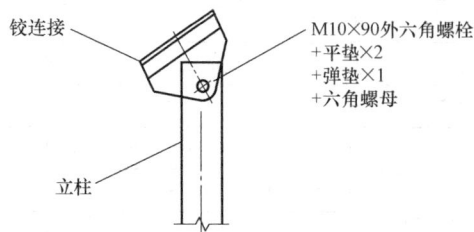

图 2-115　铰连接件安装图

斜梁安装：把斜梁安放在前后立柱上，斜梁前端离开前立柱 560mm 的位置上安装螺栓，并在斜梁的 4 个孔位上各穿 4 颗螺栓。此 4 颗螺栓可全部拧紧（每单个支架配 1 根斜梁，4 套 M10×30 螺栓）。如图 2-116 所示。

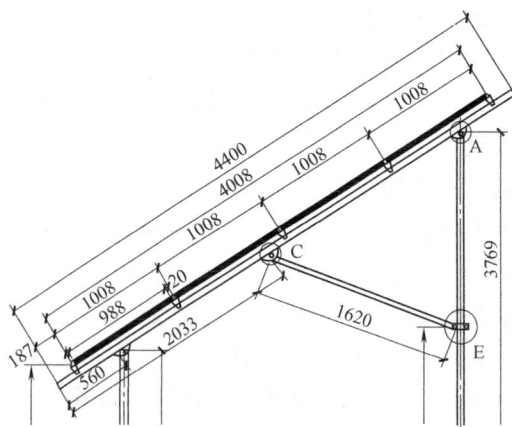

图 2-116　斜梁安装图

斜撑安装：把斜支撑安放在斜支撑连接件上，斜支撑安放在斜梁上，并在斜支撑、斜梁的上下两个孔位上拴上螺栓与连接件，连接斜梁。此 2 颗螺栓不可拧紧，方便调节（每单个支架配 1 根斜支撑，2 套 M10×30 螺栓）。把抱箍放置于离水泥墩高度 2244mm 处后与斜支撑用 M10×70mm 螺丝锁紧。如图 2-117 所示。

檩条安装：从斜梁下方开始安装，檩条长度安装顺序为：第一根 4.15m，第二根 4.15m。开口向下按顺序往上安装。在两根檩条连接处放置 1 个檩条连接件。檩条连接件居中安装。在檩条与斜梁的连接处安装 1 套 M10×30 外六角螺栓。如图 2-118 所示。

压块安装：组件以横放布置。在檩条的最左边 85mm 处开始安装边压块，依次往下安装中压块，在檩条的最右边的孔位也安装边压块，此时压块的螺栓不得拧紧，方便电池板的安装，在压块安装完成后可安装电池板。电池板往后安装时电池板的底边一定要与前一块电池板的底边在一条直线上。用压块压住电池板后才可以把螺栓拧紧。如图 2-119 所示。

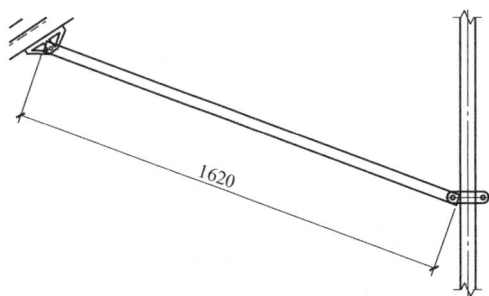

图 2-117　斜撑安装图

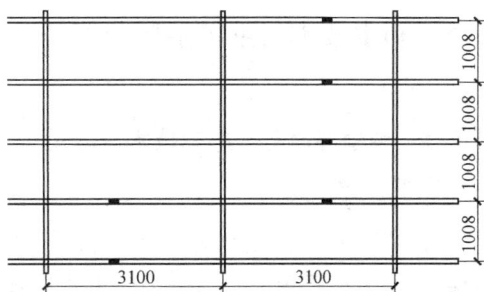

图 2-118　檩条安装图

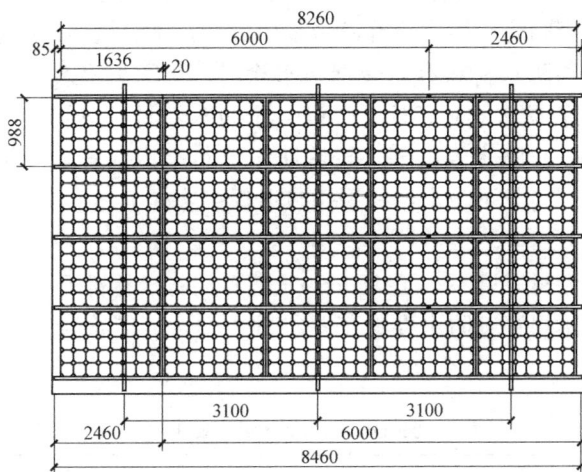

图 2-119　压块安装图

B. 使用方法

汇流箱输出电压与蓄电池电压都正常，则依次打开电池柜空开、汇流箱空开、逆控一体机空开，观察设备指示灯。灯闪烁表示蓄电池为充电状态，灯灭表示一体机工作在逆变模式，灯亮表示逆变输出电压正常，灯灭表示电池电压正常，长按逆控一体机控制面板的F1按钮，进入"系统设置"界面，将电池容量设置为 200Ah。按"RST"键回到首页，进入"实时数据"界面，查看具体参数。

4）计算验算与监测

在施工前根据现场用电量、用电设备，合理计算、合理选择太阳能发电系统和设备参数，使用过程中及时根据实际情况进行监测、分析、记录、调整，并与原设计进行对比分析，积累经验数据，为今后大量应用太阳能提供依据。

（4）实施效果：

项目施工临时用电照明采用太阳能发电系统供电，现场浴室、食堂、临时洗漱场所采用太阳能热水，有效改善了员工生活条件，降低了工程成本，减少了资源浪费，改善了环境条件。积极响应国家节能减排政策，满足了绿色施工要求。累计节约成本 10 余万元。工程顺利通过"全国绿色施工示范工程"验收，举办了全国绿色施工示范工程观摩会，为企业赢得了荣誉。

2.8 防水技术与维护结构节能技术与应用

2.8.1 种植屋面防水施工技术与应用

1. 技术内容

种植屋面具有改善城市生态环境、缓解热岛效应、节能减排和美化空中景观的作用。种植屋面也称屋顶绿化，分为简单式屋顶绿化和花园式屋顶绿化。简单式屋顶绿化土壤层不大于150mm厚，花园式屋顶绿化土壤层可以大于600mm厚。一般构造为：屋面结构层、找平层、保温层、普通防水层、耐根穿刺防水层、排（蓄）水层、种植介质层以及植被层。施工要求耐根穿刺防水层位于普通防水层之上，避免植物的根系对普通防水层的破坏。目前有阻根功能的防水材料有：聚脲防水涂料、化学阻根改性沥青防水卷材、铜胎基-复合铜胎基改性沥青防水卷材、聚乙烯高分子防水卷材、热塑性聚烯烃（TPO）防水卷材、聚氯乙烯（PVC）防水卷材等。聚脲防水涂料采用双管喷涂施工；改性沥青防水卷材采用热熔法施工；高分子防水卷材采用热风焊接法施工。

2. 技术指标

改性沥青类防水卷材厚度不小于4.0mm，塑料类防水卷材不小于1.2mm。

种植屋面系统用耐根穿刺防水卷材基本物理力学性能应符合表2-37相应国家标准中的全部相关要求。

现行国家标准及相关要求 表2-37

序号	标　准	要　求
1	GB 18242	Ⅱ型全部相关要求
2	GB 18243	Ⅱ型全部相关要求
3	GB 12952	全部相关要求（外露卷材）
4	GB 27789	全部相关要求（外露卷材）
5	GB 18173.1	全部相关要求

种植屋面用耐根穿刺防水卷材应用性能指标应符合表2-38的要求。

表2-38

序号	项　目			技术指标
1	耐霉菌腐蚀性	防霉等级		0级或1级
2	尺寸变化率/%≤	匀质材料		2
		纤维、织物胎基或背衬材料		0.5
3	接缝剥离强度	无处理(N/mm)	改性沥青防水卷材 SBS	1.5
			APP	1.0
		塑料防水卷材	焊接	3.0或卷材破坏
		热老化处理后保持率/%≥		80或卷材破坏

3. 适用范围

建筑工程种植屋面和地下工程顶板种植。

4. 工程案例

（1）工程概况

某工程 3♯住宅楼、4♯住宅楼（含商铺）屋面工程为种植屋面。该工程为框架剪力墙结构，建筑面积 18606.37m²，地上 16 层（商铺 2 层），地下 2 层，耐火等级为二级，抗震设防烈度 8 度，屋面防水等级为二级，设计使用年限 50 年。

该屋面保温层采用 70mm 厚挤塑聚苯板；找坡层采用 1：6 水泥焦砟 2％～3％找坡；找平层采用 1：3 水泥砂浆找平；防水工程采用两道 4mm 厚 SBS 弹性改性沥青防水卷材热熔粘贴；排水层采用 HDPE 排水板搭接连接；防水保护层采用 C20 细石混凝土，内配 ϕ4@150 双向单层钢丝网片；耐根穿刺层采用聚氯乙烯泡沫塑料板；隔离层采用 300g/m² 聚酯纤维无纺布缝合连接。

（2）工程特点

种植屋面的做法和传统屋面相比，所产生的经济效益主要体现在节能绿化方面，研究证明，每公顷绿地每天能从环境中吸收的热量，相当于 1890 台功率为 1000W 空调机的作用，种植屋面顶层室内的气温比非种植屋面顶层室内的气温温差达 2～3℃。种植屋面优于目前国内任何一种屋面的隔热措施，同时节约了能源。社会效益主要体现在环境保护方面，种植屋面减少了城市的大气污染和噪音污染，同时起到美化城市景观的作用，增加了绿化面积，是建筑技术与风景园林艺术相结合的具体体现，改善了居住生态环境，实现了人与自然的和谐相处。

（3）方案实施

1）工艺流程

施工准备→排水沟施工→保温隔热层→找平（坡）层→一道防水层→二道防水层→防水保护层→细节构造修补→耐根穿刺层→蓄排水板施工→无纺布施工→种植土施工→植被层。

2）技术要点

① 零星构造施工

针对现场实际情况种植屋面施工前，首先完善屋面构造中的零星构造，如排烟风帽、设备基座、出屋面排气管等设施；其次，针对屋面构造要求，设置必要的排水沟，采用 240mm 厚砖墙砌筑，墙高 800mm，比种植土层高 100mm；墙体通长间隔 4m 设置构造柱，构造柱与结构顶面有效连接，有利于挡土墙与楼面的整体稳定性。面层抹 1：4 水泥砂浆。同时，按照图纸设计要求，预留种植屋面与排水沟之间的排水洞，如图 2-120 所示。

② 保温层施工

首先清理基层，将屋面垃圾、杂物等清理干净，各种出屋面管道包裹封堵保护，基层必须干燥。铺设 70mm 厚挤塑聚苯板作为屋面保温层，施工时首先弹出排板线，按排板的位置顺序铺设保温板，相邻聚苯板应错缝铺设，作业面上尽量减少裁割，板块间的缝隙用小块聚苯板填塞严密，保温板铺设要平整，不得出现鼓胀以及大错缝。铺设时应认真操作，铺顺平整，避免材料在屋面上堆积或二次倒运，保证均匀铺设，保温板边角处尤其要

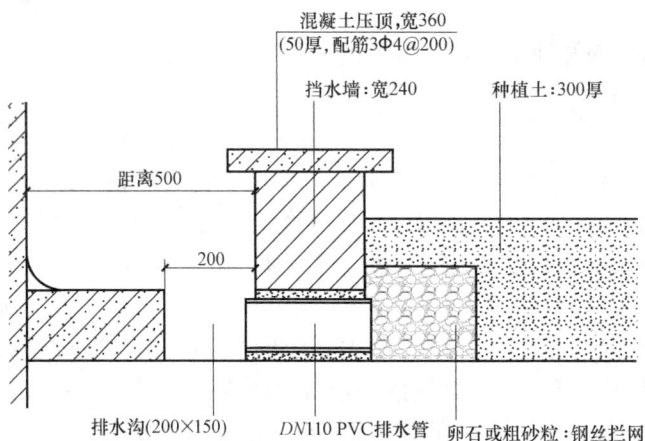

图 2-120 零星构造施工图

注意，防止边线不直，边角不整齐，影响找坡、找平和排水。在已铺完的保温板上行走或进行下道工序施工时，必须在其上面铺垫脚手板。

③ 找坡层施工

将材料拌和均匀后（体积比水泥∶焦砟＝1∶6，焦砟粒径≤30mm），采用塔式起重机吊运，根据铺设厚度分层铺设；按 2％的坡度拉线找坡，最低处不小于 40mm。在铺设过程中，以找坡贴饼为标志，控制好虚铺厚度，用铁锹粗略找平，然后用木刮杠刮平。铺设完成后，用喷壶喷洒清水，让水泥焦砟可以充分地结合，同时使用平板振捣器反复振捣，并随时用 2m 靠尺检查平整度，将多余部分清除，凹处填平，直到平整出浆为止。对于墙根、边角周围不易振捣部位人工用木板拍打密实。

④ 两道防水层施工

屋面防水选用 4mm 厚 SBS 弹性改性沥青防水卷材施工，作业前，对进场材料进行复检，合格后方可施工。

屋面防水层施工工艺流程：基层处理→涂刷基层处理剂→附加层施工→热熔铺贴大面积防水卷材→热熔封边→蓄水试验→放水、清理面层

基层处理：铺贴卷材前将找平层表面的突起物、砂浆等杂物清除，把尘土清理干净。涂刷沥青冷底子油，涂刷应均匀一致，不透底、遮盖率 100％。基层处理剂干燥后方可进行下道工序。

附加层施工：在所有阴阳角、天沟、檐口、女儿墙泛水伸出屋面管道根部等易发生渗漏的薄弱部位都应设置附加层，附加层应进行满粘，不得空鼓，且无皱褶，其宽度为 500mm。

热熔铺贴大面积防水卷材：在基层弹好基准线，将卷材定位后，重新卷好，使用火焰喷枪，烘烤卷材底面与基层交界处，使卷材底边的改性沥青熔化，边加热边沿卷材长边向前滚铺，排除空气，使卷材与基层粘结牢固。卷材在屋面与立面转角处，女儿墙泛水处及穿屋面管等部位需向上铺贴至种植土层面上 250mm 处才可进行末端收头处理。

热熔封边：将卷材搭接缝处用汽油喷灯烘烤，火焰的方向应与操作人员前进方向相反。先封长边，后封短边。最后用改性沥青密封胶将卷材收头处密封严实。第二层卷材应

与第一层同面，接缝应错开 50%。

蓄水试验：屋面防水层完工后，应做蓄水试验，蓄水 24h 无渗漏为合格。

⑤ 防水保护层

屋面防水施工完成后，采用 C20 细石混凝土作为防水保护层，内配 $\phi4@150×150$ 双向单层钢丝网片，同时防水保护层还兼顾耐根穿刺作用，对种植屋面起到良性防护作用。

⑥ 耐根穿刺层

种植屋面耐根穿刺层材料多样，本工程种植屋面采用 30mm 厚聚氯乙烯泡沫塑料板搭接拼缝，铺设于防水保护层上部，起到耐根穿刺，防腐隔热功能。

⑦ HDPE 排水层施工

排水层设置的原因是考虑到屋面种植土层较薄，土表水分易蒸发，土壤水分的缺失对植物正常生长影响很大。种植屋面的排水板种类多样，为保证种植屋面的良性蓄排水作用，设计采用了 HDPE 蓄排水板，此种排水板具有防水隔热功能、导水蓄水、高柔韧度和受压强度、耐根穿刺性能好、高稳定性和强耐腐蚀性、施工简单等优势。

HDPE 排水板可采用搭接法施工，短边搭接 100mm，长边搭接 150mm，且顺水方向铺设，在阴阳角处，采用整块排水板铺设，上翻至屋面种植土层以上；遇屋面排气管等管道时，采用附加层加强措施铺设。

⑧ 铺设隔土层

铺设一层聚酯纤维无纺布隔土层，搭接缝用线绳缝合连接，四周上翻至土层以上 100mm，端部及收头 50mm 范围内用胶粘剂与基层粘牢。

⑨ 细部构造施工

出屋面排气管道设施：

种植屋面排气管道尽量避免设备构造复杂区域，排气管设置间距≤6m；因种植屋面使用情况较为复杂，在排气管外侧加设保护管。本工程排气管为 DN75，保护管为 DN110，中间缝隙采用耐候硅酮结构胶封堵严密，保护管周边抹八字角。

排水设施

种植屋面通往排水沟的排水口预留 150×150 洞口，抹灰完成，增加防水附加层，再次埋设安装 DN 110 PVC 排水管，缝隙采用细石混凝土填捣密实，防水卷材与排水口粘接牢固可靠。

排水口处采用钢丝网片包裹鹅卵石，放置在排水口处，封堵密实，起到过滤土层作用，防止水土流失。

阴阳角细部构造

排水沟与种植屋面衔接构造处，采用细石混凝土抹成大八字，保护防水保护层，且利于排水。

⑩ 铺设种植土

根据设计要求铺设不同厚度的种植土。

3）施工质量控制

① 主控项目

找平层和找坡层所用的原材料及配合比，应符合设计要求。

水泥不得选用火山灰水泥。

找平层和找坡层的排水坡度，应符合设计要求，本工程为 2%。水泥、砂都应经过复试检测，找平层厚度不得小于 40mm。

保温材料质量应符合设计要求，厚度负偏差为 5%，且不得大于 4mm，燃烧性能等级采用 B1 级以上材料；容重大于等于 23kg/m³。

种植屋面挡墙泄水孔的留设位置必须符合设计要求，并不得堵塞，不得小于 DN110 型。

防水卷材质量、铺设方式应符合设计规范要求。按照图纸要求选用低温弯折温度 −20℃；厚度≥4mm。

种植屋面防水层施工必须符合设计要求，不得有渗漏现象。

HDPE 排水板物理指标压缩强度≥200MPa；规格为 H-20 型凸向板。

聚酯无纺布物理指标要求≥300g/m²。

② 一般项目

找坡层表面平整度允许偏差为 7mm，找平层表面平整度允许偏差为 5mm。

板块材料保温层表面平整度允许偏差为 5mm；接缝高低差允许偏差为 2mm。

排水板厚度和泄水口高度应符合所种植物的耐旱和耐水要求。

防水卷材焊接搭接宽度，符合规范要求，搭接宽度为 100mm，搭接宽度允许偏差为 ±10mm。

种植土表面平整，排水坡度应符合设计要求。

（4）实施效果

通过对屋面结构层、找坡层、保温层、找平层、防水层、防水保护层、隔根层、蓄排水层、隔土层、种植土和植物层等各个工序的施工，以及蓄、疏、排水系统，形成了隔热、抗渗、环保节能的种植屋面。施工过程中，注重细部节点施工，对出屋面排气管等管道设施，加设了套管保护。该工程屋面面积 2216m²，绿化面积达到 1300m²，有效改善了该小区内绿化率。种植屋面不仅经济实用，在节能环保，空间利用方面也取得了较好效果，整体施工质量达到了设计要求。

2.8.2 真空绝热板外墙、屋面保温体系与应用

真空绝热保温现象的发现于 20 世纪 50 年代，已有六十余年的历史。首先是由美国航空航天局在四十多年前提出并进行设计的，其产品真空绝热板（Vacuum Insulation Panel，简称 VIP）是以气相二氧化硅作为芯材，其隔热性能好、寿命长，综合性能好，但生产工艺复杂，重量大。到七十年代发明了以开孔泡沫塑料为芯材的真空绝热板。20 世纪 90 年代，发展了以开孔聚苯乙烯和聚氨酯泡沫为芯材的真空绝热板。到目前为止，真空绝热板的应用范围已获得广泛应用，包括冰箱、冷库、冷藏集装箱、医用保温箱等领域。随着应对全球气候变暖等实际情况，已有的节能技术已不能完全满足新建筑节能设计标准的要求；为满足对国家建筑节能减排的长远发展要求，随着技术上的不断突破，真空绝热板被迅速应用于建筑外墙及屋面保温。目前各种品牌型号的真空绝热板投入试点和使用，其卓越的保温隔热特性大幅降低了建筑耗能水平，减轻了建筑的荷载和不可回收材料的使用。

1. 技术要求

真空绝热板的内在构造和特性决定了它具有极高保温隔热性能和使用前景。

（1）产品原理

真空绝热板（VIP）采用暖瓶的真空隔热保温原理制成。产品形状如图 2-121 所示。

真空绝热板的结构主要有三部分组成：芯部的隔热材料、气体吸附材料和封闭的隔气薄膜。通过最大限度提高内部真空度来隔绝热传导，达到保温、节能的目的。

真空绝热板技术的关键控制点有三项：

1）真空度

真空板内的真空度，一般情况应控制在 5Pa 以下，或更低。但要达到 5Pa 以下的高真空度，要考虑真空机的性能和工作效率以及生产过程中真空度的监测。

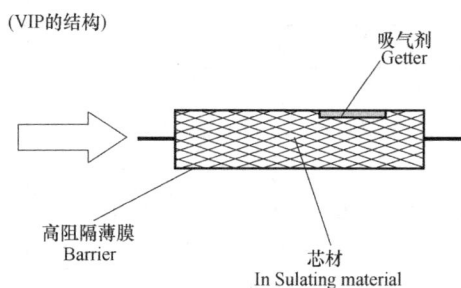

图 2-121　真空绝热板（VIP）产品形状图

2）高阻隔薄膜

高阻隔薄膜质量至关重要。薄膜的质量选择、生产厂家的选择、复合过程黏合剂的选用、配备、熟化、复合循序、热合等等都是不可忽视的重要控制环节。真空绝热板的真空度和真空绝热实效主要靠高阻隔薄膜形成的封闭薄膜袋保证。

3）抽真空后的封装

真空绝热板的芯材起着支撑（骨架）和隔热的作用。吸气剂和干燥机是对真空绝热板真空度的时效起作用。芯材、吸气剂，以及真空度的保持是由热封的质量为前提的。为此，真空绝热板的封装是真空绝热板的关键控制工序。

（2）建筑用真空绝热板

真空绝热板是一种新型的高效建筑保温材料，具有高效的保温隔热性能，导热系数≤0.008W/m·K，是传统保温材料的 1/5～1/3，防火性能达到 A 级，解决了由于传统保温材料防火等级达不到 A 级要求而带来的在施工和使用过程中的安全隐患问题。

芯材采用的超细玻璃纤维俗称玻璃棉，是用离心法将熔融状态的玻璃吹制成直径 2.5～5μm 的絮状玻璃微纤维，是一种人造无机材料，具有大量的内外连通的微小孔隙和孔洞被视为多孔材料，其体质轻、导热系数低、热绝缘和吸声性能好、不燃、耐腐蚀、无毒、不怕虫蛀、不刺皮肤、憎水率高、化学稳定性好的等优点。

2. 技术指标

（1）建筑业用真空绝热板材料的性能指标，见表 2-39。

表 2-39

项　　目		单位	指标		试验方法
			Ⅰ型	Ⅱ型	
导热系数		W/(m·K)	≤0.005	≤0.008	JG/T 438—2014
穿刺强度		N	≥18		
垂直于板面方向的抗拉强度		MPa	≥0.08		
尺寸稳定性,%	长度、宽度	—	≤0.5		
	厚度		≤3.0		

续表

项　目		单位	指标		试验方法
			Ⅰ型	Ⅱ型	
压缩强度		MPa	≥0.10		
表面吸水量		g/m²	≤100		
穿刺后垂直于桓面方向的膨胀率%		—	≤10		
耐久性(30次循环)	导热系数	W/(m·K)	≤0.005	≤0.008	JG/T 438—2014
	垂直于板面方向的抗拉强度	MPa	≥0.08		
燃烧性能		—	A		

注：导热系数也可以按照 GB/T 10294 的规定进行检测，试验平均温度为（25±2）℃。

（2）主要优点及特性：

1）导热系数低：传统的聚苯板等保温材料的导热系数为 0.03～0.08W/(m·K)，而真空绝热板的导热率低于 0.008W/(m·K)，同等厚度下保温效果为传统产品的 3～8 倍。

2）厚度超薄：使用聚苯板，在北京地区达到 75% 节能标准需要的厚度超过 100mm，而采用真空绝热板，厚度仅需要 20mm 左右，适用于低能耗、超低能耗建筑。

3）防火性能好：真空绝热板为 A 级材料。

4）节能环保：符合国家节能环保政策，可节约大量一次能源消耗，减少垃圾污染和二氧化碳排放。

5）板为无机保温产品，和建筑物墙体结合强度高，采用满粘的粘贴方式，保温板内侧不会形成空腔，保温系统受负风压影响较小，不易脱落；使用安全性好。

6）真空绝热板的规格尺寸较小，工人施工操作方便。

7）真空绝热板的缺点是价格较高、穿刺强度低，操作过程中易损漏气、损耗率高。

3. 适用范围

在建筑领域，真空绝热板外墙外保温体系适用于采暖和使用空调的工业与民用建筑，既可用于新建工程，又可用于旧房改造，适用范围较广。可置于建筑物外围护构造立面外墙，也可用于屋面保温，缓冲了因温度改变导致构造变形发生的应力，避免了雨、雪、冻融、干、湿循环形成的构造损坏；同时为减少冬季建筑物内热量散发、夏季热能传入建筑室内造成的供热和制冷的能量消耗，可以大幅降低建筑物的碳排放，减轻对气候环境的负面影响，提升人居环境的品质。

4. 工程案例

（1）工程概况

某新园区建筑外墙，该项目为面砖饰面，采用真空绝热板建筑保温系统，保温面积 82000m²，保温效果良好。

（2）方案实施

1）真空绝热板用于建筑物外围护

① 工艺流程

基层墙体处理→喷浆、挂网→外墙抹灰打底→弹线、分格→粘贴真空绝热板→接缝处理→抹第一道抹面胶浆→铺贴耐碱玻璃纤维网格布→抹第二道抹面胶浆→外墙面饰做法。

② 技术要点

因真空绝热板不可切割或墙钉穿刺，排版弹线是粘贴的关键工序之一。施工时首先确立横向及竖向的基准线，然后根据基准线在墙面上按照审定的外立面排版设计图进行弹线，弹出保温板的排列图。每个楼层在适当位置挂水平线，以控制板材的垂直度和平整度。

胶粘剂的配制与使用，需严格按产品的配比和制作工艺说明在现场进行。真空绝热板薄抹灰外墙外保温基本构造如图 2-122 所示。

建筑物外围护采用涂料饰面层时真空绝热板采用点框或条粘法，涂胶粘贴面积不小于 50%；采用面砖饰面层时采用满粘法。真空绝热板由下至上沿水平线进行粘贴施工，先贴阴阳角专用板，将真空绝热保温板粘贴到墙上均匀挤压，可用橡皮锤轻轻敲击固定，注意控制板面平整度、垂直度和相邻板间的高差，用长度不小于 2m 的靠尺进行压平检查，板周围挤出的胶粘剂应及时清理。应在真空绝热保温板粘贴完毕后及时涂抹抹面胶浆。

耐碱玻纤网（一般选择 $290g/m^2$ 的规格）的铺设：应将表面均匀涂抹第一道厚度为 $2\sim3mm$ 抹面胶浆，立即将耐碱玻纤网压入抹面胶浆中，以覆盖耐碱玻纤网，微见轮廓为宜。第二道抹面胶浆厚度为 $1\sim2mm$，以完全覆盖耐碱玻纤网为宜。

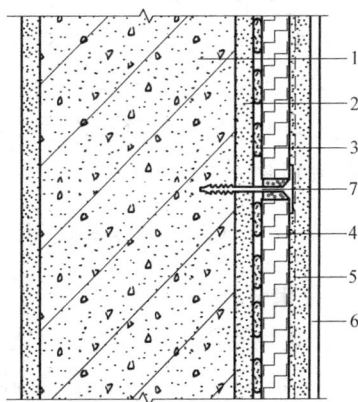

图 2-122　外墙外保温基本构造图

1—基层；2—找平层（必要时）；3—黏结层；
4—真空绝热板；5—抹面层，内嵌玻纤网；
6—饰面层；7—锚栓（必要时）

抹面胶浆和耐碱玻纤网铺设完毕后，不得挠动，静置养护不小于 24h，才可进行下一道工序的施工。在寒冷潮湿气候条件下，还应该适当延长养护时间。

2）真空绝热板用于建筑物屋面

因一般建筑屋面承重力较大可采用较厚但价格便宜的保温材料，而真空绝热板造价较高，在屋面无明显的应用优势；因此目前主要应用于对屋面荷载有严格控制的屋面，其相关工艺流程及技术要点如下：

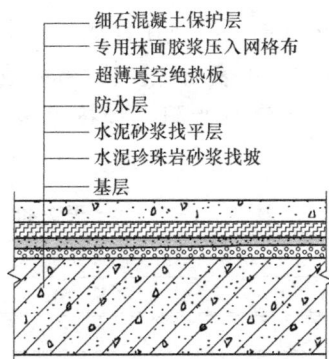

图 2-123　屋面保温构造做法图

① 工艺流程：施工准备→基层处理→水泥珍珠岩砂浆找坡→水泥砂浆找平→防水层施工→弹线打点→铺贴真空绝热板→接缝处理→专用抹面胶浆压入耐碱玻璃纤维网格布→做细石混凝土保护层→面层做法。

构造做法图如图 2-123 所示：

② 操作要点

基层清理底面必须完整、坚固、干净。

根据设计坡度及流水方向，设置水泥珍珠岩砂浆找坡层。

20mm 厚水泥砂浆找平层。

改性沥青防水卷材铺贴。

真空绝热保温板点框粘或条粘，黏结面积不小于 60%；粘贴时应均匀挤压，可用橡皮锤轻敲击固定。采用两压边的阶梯式搭接方法，搭接压边位置采用同级别防火保温性质的保温砂浆料对真空绝热进行砂浆勾缝。

粘贴完毕后涂抹抹面胶浆 2 遍。每次涂抹厚度为 1.5~3.0mm，将耐碱玻纤网压入抹面胶浆中。施工完成后要养护至少 3d。

细石混凝土保护层及面层做法。

（3）实施效果

真空绝热板外墙外保温，节约成本降低造价。同时，通过使用真空绝热板围护材料，在现有的基础上节能达 50%~80%。真空绝热板外墙保温不存在常规有机材料的热收缩性；不会出现发霉长毛现象，后期保养维护费用低。防火不燃，使用安全；且使用寿命长，大大降低了后期维修的次数和费用，无论在使用安全还是保温节能方面，均取得了良好的社会和经济效益。

2.8.3 一体化遮阳窗技术与应用

1. 技术要求

遮阳是控制夏季室内热环境质量、降低制冷能耗的重要措施。遮阳装置多设置于建筑透光围护结构部位，以最大限度地降低直接进入室内的太阳辐射。将遮阳装置与建筑外窗一体化设计便于保证遮阳效果、简化施工安装、方便使用保养，并符合国家建筑工业化产业政策导向。

活动遮阳产品与门窗一体化设计是主要受力构件或传动受力装置与门窗主体结构材料或与门窗主要部件通过设计、制造、安装成一体，并与建筑设计同步的产品。主要产品类型有：内置百叶一体化遮阳窗、硬卷帘一体化遮阳窗、软卷帘一体化遮阳窗、遮阳篷一体化遮阳窗和金属百叶帘一体化遮阳窗等。

分类如下：

（1）按遮阳位置分外遮阳、中间遮阳和内遮阳。

（2）按遮阳产品类型分内置遮阳中空玻璃、硬卷帘、软卷帘、遮阳篷、百叶帘及其他。

（3）按操作方式分电动、手动和固定。

2. 技术指标

影响一体化遮阳窗性能的指标有操作力性能、机械耐久性能、抗风压性能、水密性能、气密性能、隔声性能、遮阳系数（见表 2-40）、传热系数（见表 2-41）、耐雪荷载性能等详见《建筑一体化遮阳窗》JG/T 500，施工时应符合《建筑遮阳工程技术规范》JGJ 237。

遮阳性能分级表 表 2-40

分级	2	3	4
指标值	0.6<SC≤0.7	0.5<SC≤0.6	0.4<SC≤0.5
分级	5	6	7
指标值	0.3<SC≤0.4	0.2<SC≤0.3	SC≤0.2

注：一体化遮阳窗遮阳性能以遮阳部件收回、伸展状态下遮阳系数 SC 表示。

传热系数分级表

表 2-41

分级	1	2	3	4	5
分级指标值/[W/(m²·K)]	$K \geqslant 5.0$	$5.0 > K \geqslant 4.0$	$4.0 > K \geqslant 3.5$	$3.5 > K \geqslant 3.0$	$3.0 > K \geqslant 2.5$
分级	6	7	8	9	10
分级指标值/[W/(m²·K)]	$2.5 > K \geqslant 2.0$	$2.0 > K \geqslant 1.6$	$1.6 > K \geqslant 1.3$	$1.3 > K \geqslant 1.1$	$K < 1.1$

注：一体化遮阳窗保温性能以遮阳部件收回、伸展状态下窗传热系数 K 值表示。

3. 适用范围

适合于我国寒冷、夏热冬冷、夏热冬暖、温和等地区的工业与民用建筑。

4. 工程案例

（1）工程概况

某科技馆工程位于西北地区，地上四层，建筑面积 19600m²。主体结构为钢筋混凝土框架剪力墙结构。在标高 0.15m 至屋顶结构之间，采用了竖向铝板金属装饰百叶进行光照调节，板材宽度为 600mm，竖向长度达到 30m，上下两端进行固定，板材中轴增加竖向钢轴，百叶根据日照调整角度，以确保室内光照舒适。

（2）工程特点

大型公共建筑通常具有能耗高的问题，采取建筑外遮阳技术，在提高室内光照舒适度，同时对降低能源消耗具有积极的作用。

在建筑外立面采用百叶幕墙作为遮阳技术实施时，可使用竖向百叶和水平百叶实施，百叶直线长，转换节点荷载控制难度大，针对不同的建筑立面所采用的百叶材料，其相应节点构造有所不同，需要进行专业的二次深化设计。在加工、安装均存在差异，工艺体系难以统一。

为更好地与每日的光照角度结合，将百叶设计成慢速旋转的结构，其制动旋转系统需要更为精确控制，其支撑节点的旋转系统和制动系统专业性强，设计、施工难度较大。

（3）方案实施

1）工艺流程

测量放线、预埋件的复核→百叶幕墙光照分析、旋转角度分析、完成深化设计→后置埋件定位安装→支撑龙骨系统加工及安装→百叶安装→幕墙防雷安装→密封打胶→旋转系统安装调试。

2）技术要点

百叶幕墙由支撑龙骨系统、百叶、旋转制动系统组成，龙骨系统通常为可旋转的型钢体系或钢缆系统，幕墙端部预留的结构构件或型钢悬挑梁作为固定支撑点，进行安装固定，将支撑百叶的龙骨安装在支撑系统的主龙骨轴上。通过旋转制动系统对百叶的旋转角度进行控制和设定，避免室外强光的直射而出现的室内眩光，同时提高室内光照环境的舒适度。

旋转角度分析确定：根据建筑物所在地光照情况进行建筑物的光照分析，统计出光照规律，计算确定不同朝向、不同季节的遮阳角度。

支撑龙骨系统的安装：提前进行旋转百叶幕墙的深化设计，确定出支撑龙骨系统的支点位置，在结构施工阶段进行钢筋混凝土悬挑结构的施工，或在结构外立面预埋钢板，后期采用焊接型钢悬挑梁的方式作为支撑点。

百叶安装及旋转角度调试：百叶提前进行分段设计，根据百叶的形状及角度定制加工并进行编号，进入现场后按照编号进行分段安装，并对初始角度进行二次校核和调整，采用栓钉进行固定，竖向接缝和水平接缝采用耐候密封胶进行打胶密封，最后进行旋转制动系统的安装和调试。

3）计算验算与监测

竖向百叶幕墙的旋转角度计算验算通过选取典型日及一天中不同时间段，结合日照角度在保证室内较为舒适的光照强度前提下，对百叶角度进行设定。计算采用 Dexktop Radiance2.0 软件对特定条件下的室内光照分布进行计算模拟。

参数确定：

选取 1 月 1 日，7 月 1 日为典型日，并在一天中选择 9：00、11：00、16：00 三个时段为典型时间段进行分析。

地点：工程项目所在地，具体扩充数据为经度 112.75°，纬度 37.68°。

百叶的宽度：600mm

两百叶间距：600mm

百叶幕墙朝向：东（东立面为玻璃幕墙，外设百叶幕墙）

计算结果分析：

① 典型日 1 月 1 日 9：00 时：查表可得高度角为 13 度。如图 2-124 所示。

最大光照强度：竖直百叶为 3500lx。

工作面照度分布的均匀程度：0.70。

② 典型日 1 月 1 日 11：00 时：查表可得高度角为 25 度。如图 2-125 所示。

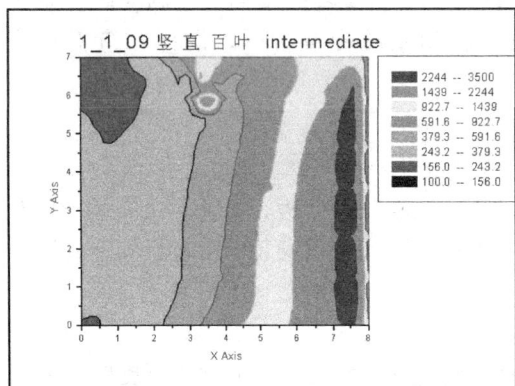

图 2-124

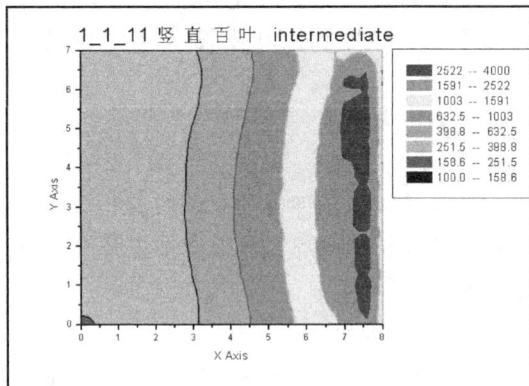

图 2-125

最大光照强度：竖直百叶为 4000lx。

工作面照度分布的均匀程度：0.70。

③ 典型日 1 月 1 日 16：00 时太阳位于建筑西侧，故东向立面没有直射太阳光，室内照度主要由天空散射光决定，竖直旋转百叶旋转至 90 度。

④ 典型日 7 月 1 日时 9：00，太阳靠近正东位置，太阳高度角为 48 度。如图 2-126

所示。

最大光照强度：竖直百叶为16000lx。

工作面照度分布的均匀程度：0.66。

⑤ 典型日7月1日时11：00，太阳靠近正东位置，太阳高度角为78度。如图2-127所示。

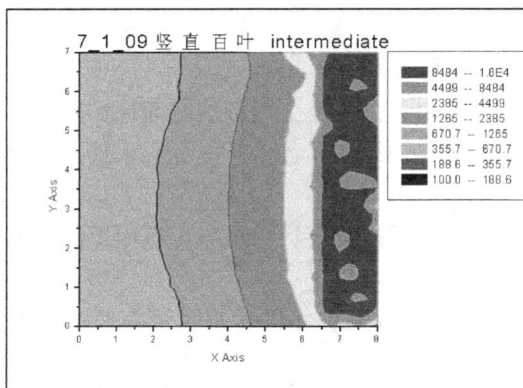

图 2-126

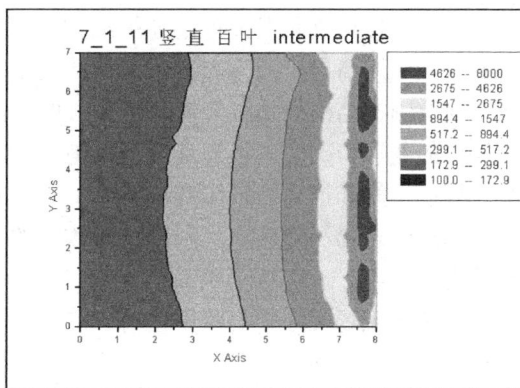

图 2-127

最大光照强度：竖直百叶为8000lx。

工作面照度分布的均匀程度：0.67。

⑥ 典型日7月1日16：00时太阳位于建筑西侧，故东向立面没有直射太阳光，室内照度主要由天空散射光决定，竖直旋转百叶旋转至90度。

因此，将百叶旋转角度设定为0~90度之间可以为室内提供较为舒适的光照环境。

（4）实施效果

对金属百叶幕墙截面形式进行设计，对旋转百叶幕墙的可旋转支撑节点及可旋转主轴龙骨进行创新设计，实现了金属百叶幕墙的旋转安装要求，实现了节能降耗的要求。

与传统的幕墙相比，该幕墙的费用较高，但对节约大型公用建筑能耗方面具有明显优势，具有一定的经济效益。经统计，在空调使用方面可降低能耗15%，节约照明用电10%，经济效益显著。

2.9 建筑工程监测技术与应用

2.9.1 深基坑施工监测技术与应用

1. 技术要求

基坑工程监测是指通过对基坑控制参数进行一定期间内的量值及变化进行监测，并根据监测数据评估判断或预测基坑安全状态，为安全控制措施提供技术依据。

监测内容一般包括支护结构的内力和位移、基坑底部及周边土体的位移、周边建筑物的位移、周边管线和设施的位移及地下水状况等。

监测系统一般包括传感器、数据采集传输系统、数据库、状态分析评估与预测软件等。

通过在工程支护（围护）结构上布设位移监测点，进行定期或实时监测，根据变形值判定是否需要采取相应措施，消除影响，避免进一步变形发生的危险。监测方法可分为基准线法和坐标法。

在水平位移监测点旁布设围护结构的沉降监测点，布点要求间隔 15～25m 布设一个监测点，利用高程监测的方法对围护结构顶部进行沉降监测。

基坑围护结构沿垂直方向水平位移的监测，用测斜仪由下至上测量预先埋设在墙体内测斜管的变形情况，以了解基坑开挖施工过程中基坑支护结构在各个深度上的水平位移情况，用以了解和推算围护体变形。

邻近建筑物沉降监测，利用高程监测的方法来了解邻近建筑物的沉降，从而了解其沉降状态。

在施工现场沉降影响范围之外，布设 3 个基准点为该工程邻近建筑物沉降监测的基准点。

邻近建筑物沉降监测的监测方法、使用仪器、监测精度同建筑物主体沉降监测。

2. 技术指标

（1）变形报警值。水平位移报警值，按一级安全等级考虑，最大水平位移≤0.14%h；按二级安全等级考虑，最大水平位移≤0.3%h。

（2）地面沉降量报警值。按一级安全等级考虑，最大沉降量≤0.1%h；按二级安全等级考虑，最大沉降量≤0.2%h。

（3）监测报警指标一般以总变化量和变化速率两个量控制，累计变化量的报警指标一般不宜超过设计限值。

3. 适用范围

用于深基坑钻（挖）孔灌注桩、地连墙、重力坝等围（支）护结构的变形监测。

4. 工程案例

（1）工程概况

某商业工程西、北临城市主干道路，南紧邻铁路用地，东靠 E-14 停车场。建筑面积 53800m²，地面建筑高度 83m。两栋高层建筑，地上为 19 层，地下 3 层，基础最大埋深为 13.6m。基坑围护结构为桩墙结构，一桩一锚。地基采用 CFG 桩处理。如图 2-128 所示。

（2）工程特点

地质条件：人工填土层；黏质粉土、粉质黏土、砂质粉土薄层或透镜体、重粉质黏土、粉细砂、圆砾层。筏板基础位于粉细砂、圆砾层上。地下水类型为潜水。

周围环境：临近地面建筑设施密集、地下水丰富、受施工影响的道路为城市主干道，交通繁忙。地下有供热暗沟、燃气管道、自来水管道、雨污水管道和电力电线。

本工程周边紧临市区繁华路段的市政道路，且受既有建（构）筑物与已投入使用的公共市政管道设施的影响。为确保安全，本工程基坑围护结构除建设单位委托的独立第三方进行监测外，施工单位同时自行组织相同的施工监测，相互比对，以验证支护结构设计工况和预测、控制基坑围护及周边地表真实变形。

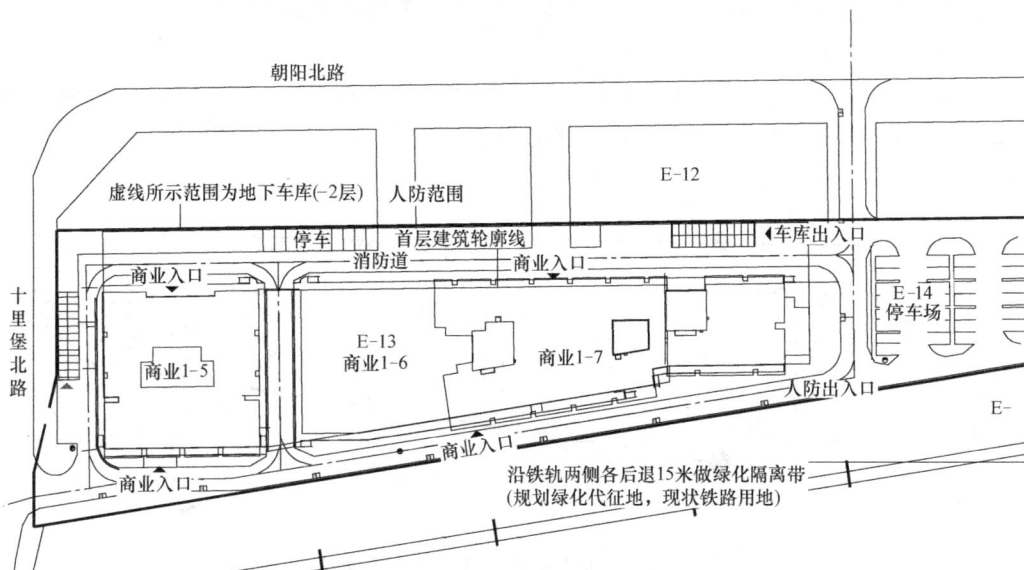

图 2-128　现场平面图

（3）方案实施

1）监测仪器设备：见表 2-42。

监测仪器设备选用　　　　　　　　　　　　　　　　表 2-42

序号	监测项目	监测仪器	监测精度	监测方法
1	地下基础沉降	DiNi03 电子水准仪	0.3mm	水准测量法
2	地上建（构）筑物沉降	同上	0.3mm	
3	围护桩墙顶水平位移	莱卡全站仪	1″,1mm＋2ppm	极坐标法
4	锚固力	MSJ-201 型测力计	1.0％F·S	ZXY-2 型频率读数仪进行测读
5	结构裂缝	裂缝仪	0.1mm	
6	测斜仪	XBHV-4	0.1mm/500mm	

2）监测点布设

① 基准点布设

依据现场实际情况，拟制作 3 个基准点，6 个工作基点；均埋设在基坑沉降影响范围以外的稳定区域内，以保证点位地基坚实稳定、不受施工干扰。

基准点与工作基点采用标准地表桩，埋入原状土，并做好井圈和井盖。或钻孔打入 1 米以上的螺纹钢筋做地表观测桩，并同时打入保护钢管套。测点和基准点如图 2-129 所示。

基准点和工作基点埋设完毕并稳定后，按国家二等水准测量的要求进行高程的引测和联测。监测工作开始后还应对基准点和工作基点进行定期的检

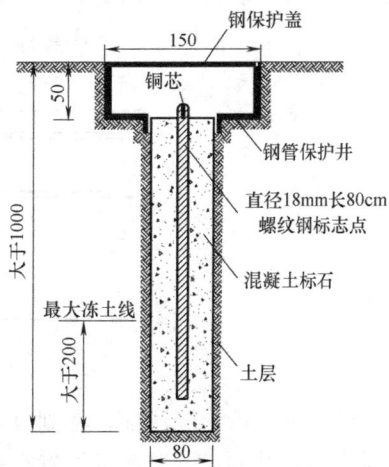

图 2-129　基准点布设示意图

测，检测时间间隔一般不超过 3 个月，具体也可视检测结果作适当的调整。

② 沉降监测点布设

根据对所观察建筑物的复杂性分析，地下结构采用从地下停车库底板开始进行观测，对地上建筑物结构从±0.00 以上进行观测以反映高层建筑物的沉降。如图 2-130、图 2-131所示。

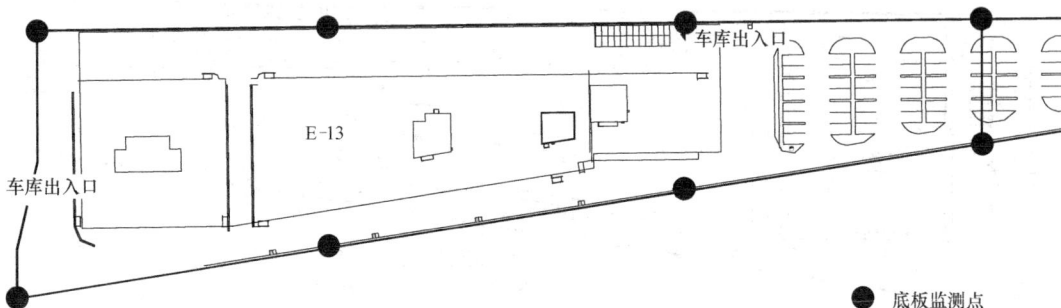

图 2-130　地下结构沉降监测点布置图

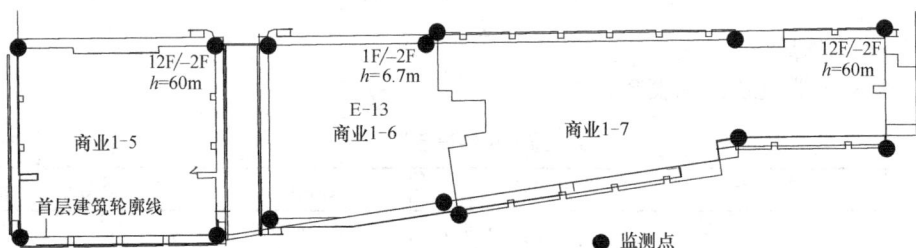

图 2-131　地上建筑物沉降监测点布置图

③ 水平位移监测点布设

围护结构桩顶水平位移监测采用视准线法测量，在基坑边线设置一条视准线，在该线两端设置工作基点，基线上埋设 6 个监测点（与地上建筑物测点对应位置）；并在桩顶部埋设强制对中装置。如图 2-132 所示。

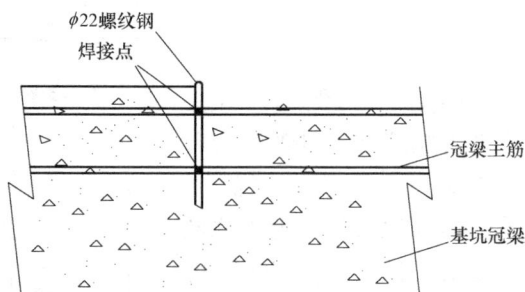

图 2-132　水平位移监测点埋设示意图

围护桩（墙）浇注前，将划有"十"字的 $\phi 22$ 螺纹钢筋（或棱镜）按照基线方向植入混凝土中，并固定。监测点设置在基坑围护桩圈梁较容易固定的地方，以便能够真实反映基坑侧向变形。

水平位移监测的控制点采用 2 个"强制对中"观测墩，在变形观测中定期对控制点的稳定性进行检核。

3）监测作业基本原则与要求

实施"五固定"：固定水准路线，固定工作基点，固定观测人员，固定观测仪器，固定观测环境条件，以提高观测数据的准确性，减少系统误差的影响。

① 每次观测之前晾仪器 30min；

② 烈日下观测使用测伞；温差变化较大时使用仪器罩；

③ 观测顺序为后前前后；

④ 在线路上预先量距，水准仪与水准尺之间的距离不超过 50m，分别在水准尺和测站处作相应标志；

⑤ 两次读数较差≤±0.5mm；

⑥ 两次读数高差较差≤±0.7mm；

⑦ 相邻两点间往返测高差之差限差≤±0.5mm；

⑧ 线路闭合差限差≤1.0；

⑨ 视距≤50m，前后视距差≤1.0m，视距累积差≤3.0m，视线高度≥0.3m；

⑩ 各周期观测前应检测基准点、工作点的稳定性。其高差较差应≤0.7mm。

凡超出规定限差要求的成果，均应进行重测。

4）监测结果分析

根据水准点高程测量数据整理出逐次沉降量统计表及曲线图；

根据位移测量数据整理出逐次位移量统计表及曲线图；

当天观测当天提供观测成果，分析变形是否过大、是否趋于稳定以及发生问题的原因。

5）质量安全控制要点

做好现场平面、高程控制网的保护，并定期复核；配备精密仪器，减少仪器本身误差对测量精度的影响；

测量工程师根据施工进度和监测方案的要求，安排监测任务，有必要的时候可加密监测频次；

现场测量人员固定，控制施工测量的人为误差；

作业人员进出现场，必须遵守工地的各项管理规定，严禁酒后作业；

作业前进行安全交底，风力在 5 级以上，停止测量作业；

在基坑边、洞口边测量时，要系好安全带。

（4）实施效果

根据工程特点，结合基坑围护设计，严格按规范和方案进行基坑监测，可以及时发现并识别基坑围护变形的风险，为工程正常施工和安全提供保障。

施工过程出现过两次预警报告，调整施工步骤与工序参数后，后续监测数据稳定，解除预警状态。后续施工进展顺利，直至工程出地面、肥槽回填完毕，基坑围护变形风险完全解除。

2.9.2 大型复杂结构施工安全性监测技术与应用

1. 技术要求

大型复杂结构是指大跨度钢结构、大跨度混凝土结构、索膜结构、超限复杂结构、施工质量控制要求高且有重要影响的结构、桥梁结构等，以及采用滑移、转体、顶升、提升等特殊施工过程的结构。

大型复杂结构施工安全性监测以控制结构在施工期间的安全为主要目的，通过检测结构安全控制参数在一定期间内的量值及变化，并根据监测数据评估或预判结构安全状态，必要时采取相应控制措施以保证结构安全。监测参数一般包括变形、应力应变、荷载、温度和结构动态参数等。

监测系统包括传感器、数据采集传输系统、数据库、状态分析评估与显示软件等。

2. 技术指标

监测技术指标主要包括传感器及数据采集传输系统测试稳定性和精度，其稳定性指标一般为监测期间最大漂移允许的范围，测试精度一般满足结构状态值的5％以内。监测点布置与数量满足工程监测的需要，并满足《建筑与桥梁结构监测技术规范》GB 50982—2014等国家现行监测、测量等规范标准要求。

3. 适用范围

大跨度钢结构、大跨度混凝土结构、索膜结构、超限复杂结构、施工质量控制要求高且有重要影响的建筑结构和桥梁结构等，包含有滑移、转体、顶升、提升等特殊施工过程的结构。

4. 工程案例

（1）工程概况

某工程总建筑面积约43万 m^2，建筑高度超500m，地上108层，地下室7层，结构类型为钢板剪力墙（钢骨剪力墙）核心筒＋巨柱＋巨型斜撑＋转换桁架＋组合楼承板复杂结构，总用钢量达12万 t，建筑单体用钢量巨大，建筑结构突破常规，高新技术含量大。

（2）工程特点

本工程塔楼总高度528m，属超高层建筑，结构形式特殊，施工难度大。随着钢结构安装及混凝土结构施工的进行，在结构自重、风荷载、日照和温差等天气变化的影响下，结构三维方向上不断发生变化，这些变化将直接影响建筑的总体高度、楼面平整度、伸臂桁架受力，从而影响机电、幕墙及装修的施工，以及塔楼施工、使用阶段的安全性。施工期间结构沉降观测、参考层监测（竖向变形监测、水平变形监测）、楼体整体垂直度监测等监测应为保障施工安全，控制结构施工过程，优化施工工艺及实现结构设计要求提供技术支持。如图2-133所示。

（3）方案实施

1）结构控制

① 一般规定

根据本工程的结构特点，采用内控法对主体结构进行测量控制。平面建立多个控制网转换层进行轴线传递，高程传递用天顶法。施工过程中，将进行竖向位移、施工现场气象及环境等监测，设置沉降观测点进行实时沉降观测。

② 平面控制

本工程采用高精度激光铅直仪进行控制点竖向传递，在接收激光点位楼层内再次放样并进行闭合复测，最终确定该楼层控制网。为提高激光点位捕捉的精度，减少分段引测的误差积累，激光接受靶接收激光点位示意图如图2-134所示。

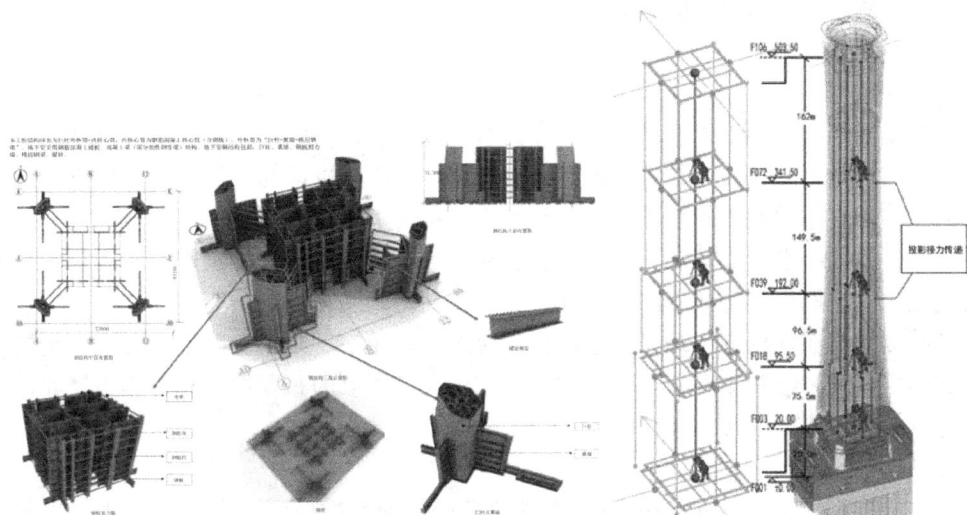

图 2-133　复杂结构监测重难点示意图

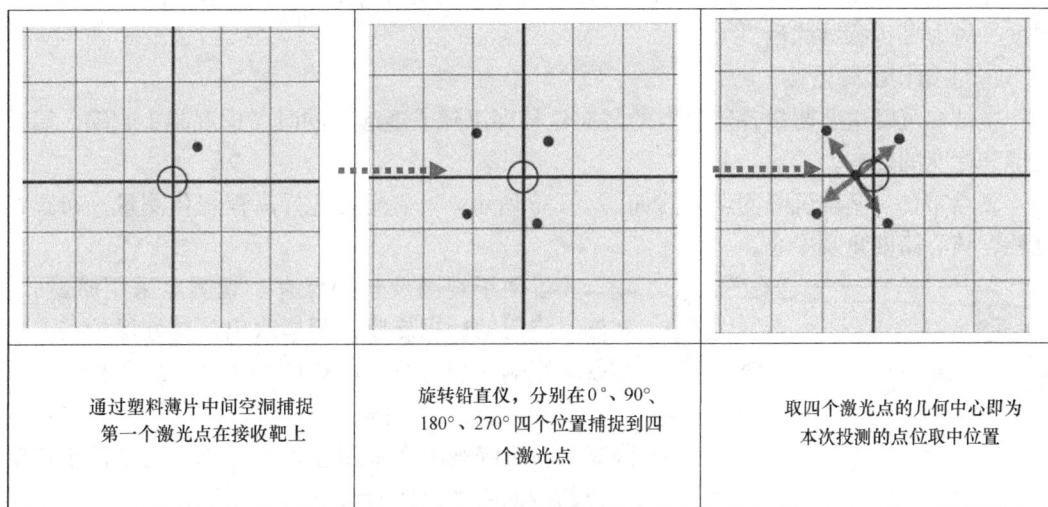

通过塑料薄片中间空洞捕捉第一个激光点在接收靶上	旋转铅直仪，分别在0°、90°、180°、270°四个位置捕捉到四个激光点	取四个激光点的几何中心即为本次投测的点位取中位置

图 2-134　平面控制闭合复测图

根据工程特点进行内控制网的测放后，利用 GPS 静态测量方法对特定转换层的控制网进行复核，依据数据所得调整控制点位置，以确保主体结构垂直度的控制。

③ 标高控制

高程传递采用水准仪、全站仪、大盘钢卷尺进行高程控制。用全站仪从首层每 50m 左右引测一次，50m 之间各楼层的标高用钢卷尺顺主楼核心筒外墙面往上量测，在利用钢卷尺进行丈量时，并在夏季和冬季进行尺长改正。

顶升钢平台的控制：顶升钢平台中有 12 个负责承受整个钢平台的受力构件，通过控制这 12 个承力件的相对高差，为主楼整体结构的垂直度以及整个钢平台的平稳状态提供数据支持。承力件在初次安装时是理想水平状态，但升高至 500m 高度过程中，会因对接偏差的累积等原因使 12 个点位的承力件之间的高差加大，因此需每隔 50m 对同层承力件标高进行复测并进行承力件标高的调整。

2）变形测量

① 监测基准网

在施工场地外布设永久性基准点，作为监测控制点；Ⅰ级场区控制基准点埋设在施工场地以外的较稳定的地方；Ⅱ级场区控制点埋设在核心筒可以与上层通视的地方，其中首层上的工作基点作为上部各参考楼层临时工作基点的引测基准。

为保证监测结果不受基准点可能存在位移和沉降的影响，必须定期对基准点的稳定性进行监控，即定期检测基准点间的边长、夹角、高差的变化情况。

各种测点需在现场进行编号标志，标志应醒目、统一、耐水、防水、美观。现场测点布设完毕后，及时绘制测点布设分布图，详细记录各测点的布置位置和各相关尺寸，作为计算分析的基本依据。

② 监测测试方法

主结构沉降采用 0.3mm/km 电子水准仪精密几何水准监测；参考层监测（竖向变形监测、水平变形监测）采用精密水准仪、0.5″级全站仪、激光铅直仪等设备进行监测；楼体整体垂直度采用数字测斜仪、GPS 卫星定位系统等设备进行监测；气象环境采用温度、湿度、风力等传感器测量。

③ 主结构沉降监测

主结构沉降主要测量各监测点的竖向位移即沉降或隆起，同时考虑混凝土收缩、温差变形和徐变的影响。

测点布置：基础沉降测点布置如图 2-135 所示，9 个测点进行高程变化测量，布置在巨柱、核心筒四角及中心。

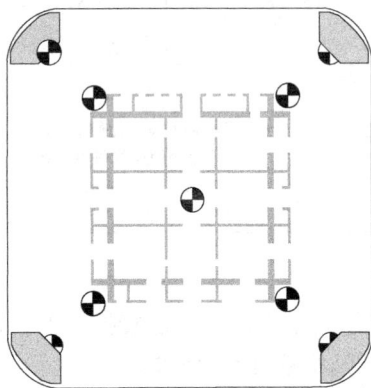

图 2-135　沉降观测点布置图

为了便于观测及长期保存，观测点采用暗藏式。观测时将活动标志旋紧，测毕取出，盖好保护盖。这样既不影响建筑物的外观又起到保护标志的作用。

变形测量方法：按一级几何水准测量方法进行沉降观测。沉降观测点采用埋入式标志，通常位于选定柱位的侧面离楼板地面约 300mm 高的位置。

④ 参考楼层监测（竖向变形监测、水平变形监测）

参考楼层监测内容包括竖向变形监测、水平变形监测等。通过监测这两项内容，可及时反馈给竖向测量补偿计算小组，为构件竖向补偿计算提供实测依据。

参考层设置：在地面层以上被监测楼层称为参考层，沿建筑高度设置 9 层，布设桁架层顶、屋顶层等。如图 2-136 所示。

点位布置：塔楼区每个参考层布置 4 个监测点。监测点布置在选定柱位的侧面离楼地面约 1500mm 高的位置。如图 2-137 所示。

竖向变形监测：同时对上下监测层进行观测，将两端高程相减，便得到该竖向压缩变形值。将首次观测值作为初始值，以后每次观测的数值和初始值进行比较。

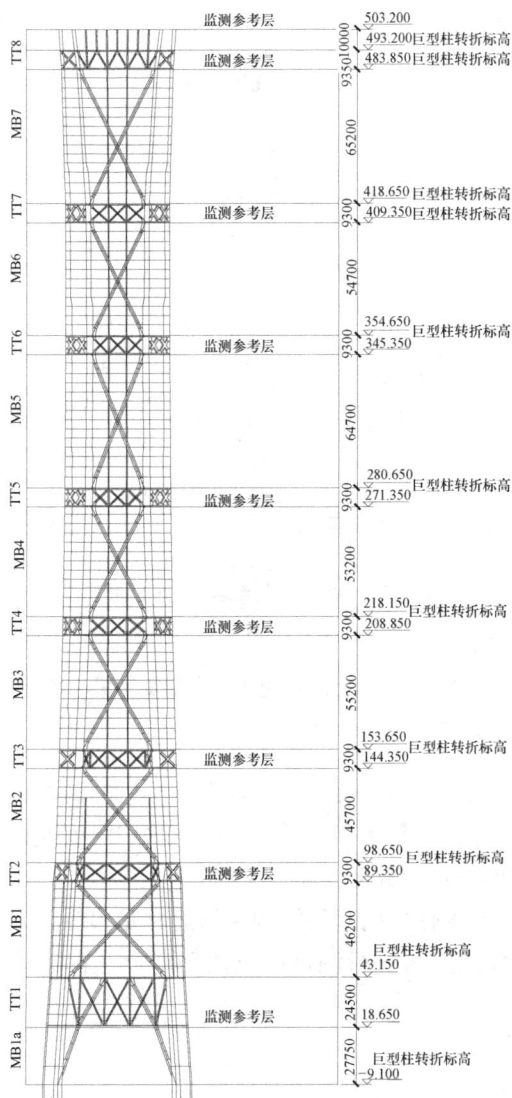

图 2-136　参考楼层立面分布图

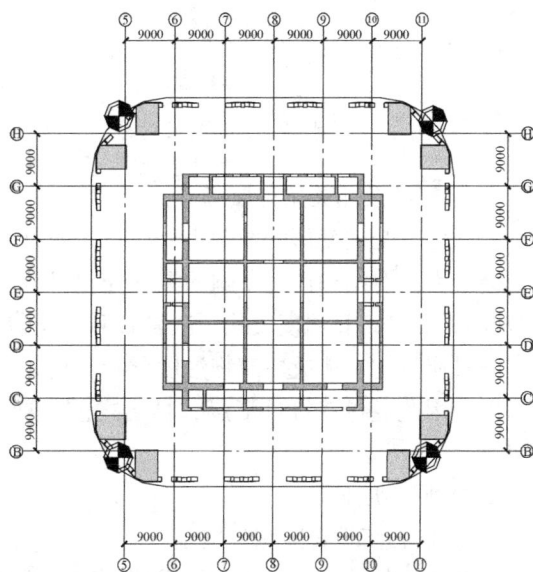

图 2-137　参考楼层监测点布置图

水平位移监测：外部在一定高度内采用全站仪坐标法，在楼体四角安装观测棱镜进行监测。内部采用 1/200000 激光铅直仪配合全站仪进行监测。如图 2-138 所示。

⑤ 楼体整体垂直度

采用 GPS 系统监测：GPS 系统基本原理是通过 GPS 接收器对卫星信号的接收确定其在全球经纬系统中的定位，再通过基站与被测点间的相对定位确定被测点的 3D 位移变化。

GPS 监测点位布置：在屋顶上合适的位置布设 2 个 GPS 监测点，所有监测点都采用钢制强制对中杆，安置位置不影响屋顶设备的正常使用。

监测技术要求：选择数据采集频率为 5Hz 高采样率的 GPS，采连续观测 48h，通过处理得到每个测点的平均值、观测点连续观测不同时刻的数值及周期之间平均值差值的比较。并绘制数据曲线。如图 2-139 所示。

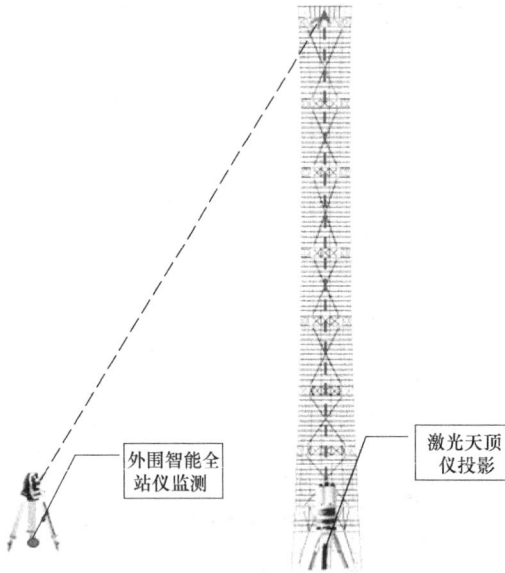

图 2-138　水平位移监测示意图

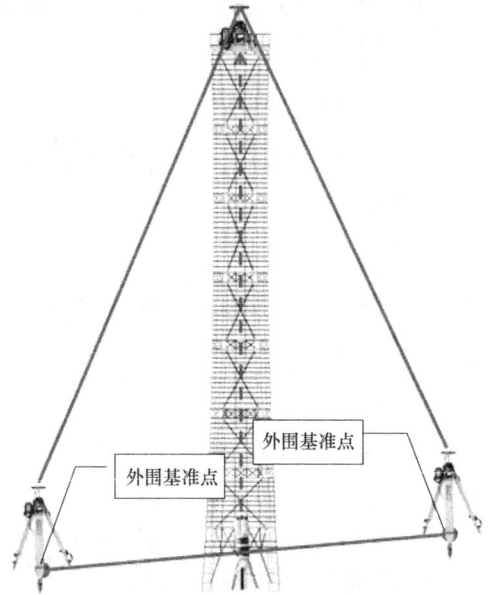

图 2-139　激光贯通测量与 GPS 复核示意图

⑥ 气象及相关条件监测

温度对结构变形的影响十分明显，而整个建筑物的施工时间跨度较大，经历的温度变化会较大。对结构产生影响的温度变化可分为三种：一是季节温差（可归于均匀温度变化范围）；二是每日温度变化；三是日照不均造成的不均匀温度变化。

日照不均匀造成建筑物温度分布不均匀，该温度作用引起的结构变形通常是很难精确算出，因此通过在每日清晨、日出之前（或选择阴天）进行测试的方法回避此法的不确定性。

3）同心度控制

① 核心筒垂直度测量控制

核心筒的测量平面控制拟采用内控方法进行，即在核心筒外四角设立控制点，利用激光铅直仪将控制点向上传递，在作业层形成控制网。核心筒采用爬模施工，为防止测量受施工过程影响，设计出专用测量支架，将此支架架设在核心筒角柱外伸牛腿上。

② 外框垂直度测量控制

为保证外框与核心筒顺利衔接，必须统一使用同一套控制网系统；避免不同控制测量控制网的系统误差。

核心筒进度领先外框 3～6 节柱，外框筒钢柱校正的激光传递时，核心筒只有竖向墙体，外框只有钢框架，没有混凝土楼板，而压型钢板不够稳定，晃动太大，根本无法架设仪器，受到悬空无测量作业面、控制点无附着面的影响，因此在测量作业层核心筒四角架设测量平台，确保点位稳定接收。

外框筒施工时，将核心筒施工时的测量控制点传递到作业层进行角度距离校核，并与核心筒施工时做的大角线进行比对，无误后校正外框钢柱及其他测量工作。

③ 其他同心度、垂直度控制措施

选用 1/200000 高精度激光铅直仪配合数显激光接收靶，分段竖向传递，提高竖向控制网传递精度。塔楼地上控制轴线的引测采用天顶投影法，选用精度 1/200000 的激光铅直仪配合电子数显激光靶。为避免受结构自振、风振、日照和施工过程中变形的影响，控制点采用分阶段传递的方法进行，接力层分别选在 F019、F038、F057、F077、F097 层上。并且采用 GPS 测量技术进行校核，确保竖向传递精度。

选取合适测量时机，控制单次测量持续时间，减少外界环境对测量精度的影响。合理进行施工部署，测量作业避开大型设备作业高峰期。增加测回数，采用全站仪进行校核和闭合检查工作，减少误差累积。

（4）实施效果

通过结构沉降观测、参考层监测（竖向变形监测、水平变形监测）、楼体整体垂直度监测、气象环境监测、同心度观测等测量反馈，结构累计沉降量约 7cm，垂直度偏差控制在 1cm 以内，结构同心度无扭转，塔楼结构在施工过程中均处于设计及规范允许误差范围内。

本工程多项主体结构施工安全性监测的应用，基于数据反馈与分析，及时掌握了结构施工期间的主体结构的各种工况状态，为采取有针对性的纠偏及预控措施提供了有力的保障，确保了塔楼主体结构在施工过程中的安全、质量。

2.10　信息化技术与应用

2.10.1　基于 BIM 的现场施工管理信息技术与应用

基于 BIM 的现场施工管理信息技术是指利用 BIM 技术，并借助移动互联网技术实现施工现场可视化、虚拟化的协同管理。在施工阶段结合施工工艺及现场管理需求对设计阶段的 BIM 模型进行信息添加、更新和完善，以得到满足施工需求的施工阶段的 BIM 模型。依托标准化项目管理流程，结合移动应用技术，通过基于施工模型的深化设计，以及场布、施组、进度、材料、设备、质量、安全、竣工验收等管理应用，实现施工现场信息高效传递和实时共享，提高施工管理水平。

1. 技术内容

（1）深化设计：基于施工 BIM 模型结合施工操作规范与施工工艺，进行建筑、结构、机电设备等专业的综合碰撞检查，解决各专业碰撞问题，完成施工深化设计，完善施工模型，提升施工各专业的合理性、准确性和可校核性。

（2）场布管理：基于施工 BIM 模型对施工各阶段的场地地形、既有设施、周边环境、施工区域、临时道路及设施、加工区域、材料堆场、临水临电、施工机械、安全文明施工设施等进行规划布置和分析优化，以实现场地布置科学合理。

（3）施组管理：基于施工 BIM 模型，结合施工工序、工艺等要求，进行施工过程的可视化模拟，并对方案进行分析和优化，提高方案审核的准确性，实现施工方案的可视化交底。

（4）进度管理：基于施工 BIM 模型，通过计划进度模型（可以通过 Project 等相关软件编制进度文件生成进度模型）和实际进度模型的动态链接，进行计划进度和实际进度的对比，找出差异，分析原因，BIM 4D进度管理直观的实现对项目进度的虚拟控制与优化。

（5）材料、设备管理：基于施工BIM模型，可动态分配各种施工物资（材料）和设备，并输出相应的材料、设备需求信息，并与材料、设备实际消耗信息进行比对，实现施工过程中材料、设备的有效控制。

（6）质量、安全管理：基于施工BIM模型，对工程质量、安全关键控制点进行模拟仿真以及方案优化。利用移动设备对现场工程质量、安全进行检查与验收，实现质量、安全管理的动态跟踪与记录。

（7）竣工管理：基于施工BIM模型，将竣工验收信息添加到模型，并按照竣工要求进行修正，进而形成竣工BIM模型，作为竣工资料的重要参考依据。

2. 技术指标

（1）基于BIM技术在设计模型基础上，结合施工工艺及现场管理需求进行深化设计和调整，形成施工BIM模型，实现BIM模型在设计与施工阶段的无缝衔接。

（2）运用的BIM技术应具备可视化、可模拟、可协调等能力，实现施工模型与施工阶段实际数据的关联，进行建筑、结构、机电设备等各专业在施工阶段的综合碰撞检查、分析和模拟。

（3）采用的BIM施工现场管理平台应具备角色管控、分级授权、流程管理、数据管理、模型展示等功能。

（4）通过物联网技术自动采集施工现场实际进度的相关信息，并与BIM模型计划进度信息进行对比，实现施工进度计划的实时监控和管理。

（5）利用移动设备，可即时采集图片、视频信息，并能自动上传到BIM施工现场管理平台，责任人员在移动端即时得到整改通知、整改回复的提醒，实现安全和质量管理任务在线分配、处理过程及时跟踪的闭环管理等要求。

（6）运用BIM技术，实现危险源的可视标记、定位、查询分析。安全围栏、标识牌、遮拦网等需要进行安全防护和警示的地方在模型中进行标记，提醒现场施工人员安全施工。

（7）应具备与其他系统进行集成的能力。

3. 适用范围

适用于建筑工程项目施工阶段的深化设计、场布、施组、进度、材料、设备、质量、安全等业务管理环节的现场协同动态管理。

4. 工程案例

（1）工程概况

某市民服务中心项目，总建筑面积约 10.34 万 m^2，主要功能包含规划展示中心、会议培训中心、政务服务中心、企业办公用房、周转用房、生活用房、管委会办公及管理集团办公用房 8 个建筑。结构形式为钢框架结构和钢结构集成模块，建筑高度 13.55m（最高），层数 1~5 层。

（2）工程特点

本项目功能齐全、业态丰富，各种结构形式、机电系统、装饰做法都有涉及，总工期

112d，需各单位、各专业、各工作任务协同工作。建立基于互联网的项目多方协同管理系统，形成智慧建造系统，实现项目参与方信息共享、实时沟通，以最大程度提高项目多方协同管理水平，实现施工现场能够按计划高效有序地推进。

（3）方案实施

1）总体架构

施工现场物联网应用方案由感知层、传输层、支撑层和应用层组成，通过建立统一的技术和管理平台，实现系统在施工现场管理各环节的综合应用。如图 2-140 所示。

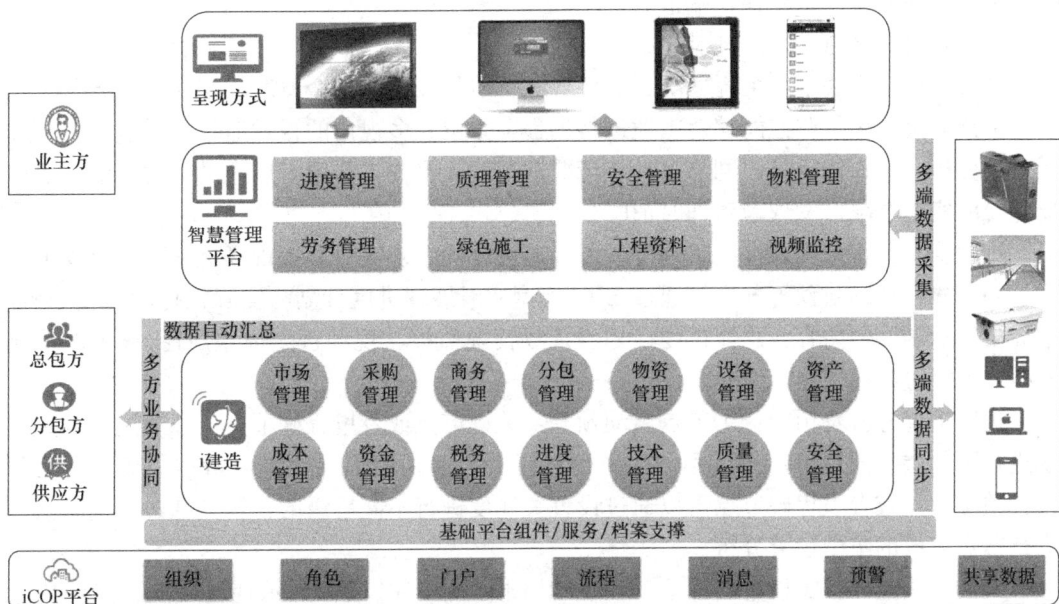

图 2-140　施工现场物联网应用方案架构图

部署架构：建筑工地采用了作业区终端＋云端管理平台的应用模式。系统依托于工地有线/无线局域网、无线/有线传感网、数据接收设备以及相关传感设备等信息基础设施，通过统一的系统门户登录工地物联网管理平台。

配套设施：通过内部局域网，将各软件子系统和终端设备进行关联。施工现场在安装设备的地方，要建设配套的网口和电源口，实现局域网布线。在"＊＊云"进行管理和数据存储。

2）解决方案

基于 BIM 的现场施工管理信息技术与应用而开发的智慧建造系统，即智慧建造协同项目管理平台。通过构建"项目—公司—企业（组织）"的机构层级，利用云服务架构与多用户账号，实现对跨区域的多个承建单位、多个公司、多个项目部工地数据的汇总、分析；为管理人员提供数据决策支持。同时通过权限控制各个工地的应用与数据访问权限。

基础数据管理：实现对所有建筑工地项目信息的维护、配置和管理。每个项目工地将分配一个工地代码，根据工地代码按照层级实现工地的数据汇总。

管理分析报表：采用统计报表、曲线图或柱状图等方式，按照年、月、天、小时等定制条件对实名制人员数据、大体积混凝土无线测温数据、噪声扬尘监测数据等业务运行情况进行查询、汇总。

系统管理：实现数据汇总机构层级的管理以及用户角色和权限的统一管理。

远程数据接收：实现对各工地数据上报来源、时间、数据包大小等详细情况的自动记录，数据接收出现异常时可根据接收记录对上报数据进行追溯。

移动端数据推送：根据监测频度与并发量情况，平台服务器定期将获取的监测数据推送到移动端。

智能预警：根据实际监管需要，对各类监控对象设置不同的预警条件、报警方式和上报对象，实现预警消息的移动端推送。

3）施工现场信息管理与应用

平台数据门户展示：工程概况、进度概况、质量概况、安全概况、实时监测概况。

全景监控：全景监控能够对工地进行远程全方位、多视角的视频监控，对监控画面进行智能分析，对人群聚集、剧烈晃动等情况进行远程报警。帮助管理人员即时了解工地现场施工的实时情况，发现隐患即时消除。

进度管理：智慧工地进度管理中，可以通过协同系统实时监控现场进度，节点及里程碑计划的执行情况与预警分析，通过 BIM 模型实时展现进度计划与实际执行的对比分析，主界面展示四部分内容：总体进度计划、现场情况监控、现场进度周报/日报、进度情况分析及预警等内容。

进度情况分析及预警：①节点启动预警：关键节点或者里程碑节点可以通过设置关注度进行不同层级的预警；通过不同的颜色进行节点启动的集中预警分析；②节点完成预警：关键节点或者里程碑节点可以通过设置关注度进行不同层级的预警；通过不同的颜色进行节点完成的集中预警分析。

现场质量监控：①质量图片滚动；②BIM 模型中 GIS 图标展示现场相应位置的质量图片或问题；③质量数据监控（大体积无线测温、养护室温度等）。

质量问题统计：总体显示质量检查数量、下发整改的数量、已整改数量、整改完成率。

质量问题分析：按区域（部位）、按时间、按分包单位、按责任人分别进行质量问题数量统计。

安全管理：利用 APP 端安全检查收集安全隐患整改数据，逐步建立隐患问题数据库，统计近 1 个月的安全隐患数量、待整改回复的隐患数量、待复查的隐患数量、隐患整改完成率以及重大危险源数量等信息。

危险源监控：①现场安全图片滚动；②BIM 模型中 GIS 图标展示现场相应位置的安全图片或问题；③设备数据监控（大型设备、车辆的安全数据）。

安全问题统计：总体显示安全检查数量、下发整改的数量、已整改数量、整改完成率。

重大危险源分析：按区域（部位）、按时间、按分包单位、按责任人分别进行安全问题数量统计分析。

移动检查：利用移动端完成"发现安全隐患-指派-整改-复查"的安全检查工作，收集的安全隐患整改数据上传至安全问题数据库，通过统计分析得出重大危险源清单，提前制定或调整安全预防措施，及时将危险因素消除，提高现场检查和整改的效率。

智能防火：现场设置智能烟感设备，当出现火情时感应生成的烟雾，及时进行声光报警，并将报警信息自动推送至管理人员 APP，提高火灾的反应能力，有效预防火情扩大，保护施工人员及工地财产安全。

物料管理：主要材料累计收发汇总，实时汇总和展现钢筋、混凝土、砂石等主要材料从开工到结束为止累计收料情况和累计消耗情况。

现场应用：现场管理人员通过 APP 对现场物资进行全面管理，及时记录采购物资的收料情况和耗用情况，并将相关信息实时同步到智慧建造协同项目管理平台，租赁物资的进场情况和退场情况，随时自动统计生成物资收发存汇总表、物资收发存明细表、物资收发存台账纪录、租赁周转材料进出统计、物资损耗的统计和采购报表等。

全自助劳务实名制管理：工地使用"建筑工人实名制管理平台自助终端"进行实名制管理。"建筑工人实名制管理平台自助终端"是集工人身份信息采集、安全培训、进退场确认、自助发卡、自助回收卡、考勤记录采集于一体的由工人自主完成进退场操作的自助终端。自助终端具有"快速制卡发卡"、"自动登记进场"、"全自助操作"等特点，有效帮助工人节省制卡时间，节约工地制卡的人力成本。

"双识别"考勤管理：通过"一卡通＋人脸识别"双识别方式，记录劳务人员进出施工现场时间。依托进出场记录，精确统计施工班组、个人每日出勤情况，月底形成月度考勤报表为工资结算发放提供依据，防范恶意讨薪，为解决劳资纠纷提供客观证据。通过进出场纪录，统计劳动力资源用工情况，为项目负责人根据实际进场人数调整制定月度计划，合理调剂现场劳动力提供数据参考。

实时定位劳动力管理：通过在安全帽安装 GPS 定位芯片，能够实时查看现场施工人员实时位置、移动轨迹，实现高效管理。此外，通过对所有施工人员定位信息采集，分析工作面劳动力分布情况及劳动力峰值分析，为管理人员合理分配现场劳动力，调整用工计划提供依据。同时，还可对施工现场的访客进行定位管理，查看其位置及移动轨迹，防止发生危险。

绿色施工方面：对工地现场的温度、湿度、$PM_{2.5}$、PM_{10}、风力、风向、噪音、污水等环境信息进行实时监测。按照各环境要素超标要进行报警。并统计空气质量、噪音、污水排放月度、年度达标情况，对工地总用水量、用电量进行实时监测，统计每月用水、用电量，实时进行能耗分析。

噪音扬尘监测：噪声扬尘自动监测系统依托自动化监测终端，可以在无人看管的情况下，针对不同环境扬尘重点监控区进行连续自动监测，并通过 4G 网络传输数据。污染物、噪音超出设定的限值时进行预警。排污监测系统对污水排放口 pH 值进行在线实时测量，污水排放不达标时及时报警。

工程档案管理子系统应用：该系统分为知识管理、文件管理、通知管理、人员管理、专家管理、服务商管理，可以为项目建造过程中的资料进行及时有效的分类存储、快速查询、在线查看。

（4）实施效果

智慧建造系统整合 BIM、大数据、智能化、移动通讯、云计算、物联网等信息技术集成应用能力，全面提高建筑业智慧建造的能力。是在建造信息化基础上的一种支持对人和物全面感知、工作互通互联、信息协同共享、决策科学分析、风险智慧预控的新型施工手段。围绕人、机、料、法、环、策等关键要素，与施工过程紧密结合，对工程进度、质量、安全等生产过程及商务、技术等管理过程加以改造升级，使施工管理可感知、可决策、可预测，提高施工现场的生产效率、管理效率和决策能力，实现数字化、精细化、绿色化和智慧化的生产和管理。

智慧建造是一个完整的建造过程。从一个建筑物的规划、设计、施工一直到竣工后的运维，一个建造全生命周期的过程，实体建筑物存在的同时应该有一个数字建筑物。智慧建造过程可以理解为是充分利用BIM（建筑信息模型）、PM（项目管理）、DM（数据管理与服务）、Mobile（移动应用与物联网技术）、Cloud（云技术）等先进的信息化技术为支撑，企业集约化经营和项目精益化管理为手段，实现低碳、高效、低排放、高品质、可持续的建造过程。以"智慧、互联、协同"方式来满足整个城市的和谐发展和智慧运行。

2.10.2 基于互联网的项目多方协同管理技术与应用

基于互联网的项目多方协同管理技术是以计算机支持协同工作（CSCW）理论为基础，以云计算、大数据、移动互联网和BIM等技术为支撑，构建的多方参与的协同工作信息化管理平台。通过工作任务协同管理、质量和安全协同管理、图档协同管理、项目阶段成果的在线移交和验收管理、在线沟通服务，解决项目图档混乱、数据管理标准不统一等问题，实现项目各参与方之间信息共享、实时沟通，提高项目多方协同管理水平。

1. 技术要求

（1）工作任务协同。在项目实施过程中，将总包方发布的任务清单及工作任务完成情况的统计分析结果实时分享给投资方、分包方、监理方等项目相关参与方，实现多参与方对项目施工任务的协同管理和实时监控。

（2）质量和安全管理协同。能够实现总包方对质量、安全的动态管理和限期整改问题自动提醒。利用大数据进行缺陷事件分析，通过订阅和推送的方式为多参与方提供服务。

（3）项目图档协同。项目各参与方基于统一的平台进行图档审批、修订、分发、借阅，施工图纸文件与相应BIM构件进行关联，实现可视化管理。对图档文件进行版本管理，项目相关人员通过移动终端设备可以随时随地查看最新的图档。

（4）项目成果的在线移交和验收。各参与方在项目设计、采购、实施、运营等阶段通过协同平台进行阶段成果的在线编辑、移交和验收，并自动归档。

（5）在线沟通服务。利用即时通信工具，增强各参与方沟通能力。

2. 技术指标

（1）采用云模式及分布式架构部署协同管理平台，支持基于互联网的移动应用，实现项目文档快速上传和下载。

（2）应具备即时通讯功能，统一身份认证与访问控制体系，实现多组织、多用户的统一管理和权限控制，提供海量文档加密存储和管理能力。

（3）针对工程项目的图纸、文档等进行图形、文字、声音、照片和视频的标注。

（4）应提供流程管理服务，符合业务流程与标注（BPMN）2.0标准。

（5）应提供任务编排功能，支持父子任务设计，方便逐级分解和分配任务，支持任务推送和自动提醒。

（6）应提供大数据分析功能，支持质量、安全缺陷事件的分析，防范质量、安全风险。

(7) 应具备与其他系统进行集成的能力。

3. 适用范围

适用于工程项目多参与方的跨组织、跨地域、跨专业的协同管理。

4. 工程案例

(1) 工程概况

某工程地上建筑面积 35 万 m²,地下建筑面积 8.7 万 m²,建成后将集办公、观光、多功能中心等功能于一体。本项目在业务开展中,将使用计算机进行建立、存储、表达和修改 BIM 模型,建立 BIM 工作系统,来解决施工过程中的相关问题,提高各方的协作效率。

(2) 工程特点

本工程体量大、功能多,作为超高层建筑,施工指令协调、施工作业面协调、施工专业协调均面临巨大的困难。

另外,建筑结构为非常规、幕墙曲面设计体系,机电系统路由及功能复杂,以提升建造品质为出发点,项目参建各方均应用 BIM 技术来提高项目管理和专业服务水平;借助 BIM 技术将复杂部位的深化设计、施工管理可视化,协调各专业工作;通过 BIM 得到工程基础数据,辅助管理决策;通过项目数据管理平台实现施工阶段各参建方 BIM 数据共享,并同运维阶段相衔接,连同设计阶段 BIM 数据,创建涵盖设计、施工、运维全过程全生命周期 BIM 管理。

(3) 方案实施

1) 协同管理体系建设

项目实施阶段,由施工总包牵头成立专门的 BIM 团队,建设、监理、设计、运维物业等相关单位各指定一名专职 BIM 负责人及相关专业工程师,负责将 BIM 成果应用到具体的施工过程中。施工总包积极协调各专业分包、独立分包等单位,统一纳入 BIM 协同管理体系进行管理,完成和实现 BIM 模型及信息的各项功能,并利用 BIM 技术手段指导现场施工管理。

过程协同:一个工程项目是可以分成多个阶段和执行过程的。一般来说至少包括概念设计、施工图设计、深化设计、总包施工组织、分包施工组织、材料采购与生产、竣工验收、运维等过程环节。这些环节需要信息的按层级进行自上而下的信息传递,并且其过程中还会出现不可避免的层级之间反复。

专业协同:一个建筑包含多个专业的工作,常规上要有建筑、结构、机电、给排水、幕墙、市政、园林等等。这些专业之间相互独立又互相联系,形成一个信息网络。

岗位协同:工程项目管理是由建设方、设计方、施工方、监理方的不同单位共同完成的,这些单位当中又包含设计师、项目经理、技术员、施工员、安全员、监理等多种岗位,这些岗位也存在大量的数据交换。

2) 协同管理功能实现

以计算机支持协同工作(CSCW)理论为基础,以云计算、大数据、移动互联网和 BIM 等技术为支撑,构建的多方参与的协同工作信息化管理平台。通过工作任务协同管理、质量和安全协同管理、图档协同管理、项目阶段成果的在线移交和验收管理、在线沟通服务，解决项目图档混乱、数据管理标准不统一等问题，实现项目各参与方之间信息共享、实时沟通，提高项目多方协同管理水平。其主要是解决工作任务协同管理、质量和安全协同管理、图档协同管理、项目阶段成果的在线移交和验收管理、在线沟通服务五个方面的问题。如图 2-141 所示。

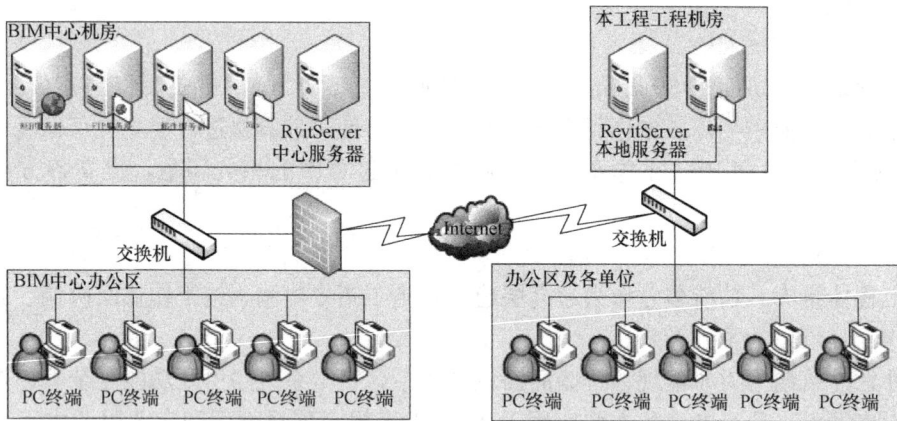

图 2-141　硬件与网络构架示意图

3）BIM 协同管理实施与应用

① 应用示例一：模型综合协调及碰撞检查

选择 Clash Detective 进行碰撞检测，生成分系统的碰撞检测报告。对结果进行分类分析：如因模型本身不精确产生的碰撞，且对设计和施工不会产生影响，将模型调整即可；如因设计本身导致碰撞或者设计不易于施工，应汇总、定位，并结合设计平面图，将问题反馈给设计单位，由设计人员进一步考虑完善设计及模型。

碰撞测试以模型文件之间的组合进行。见表 2-43。

碰撞测试方案组合　　　　　　　　　　　表 2-43

12_土建 vs 钢结构	/	/	/
13_土建 vs 幕墙	23_钢结构 vs 幕墙	/	/
14_土建 vs 精装修	24_钢结构 vs 精装修	34_幕墙 vs 精装修	/
15_土建 vs 暖通	25_钢结构 vs 暖通	35_幕墙 vs 暖通	45_精装修 vs 暖通
16_土建 vs 给排水	26_钢结构 vs 给排水	36_幕墙 vs 给排水	46_精装修 vs 给排水
17_土建 vs 强电	27_钢结构 vs 强电	37_幕墙 vs 强电	47_精装修 vs 强电
18_土建 vs 弱电	28_钢结构 vs 弱电	38_幕墙 vs 弱电	48_精装修 vs 弱电
19_土建 vs 消防	29_钢结构 vs 消防	39_幕墙 vs 消防	49_精装修 vs 消防

② 应用示例二：工程进度协调管控

施工进度协调管控的重点工作就是施工进度模拟，复核任意时点的项目进度计划的准确性与可实施性。同时，针对复杂节点以 BIM 的方式表达、推敲该节点的施工计划的合理性，优化施工部署。另外，当实施进度出现偏差，对原进度计划进行调整后，需重新进行模拟，以确保后续各工作安排的协调与协同。施工进度模拟分工见表 2-44。模拟工作流程如图 2-142 所示。

施工进度模拟分工　　　　　　　　　　　表 2-44

模 拟 内 容	负 责 单 位	完 成 时 间	提 交 格 式
施工组织设计模拟	施工总承包	第一次施工组织设计方案确定 30d 内	视频和模型
地上结构施工模拟	施工总承包	相应部位开始前 30d 内	视频
钢结构施工模拟	钢结构安装单位	相应部位开始前 30d 内	视频
幕墙安装模拟	幕墙安装单位	相应部位开始前 30d 内	视频
机电安装模拟	机电总承包	相应部位开始前 30d 内	视频

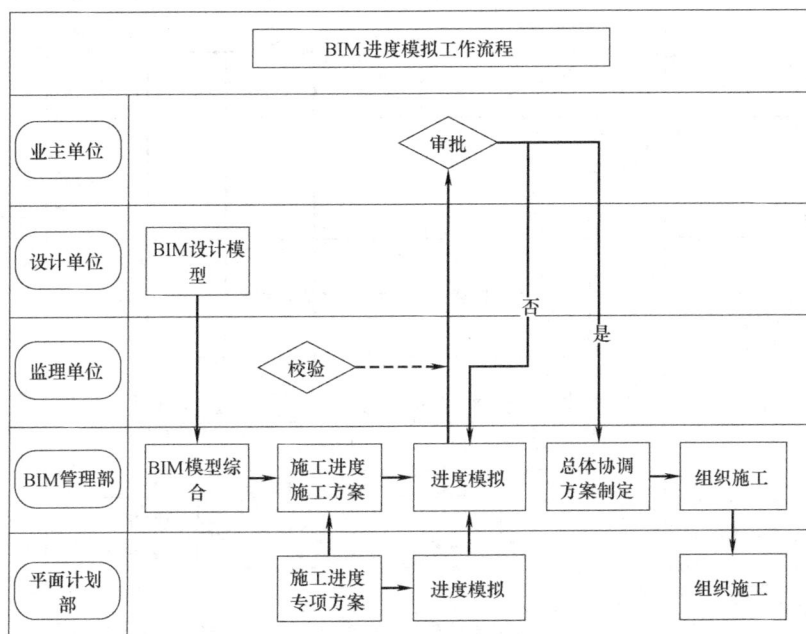

图 2-142　项目进度管控工作流程图

③ 应用示例三：施工方案协调管控

工艺模拟内容：模拟需包含施工工艺介绍、操作重难点分析及对策、施工顺序等内容，通过模拟能有效表达某项施工工艺的主要过程。模拟内容在施工阶段将与现场实际需求相匹配。相应成果具体提交时间以项目施工方案提交时间为准。施工工艺模拟分工见表2-45。工作流程如图 2-143 所示。

施工工艺模拟分工　　　　　　　　　　　表 2-45

模拟内容	负责单位	对应方案	提交时间	提交格式
核心筒顶模体系	施工总承包	核心筒顶模平台施工方案	相应部位施工的 1 个月前	视频和模型
塔吊爬升	施工总承包	塔吊爬升方案	相应部位施工的 1 个月前	视频和模型

模拟内容	负责单位	对应方案	提交时间	提交格式
超高层混凝土泵送	施工总承包	混凝土工程及超高层泵送施工方案	相应部位施工的1个月前	视频和模型
施工电梯协调方案	施工总承包	施工电梯垂直运输组织与管理措施	相应部位施工的1个月前	图片或视频模型

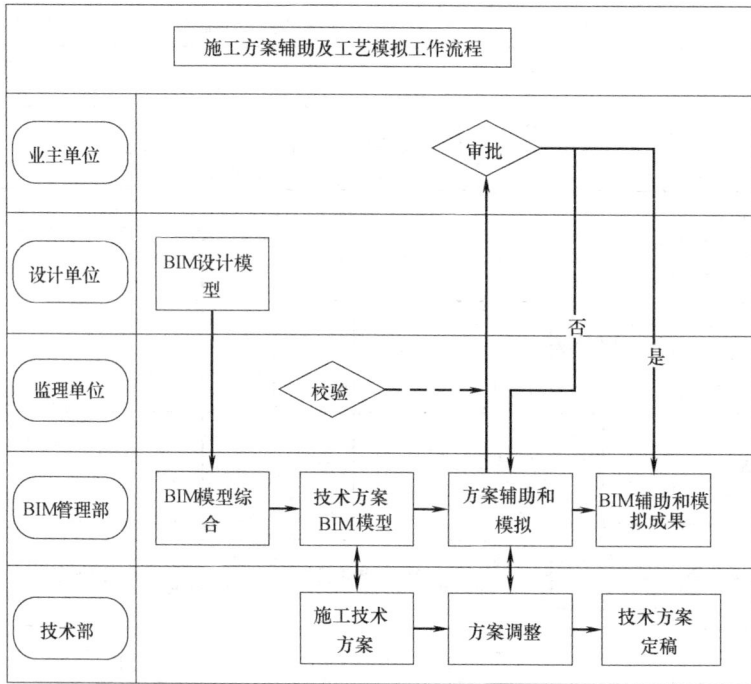

图 2-143 项目方案管控工作流程图

④ 应用示例四：施工现场过程管理

BIM 管理部对现场及时交底，确保施工阶段的 BIM 工作成果及时准确的传递到施工现场。在施工过程中，将 Autodesk Buzzsaw 信息平台与 BIM 模型、RFID、无线移动终端以及 web 等技术整合，使得施工现场的构件安装状况通过 RFID 的信息收集形成了基于施工进度和实际现场情况的 BIM 模型和 4D 模拟。对于重点部位、隐蔽工程等需要特别记录的部分，现场人员将以文档、照片等记录方式与 BIM 模型相对应的构件关联起来，使得工程管理人员能够更深入的掌握现场发生的情况。

同时，通过三维扫描技术，通过将点云数据导入到 REVIT/Navisworks 软件中，与未开展施工的幕墙、机电、装饰各专业 BIM 模型进行综合，验证深化设计的成果，避免因现场误差或对现场操作空间预估不足而导致深化设计成果无法实施的情况。

⑤ 应用示例五：施工现场安全管理

在正式作业前，通过 BIM 的可视化模拟可以动态演示施工过程，机械设备的工作状况，明确指示危险区域，并演示危险发生后的处理预案。由于 BIM 本身就是三维模型，将其转化为动画形式的交底文件成本几乎可以忽略，并且随着技术发展，现在 VR、AR、MR 等技术日趋成熟。基于 BIM 模型的可视化交底文件的形式也就更加多样化。现在通常可以通过在不同区域张贴二维码或者 AR 导引图直接让作业人员通过手机等终端随时获取交底内容。

前期建立的安全 BIM 模型已经包括了完整安全措施模型。通过这些模型可以方便地计算所需要的材料数量，需求部位、需求时间，设施到位情况。通过 BIM 协同平台的集中管理可实现降低成本，强化管控的作用。如图 2-144 所示。

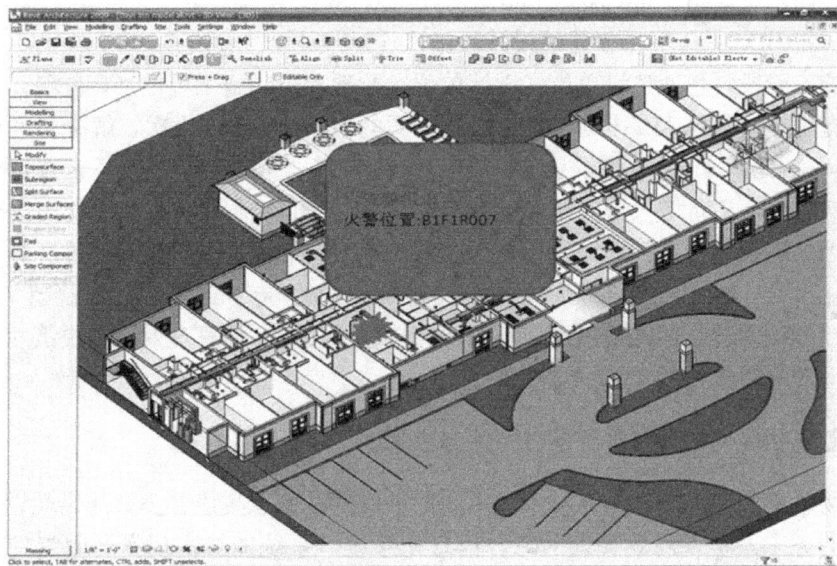

图 2-144　通过 BIM 平台关联消防报警系统示例图

通过 BIM 模型关联管理人员信息、安全责任区域信息、安全管理规范信息等内容。改变以往各专业沟通不畅、落实不到位问题。依托 BIM 平台实现作业人员、安全员、安全主管、项目经理协同管理。安全管控信息直接标记在三维的 BIM 模型上，形成项目安全责任控制看板。不能完成的安全问题始终高亮提醒项目经理、安全主管关注。同时所有形成安全问题数据被自动采集汇总。可以在项目层级、公司层级、政府监管层级形成不同的大数据分析，形成安全风险库。对在特定时间、特定条件容易发生的安全风险进行预报预警。

4）BIM 协同实施保障

成立 BIM 系统联合管理团队，参建各单位设专职 BIM 联络人员；如果因故需要更换，必须做好交接，保持工作的连续性。

各分包单位、供应单位根据总工期以及深化设计出图要求，编制 BIM 模型以及分阶段 BIM 成果提交计划、进度模型提交计划等，由总包 BIM 系统执行小组审核，审核通过后由总包 BIM 管理部结合业主要求编制 BIM 实施总进度计划，提交业主审核，审核通过后各分包单位参照执行。

BIM 系统所涉及的所有联合管理团队成员，每周召开一次专题会议，汇报工作进展情况以及遇到的困难以及需要总包协调的问题。建设、监理、设计以及其他单位的建议，统一汇总至 BIM 联合管理团队的牵头方总包单位，经专题会议审议后调整 BIM 模型与信息。

对各分包单位，每 2 周进行一次系统执行情况检查，了解 BIM 系统执行的真实情况、过程控制情况和变更修改情况。对各分包单位使用的 BIM 模型和软件进行有效性检查，确保模型和工作同步进行。

（4）实施效果

施工过程中，在深化设计、施工工艺、工程进度、场地管理等方面充分使用 BIM 可视化、可协调、可模拟、可优化、可出图的优势，并将合同信息、进度信息集成于 BIM 管理平台，将 BIM 技术应用于建筑设计、施工、运维的全生命周期。

整个施工阶段，包括建设单位、设计单位、监理单位、施工单位（含分包）在内，针对设计共提出审核意见 11981 项。其中对施工图的 BIM 复核 24 批次，解决了各种设计问题 4959 项，占比约 41%。大幅减少施工过程中因碰撞、拆改以及因设备未选定而造成的浪费和工期延误、造价增大等问题发生的概率。通过 BIM 辅助现场管理及二次优化，如对紧临幕墙的风机盘管进行压缩优化，为全楼节约建筑面积约 $4200m^2$；通过对巨柱边管井进行优化设计，缩小管井面积，全楼节约建筑面积约 $3000m^2$，总计收益超 $7200m^2$ 的面积，科技创效明显。同时，由于信息沟通与传递的便捷，使管理效率和决策速度大大提高，从而辅助项目快速的实施。

2.10.3　基于物联网的劳务管理信息技术与应用

基于物联网的劳务管理信息技术是指利用物联网技术，集成各类智能终端设备对建设项目现场劳务工人实现高效管理的综合信息化系统。系统能够实现实名制管理、考勤管理、安全教育管理、视频监控管理、工资监管、后勤管理以及基于业务的各类统计分析等，提高项目现场劳务用工管理能力、辅助提升政府对劳务用工的监管效率，保障劳务工人与企业利益。

1. 技术要求

（1）实名制管理。实现劳务工人进场实名登记、基础信息采集、通行授权、黑名单鉴别、人员年龄管控、人员合同登记、职业证书登记以及人员退场管理。

（2）考勤管理。利用物联网终端门禁等设备，对劳务工人进出指定区域通行信息自动采集，统计考勤信息，能够对长期未进场人员进行授权自动失效和再次授权管理。

（3）安全教育管理。能够记录劳务工人安全教育记录，在现场通行过程中对未参加安全教育人员限制通过。可以利用手机设备登记人员安全教育等信息，实现安全教育管理移动应用。

（4）视频监控。能够对通行人员人像信息自动采集并与登记信息进行人工比对，能够及时查询采集记录；能实时监控各个通道的人员通行行为，并支持远程监控查看及视频监控资料存储。

（5）工资监管。能够记录和存储劳务分包队伍劳务工人工资发放情况，宜能对接银行系统实现工资发放流水的监控，保障工资支付到位。

（6）后勤管理。能够对劳务工人进行住宿分配管理，能够实现一卡通在项目的消费应用。

（7）统计分析。能基于过程记录的基础数据，提供政府标准报表，实现劳务工人地域、年龄、工种、出勤数据等统计分析，同时能够提供企业需要的各类格式报表定制。利用手机设备可以实现劳务工人信息查询、数据实时统计分析查询。

2．技术指标

（1）将劳务实名制信息化管理的各类物联网设备进行现场组网运行，并与互联网相连。

（2）基于物联网的劳务管理系统，具备符合要求的安全认证、权限管理、表单定制等功能。

（3）系统提供与物联网终端设备的数据接口，实现对身份证阅读器、视频监控设备、门禁设备、通行授权设备、工控机等设备的数据采集与控制。

（4）门禁方式可采用 IC 卡闸机门禁、人脸或虹膜识别闸机门禁、二维码闸机门禁、RFID 无障碍通行等。IC 卡及读写设备要符合 ISO/IEC 14443 协议相关要求、RFID 卡及读写设备应符合 IOS 15693 协议相关要求。单台人脸或虹膜识别设备最少支持存储 1000 张人脸或虹膜信息；闸机通行不低于 30 人/min（采用人脸或虹膜生物识别通行不低于 10 人/min）；如采用半高转闸和全高转闸，应设立安全疏散通道。

（5）可对现场人员进出的项目划设区域进行授权管理，不同授权人员只能通行对应的区域。

（6）门禁控制器应能记录进出场人员信息，统计进出场时间，并实时传输到云端服务器；应能支持断网工作，数据可在网络恢复以后及时上传；断电设备无法工作，但已采集记录数据可以保留 30d。

（7）能够进行统一的规则设置，可以实现对人员年龄超龄控制、黑名单管控规则、长期未进场人员控制、未接受安全教育人员控制，可以由企业统一设置，也可以由各项目灵活配置。

（8）能及时（延时不超过 3min）统计项目劳务用工相关数据，企业可以实现多项目的统计分析。

（9）能够通过移动终端设备实现人员信息查询、安全教育登记、查看统计分析数据、远程视频监控等实时应用。

（10）具备与其他管理系统进行数据集成共享的功能。

3．适用范围

适用于加强施工现场劳务工人管理的项目。

4．工程案例

（1）工程概况

某工程占地约 11478m²，其中地上建筑面积 35 万 m²，地下建筑面积 8.7 万 m²，建成后将集办公、观光、多功能中心等功能于一体。本项目施工高峰期间将多达 3600 名劳务人员同时进场作业，为提升劳务管理效率，采用"建筑工人实名制管理平台"。

（2）工程特点

由于本工程为世界首座在八度抗震区超 500m 建筑，地处北京，政治影响力大，但同其他工程现场相类似，针对劳务作业人员管理主要存在如下问题：

1）复杂危险环境下施工，遇到突发事件时不能准确知道受困人数以及施工人员的具体位置，延误救援工作，工人的人身安全得不到保障。

2）施工现场与周边环境没有隔离和安全防护措施，外来人员擅自出入工地，使项目的正常施工受到严重干扰。

3）工程现场人员杂乱，安监部门很难监督施工人员的工作量以及工作效率，人员管理困难。工人考勤无法量化统计，工资与工时对不上，工人的利益得不到保障，容易引起劳资纠纷。

实现对工人进出工地信息采集、数据统计和信息查询过程的自动化管理将有助于当前劳务突出问题的解决。

（3）方案实施

1）建筑工人实名制管理平台

平台由 3+2+1（3 个管理系统+2 个手机 APP 端+1 个信息网）组成。平台研发采用了互联网思维，以大数据、云计算、物联网等新兴信息技术为手段，以劳务实名制管理为突破口，构建一个由建设单位、施工单位、分包单位、劳务人员、相关行政主管部门共同参与的劳务实名制管理平台。平台功能包括为企业服务的管理云、为政府监管和协会服务的信息网、为工人服务的手机端三个部分；平台具备了实名制管理、考勤管理、人员定位管理、党建管理等板块的管理功能。如图 2-145 所示。

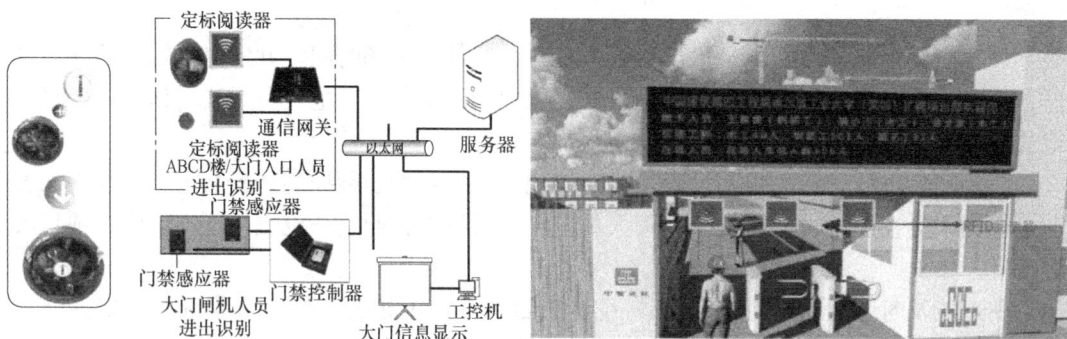

图 2-145　实名制管理系统架构与前端实景图

2）现场劳务实名管理

人员进场登记，通过身份证读写器完成人员身份识别，在人员登记同时，自动进行风险校验，比对是否不符合企业用工要求（用工年龄、既往作业情况、地域、民族管理），可以及时登记特殊工种证书，自动采集身份信息，可以对工人其他（手机、银行卡、学历、政治面貌等）信息维护，能够自动生成工人档案，确保进场人员符合用工制度。如图 2-146 所示。

3）考勤记录管理

符合要求的工人完成实名登记以后，即可正常通行授权区域，在通行过程中，各物联网设备自动采集工人通行记录，生成人员考勤信息，并根据现场管理要求，自动统计实时在场人数，自动按照队伍、班组进行人员汇总，自动分析工种出勤情况，可以详细查看具体出勤人员，便于项目生产调度及管理。如图 2-147 所示。

4）劳务人员流动管理

利用门禁设备对封闭项目进行有效管控，系统集成了传统的 IC 授权模式，也能够支

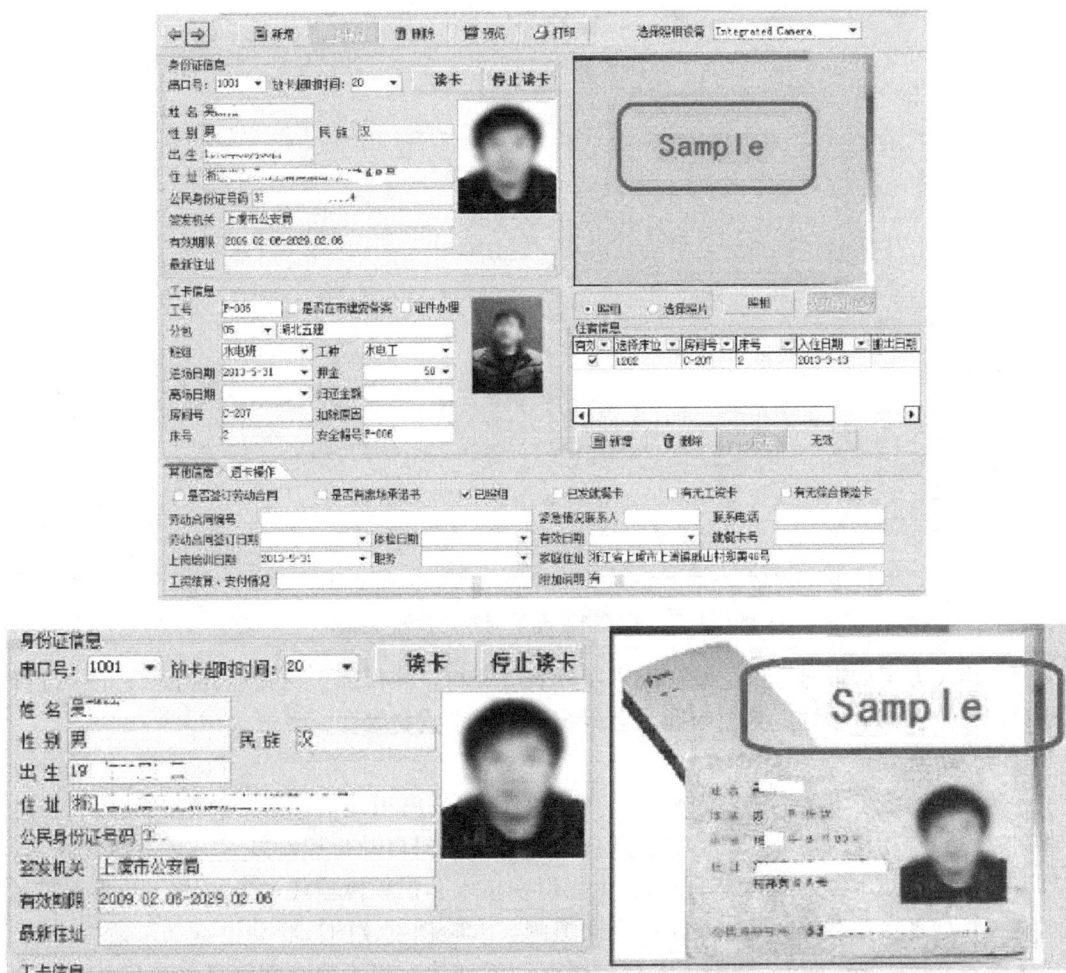

图 2-146　实名制管理系统身份信息识别界面图

持身份证识别通行。

　　本项目为超高层建筑，现场管控作业面高且层数多，无法进行封闭管理，也不适合采用传统考勤方式进行管理，系统集成了 GPS 北斗定位设备，可以利用现场平面图或 GIS 地图实现人员实时定位，通过绘制作业区域及警戒区域进行现场人员的有效管理，可以实时统计人员考勤数据，记录人员行动轨迹，能够实现有效管理。

　　5）平台使用维护保障措施

　　项目部设置"建筑工人实名制管理平台工作小组"，由项目经理总负责，项目副书记负责具体实施，配备平台管理员，负责制卡、发卡、数据录入、资料上传等具体管理工作。

　　项目部提交平台建设申请，提供项目门禁布置方案、硬件需求清单等。企业层审核项目部平台建设申请，采购硬件设备，授予管理员账号、密钥等。

　　各相关方报送花名册等资料，项目部平台管理员负责审核名单，制卡、发卡。项目部向平台使用相关方（业主、监理、劳务、专业分包等）系统操作人员授予系统账号，进行操作培训。

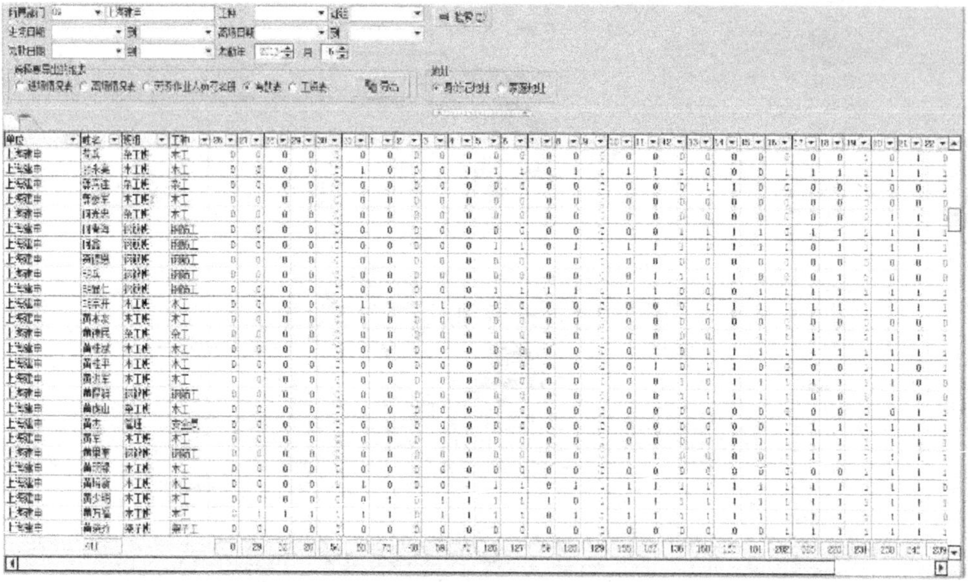

图 2-147　实名制管理系统考勤管理界面图

各相关方定期报送考勤记录、工资发放表等资料，项目部平台管理员与系统记录进行核对，并上传人员培训、党组织和工会组织开展活动资料等。

（4）实施效果

通过"建筑工人实名制管理平台"，实现对工人进出工地信息采集、数据统计和信息查询过程的自动化。集计算机信息安全技术、通道闸门自动化控制技术、网络通信技术、数字信号模拟技术、RFID识别技术、生物识别技术、视频传输技术于一体，以劳务实名制统一管理平台为载体，前端设备接入通道闸，人脸识别读图，联动设备（包括摄像机、显示屏等），后端通过统一数据库进行数据存储管理从而使工地管理信息化、自动化，实现人员与通道闸之间完整的"对话"功能，真正实现全方位"考勤、门禁、监控、信息发布"智能化综合管理。

管理平台的投用，使劳务人员综合信息整理更加系统，考勤及工资发放工作清晰平稳，进一步规范劳务管理行为，保障劳务人员的合法权益，降低企业风险。

3

建筑工程项目施工管理

3.1 建筑工程项目的设计管理典型案例

施工过程中的设计管理作为现场施工管理的一个重要环节，在整个建设工程项目中起着承上启下的作用，设计管理承上对接的是施工图纸及多专业的综合交叉，在充分理解设计意图的基础上，在整个施工管理过程中，通过设计管理，进行错漏碰缺及优化设计，减少返工及提升工程品质、节约成本；启下则是在与采购、施工拉通管理下，有效组织工序及各专业间的无缝对接，协调交叉施工，提升施工品质，增加客户满意度。

3.1.1 建筑与机电专业

1. 工程概况

某创业中心园区项目，大型设备机房均分布在地下室，所有排水系统均从地下室排出，在深化过程中发现该地下室水处理机房处有三个集水井，过于密集，故根据已有设计图纸提出优化方案。

2. 技术背景

通过对图纸分析，该部位三个集水井功能分别为收集水处理机房排水、地下室排水沟排水、上层管道排水。其中污水间本身有提升设备；结合建筑做法，排水路径可以进行优化，具体优化做法如图 3-1 所示：

3. 优化分析

原设计三个集水井的原因分析：

（1）水处理机房内的集水井收集水处理机房的水；

（2）污水间的集水井收集的是上层污水管道下排的污水；

（3）水处理机房外的集水井通过排水沟收集地下车库的水。

优化设计的理由：

（1）三个集水井在平面布置上过于密集，设备数量增多，会造成投资增加以及后期的设备运行维护费用的增加；

（2）污水间内有污水提升泵，污水提升泵设置在成品的污水收集装置中，因此污水间内的集水井可取消；

（3）将水处理机房内的集水坑移位，同时与机房外的集水坑合并，通过复核可以满足要求。

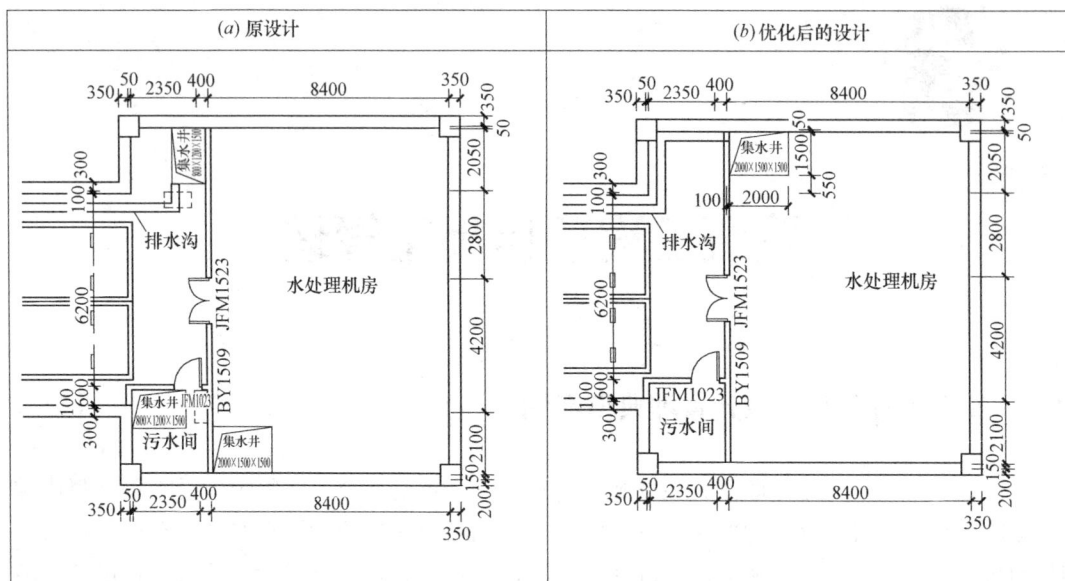

图 3-1　优化设计图

4. 优化效果

取消两个集水坑，减少基坑土方开挖、节约混凝土用量、减少了相关设备安装及维护成本。

3.1.2　地面隔声做法优化设计管理

1. 工程概况

某住宅工程，地下 3 层，地上 24 层，地面交付标准为毛面，只需做到混凝土垫层即可，要求垫层的完成面必须达到观感要求，不能存在影响观感的裂缝。为保证隔声效果，设计在建筑面层做法中，增加 20mm 挤塑聚苯板隔声垫层，考虑挤塑板上部保护层厚度薄，给施工带来很大难度。

2. 技术背景

原设计 50mm 厚细石混凝土厚度薄，在铺设机电管线时需要对 20mm 厚挤塑聚苯板进行开槽处理，会造成地面浇筑时原铺设平整的保温板被破坏；同时 50mm 厚细石混凝土厚度薄且未配筋，会导致局部混凝土过薄容易开裂；考虑住宅交付的观感要求，对原设计的装修构造做法进行优化，具体优化做法如表 3-1：

地面隔声做法优化设计 表 3-1

原设计做法	优化后做法
(1)预留 30mm 厚精装楼面	(1)预留 30mm 厚精装楼面
(2)50mm 厚 C20 细石混凝土	(2)65mm 厚 C20 细石混凝土，内配 $\phi 4@150$ 钢筋网片
(3)粘贴 20mm 厚挤塑聚苯板隔声垫层	(3)5mm 厚减震隔声垫板
(4)钢筋混凝土楼板	(4)钢筋混凝土楼板

3. 优化分析

根据图集《工程做法》12BJ1-1 做法，可取 5mm 厚减震垫板替换挤塑保温板作为隔音层；可以达到设计要求的隔声效果。

依据 GB 50209—2010《建筑地面工程施工质量验收规范》第 4.11.5 条要求：隔声垫上部应设置保护层，其构造做法应符合设计要求。当设计无要求时，混凝土保护层厚度不应小于 30mm，内配间距不大于 200mm×200mm 的 $\phi6$mm 钢筋网片。

4. 优化效果

通过采用 5 厚减震隔声垫板＋65 厚 C20 细石混凝土，内配圆 4@150 钢筋网片，施工质量达到交付要求，取得良好的质量效果。

3.1.3 窗户优化设计管理

1. 工程概况

某住宅工程，建筑外窗超过 1 万樘。根据设计要求，窗户为断桥铝合金窗，窗户配置为，南北向：65 系列，玻璃配置 5 双银 Low-E＋12Ar＋5；平均传热系数 $K=2.0$W/(m²·K)；东西向：65 系列，玻璃配置 5 双银 Low-E＋12Ar＋5（暖边间隔条），平均传热系数 $K=1.8$W/(m²·K)。

2. 技术背景

根据窗户的性能指标，传热系数越低，对于窗户的配置要求越高，为控制工程整体造价，通过对相关规范的深入研究，对建筑进行的整体热工分析，最终确定以窗户传热系数作为优化的突破口。

3. 优化分析：

(1)《居住建筑门窗工程技术规范》DB11/1028—2013 中 3.2.2 条规定（表 3-2）：

围护结构传热系数 K 限值 　　　　　　　　表 3-2

围护结构			≤3 层建筑	(4～8)层建筑	≥9 层建筑
			$K[$W/(m²·K)$]$		
外窗、阳台门(窗)	北向	$M_1 \leqslant 0.20$	1.8	2.0	2.0
		$M_1 > 0.20$	1.5	1.8	1.8
	东、西向	$M_1 \leqslant 0.25$	1.8	2.0	2.0
		$M_1 > 0.25$	1.5	1.8	1.8
	南向	$M_1 \leqslant 0.40$	1.8	2.0	2.0
		$M_1 > 0.40$	1.5	1.8	1.8

设计给出的窗墙面积 M 比如下（表 3-3）：

设计给出的窗墙面积比 M_1 　　　　　　　　表 3-3

建筑物各朝向窗墙面积比 M_1	朝向	东	西	南	北
	设计值	0.191409	0.278523	0.212051	0.165655
	限值/最大值	0.35/0.45	0.35/0.45	0.50/0.60	0.30/0.40

项目层数 24 层，因此东南北三个方向的窗户的传热系数均可以选择为 2.0W/(m^2·K)。

（2）考虑到规范提到 3.1.3 条款，规范对建筑物的体型系数限值要求如下（表 3-4）：

体形系数 S 限值 表 3-4

建筑层数	≤3 层	4～8 层	9～13 层	≥14 层
S	0.52	0.33	0.30	0.26

而本工程设计单位给出的建筑物的体型系数如下（表 3-5）：

本工程设计单位给出的建筑物的体型系数 表 3-5

建筑物体型系数 S	外表面积 $\sum F(m^2)$	26831.8	建筑体积 $V_0(m^3)$	102592.00	S 设计值	0.262

由上可知设计给出的建筑物的体型系数超过规范要求，经总包单位提出设计单位需要进行对围护结构热工性能的权衡判断，重新计算后确认窗户的传热系数统一要求为平均传热系数 2.0W/(m^2·K）即可满足要求。

4. 优化效果

通过传热系数的提高，降低了对玻璃配置的要求，由节能规范的配套图集选择，设计将窗户统一变更为：65 系列，玻璃配置为 5 单银 Low-E＋12A＋5；通过变更方案，玻璃配置由 5 双银 Low-E 变更为 5 单银 Low-E；充氩气改为空气；在满足节能要求，保证工程品质的前提下，降低了工程造价。

3.1.4 窗户栏杆优化设计管理

1. 工程概况

某高层住宅，建筑控制高度 68.7m，层高 2.8m，在户内起居室及卧室、阳台均设置有内开窗，窗户栏杆位置主要在起居室的飘窗阳台，采用不锈钢栏杆及扶手。

2. 技术背景

起居室的飘窗阳台距地面 700mm 高，不满足《民用建筑设计通则》中的防护高度要求，且窗台面积超过 0.22m^2，需要设置 900mm 高栏杆，满足规范的防护高度要求。通过对于栏杆的截面与固定方式进行优化，具体如图 3-2 所示：

3. 优化分析

原设计要求：扶手为 φ50×1.5 不锈钢管，立柱为 φ25 不锈钢管，对立柱的壁厚未做明确规定，实际需要重新核算。由《建筑荷载规范》GB 50009—2012 中 5.5.2 条对栏杆顶部水平荷载的要求，住宅栏杆顶部水平荷载取 1.0kN/m。经设计核算后，扶手38mm×38mm×1.5mm，立柱采用规格 20mm×20mm×1.2mm 即可满足要求。

根据图集及设计图纸要求，栏杆固定在窗台上时，每根立柱均与窗台固定，如图 3-3 所示：

4. 优化效果

此种固定方式不仅施工复杂，而且对收面后的窗台破坏较大，经深化设计后，原固定方式改为个别端点固定，此种措施在保证安装质量的前提下，通过简化栏杆的固定方式，加快了栏杆的安装进度。

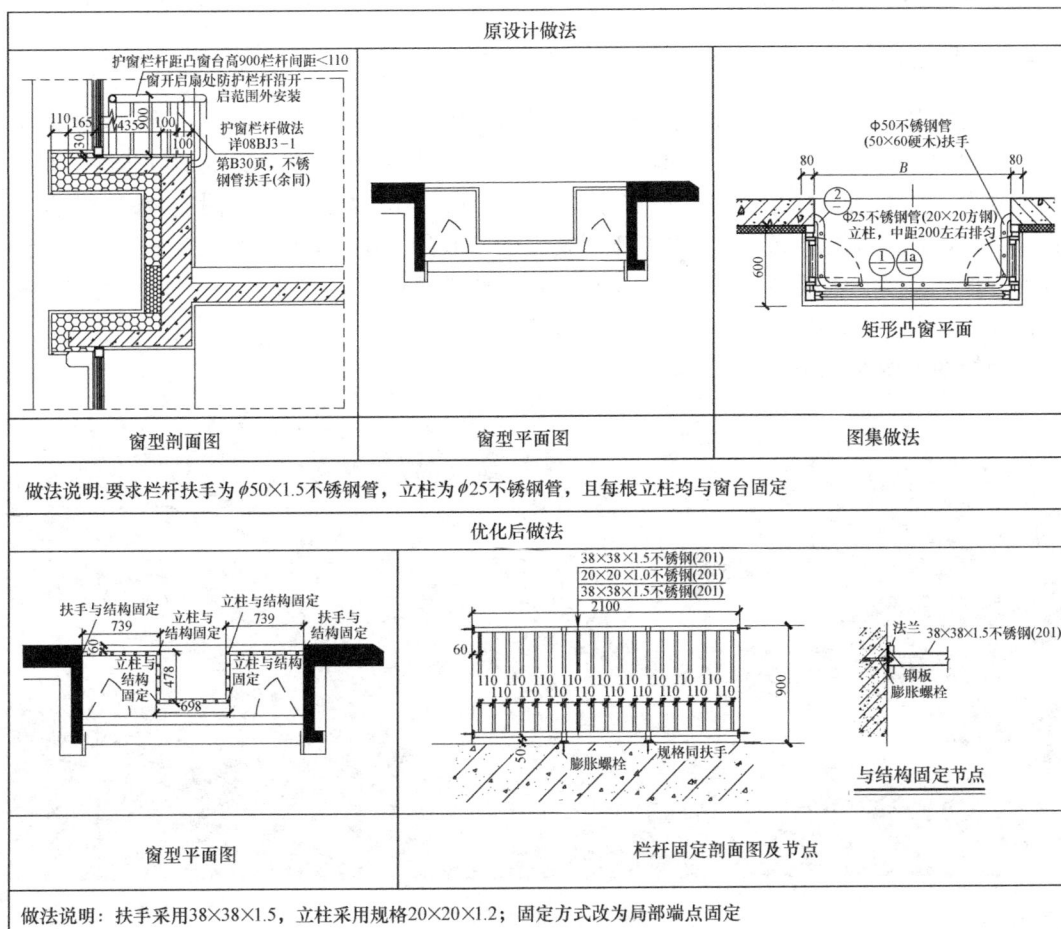

原设计做法		
窗型剖面图	窗型平面图	图集做法
做法说明:要求栏杆扶手为ϕ50×1.5不锈钢管,立柱为ϕ25不锈钢管,且每根立柱均与窗台固定		
优化后做法		
窗型平面图	栏杆固定剖面图及节点	
做法说明:扶手采用38×38×1.5,立柱采用规格20×20×1.2;固定方式改为局部端点固定		

图 3-2 工程窗户栏杆优化图

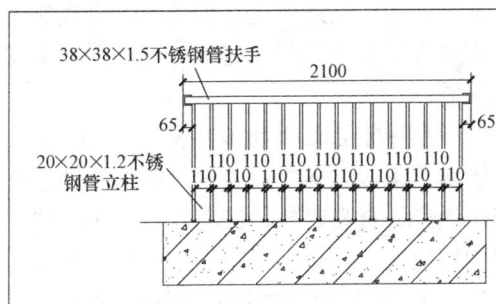

图 3-3 立柱均与窗台固定节点图

3.2 建筑工程施工现场标准化管理典型案例

建筑工程施工现场标准化管理目的在于加强安全生产和绿色施工管理工作,切实增强安全防范意识，全面提高安全生产和绿色施工管理工作的规范化、标准化、制度化。

3.2.1 工程概况

某机场基地维修机库工程，占地面积约为 16 万 m^2，建筑面积 200698m^2，其中地上建筑面积 161902.79m^2，地下建筑面积 38795.21m^2，是由 10 个单体组成的群体性公共建筑。其中 1 号主机库为钢结构，地上三层，地下一层，建筑高度 41m，附楼为钢筋混凝土框架结构，建筑高度 17.7m。地基基础形式为桩基承台＋基础梁及桩基承台＋防水板。外立面为玻璃幕墙、钢板夹芯板墙、压型钢板墙。建筑功能为飞机维修，人员住宿，材料、危险品、特种车存放等，是亚洲第一大维修机库。

效果图如图 3-4 所示。

图 3-4　工程效果图

3.2.2 工程特点

通过加强施工现场标准化管理，以此促进管理体系、管理制度更好的落实。以标准化为抓手，提高工效，保障作业人员安全与职业健康，同时提升文明施工效果，彰显企业品牌形象并获得良好的社会效益。

1. 合理规划场地布置，提高安全文明施工形象

本工程单体工程多，协作单位多，各专业工种之间的穿插协作频繁，施工现场可利用场地比较狭小，对现场安全生产、材料码放、群塔作业、施工协调带来较大困难。经过项目前期场地策划，合理规划样板区、绿化区、材料堆放区、机械设备行走路线；并在车辆主出入通行口增加企业 VI 标识、宣传板，加强安全知识和企业形象宣传。

2. 智慧化工地建设，建立安全隐患排查闭环模式

项目部积极推进智慧工地建设工作，成立 BIM 工作室并加大软件、硬件投入，将 BIM 三维模拟、可视化交底、手机 APP 及视频监控网络等科技手段运用在日常工作中。同时引入施工安全管理系统，将日常安全检查的隐患随时上传平台。通过手机 APP 追踪隐患级别、整改情况、整改人；并结合视频系统，随时监控现场情况，实现安全隐患动态监管模式，减少施工现场事故风险。

3. 推广应用《北京市建设工程施工现场安全标准化管理图集》，推行标准化管理理念

本工程推广应用《北京市建设工程施工现场安全标准化管理图集》中9大项59子项，其中必选项40项，已应用31项，优选项共19项，已应用11项。包括定性式标准化护栏、逐级配电装置、机械安全装置、节能照明设施、喷淋系统、扬尘监测系统、施工升降机司机指纹、人脸识别系统等。最大限度推行标准化管理工作的落实。

3.2.3　方案实施

1. 安全文明施工目标

根据北京市绿色安全样板工地创建标准，结合《北京市建设工程施工现场安全生产标准化管理图集》技术指导，结合工程实际情况和特点，制定可落实的安全文明施工目标。见表3-6。

项目安全文明施工目标　　　　　　　　　　　　　　　表 3-6

序号	绿色文明施工工作目标	安全生产工作目标
1	创建北京市绿色安全样板工地	无生产安全责任事故
2	无火灾事故	无重伤事故
3	无环境污染	无重大机械设备事故
4	无地下管线开挖破坏事故	无职业病事件
5	无扰民事件	无感染中毒事故
6	无食物中毒事故	安全培训教育考核率100%
7	无重大治安事件	特种作业持证上岗率100%

2. 安全管理

根据《建设工程施工现场安全资料管理规程》中北京市施工现场检查评分标准表AQ-D1-1，建立安全管理涉及的检查项目清单。评分标准见表3-7。实施效果如图3-5、图3-6所示。

图 3-5　危大分部分项工程
专家论证报告

图 3-6　安全教育讲评台

北京市项目施工现场检查评分标准（安全管理）　　表 3-7

序号	检 查 项 目	标准分值
1	安全生产责任制符合要求	10
2	安全管理机构设置及人员配备符合要求	10
3	安全管理目标及考核符合要求	5
4	危险性较大的分部分项工程辨识与安全专项施工方案符合要求	5
5	安全生产管理制度及领导带班值班符合要求	5
6	施工组织设计、施工方案编制、审批及专家论证符合要求	5

3. 防护设施

现场"四口"、"五临边"设置定型式标准栏杆，依据《北京市建设工程施工现场安全生产标准化管理图集》要求搭设"防护棚"、"施工现场管理公示标牌"等防护设施，见表 3-8。效果如图 3-7～图 3-13 所示。

防护设施应用标准　　表 3-8

序号	项目	应用类别	应用情况
1	施工现场围挡(墙)	必选项	√
2	施工现场公示标牌	必选项	√
3	施工现场管理公示标牌	必选项	√
4	办公区临建房屋	优选项	√
5	生活区临建房屋	优选项	√
6	电梯井口防护栏	必选项	
7	网片式防护栏	必选项	√
8	格栅式防护栏	必选项	
9	钢管式防护栏	必选项	
10	组装式防护栏	必选项	
11	楼梯防护栏	必选项	√
12	配电室	必选项	√
13	配电箱防护棚	必选项	√
14	开关箱	必选项	√
15	钢筋加工防护棚(厂棚式)	必选项	
16	钢筋加工防护棚(站台式)	必选项	√
17	小型机械加工防护棚	必选项	√
18	木工加工防护棚	必选项	√
19	施工现场饮水(休息)处防护棚	必选项	√
20	工具式安全通道防护棚	必选项	√
21	钢管式安全通道防护棚	优选项	
22	工具式施工人行马道	优选项	√
23	电梯井操作平台(插杠式)	优选项	
24	电梯井操作平台(自卡式)	优选项	
25	电梯井道水平安全网设置	必选项	√

图 3-7　施工现场管理公示标牌、施工现场公示标牌布置图

图 3-8　办公区及生活区临建房屋示意图

图 3-9　基坑临边防护示意图

图 3-10　标准化洞口防护示意图

图 3-11　标准化楼梯防护示意图

图 3-12　配电箱标准化防护示意图　　　　图 3-13　工具式安全通道防护示意图

4. 施工照明设施

现场临电设计符合现行标准《施工现场临时用电安全技术规范》JGJ 46—2005 的规定。合理布置现场临电线路，选用合适的电缆、捷径的线路。采用 TN-S 接零保护系统，施工现场按照三级配电逐级漏电保护进行设置。生活区采用 36V 低压照明线路。

办公区、生活区照明全部使用 LED 光源的节能灯具，现场照明采用 LED 灯具并配有定时装置，根据日照时间及时进行调整。节能照明灯具使用率达到 100%，如图 3-14、图 3-15 所示。

施工现场使用的照明组合灯架基础固定牢固，设有防止倾覆措施，距基坑边距离大于

2000mm，灯架底部、操作平台处加绝缘胶垫。平台四周设置不低于1200mm高的护身栏杆，做好接地及避雷措施，塔身设置爬梯。

图3-14 施工道路太阳能照明示意图

图3-15 工具式现场组合灯架示意图

5. 绿色施工

本工程对施工现场实施绿色施工管理。现场配备高效洗车机，与以往的水管冲洗相比，效率更高、用水量更少，而且洗轮机配有水循环系统，冲洗用水全部使用基坑降水和雨水。办公区、生活区分别设置污水处理系统，废水经沉淀池二次沉淀后循环使用，用于洒水降尘、厕所冲洗。

现场设置环境监测设备，同时配备密闭式垃圾存放站等硬件设施，结合固体颗粒监测指标，指定专门人员及时清扫、洒水降尘，做好施工现场扬尘控制。

工人生活区采用空气源热泵系统，空气源热泵是一种利用高位能使热源从低位热源空气流向高位热源的节能装置，可以把不能直接利用的低位热能如空气、土壤等所含的热量转换为可利用的高位热能，从而节约高位能，如煤、电能等。最大程度地利用了资源，节能效果明显，环保、安全，经济效益巨大。该系统可为工人生活区提供生活热水，如图3-16～图3-20所示。

图3-16 定型化冲洗设备示意图

图3-17 现场污水处理系统示意图

6. 施工现场机械

现场使用的8台塔式起重机均安装塔机安全监控管理系统，避免群塔作业时塔臂相互碰撞。每月对吊重传感器、高度传感器、变幅传感设施、回转传感器等安全设施进行专项检查。

图 3-18　雨水收集池示意图

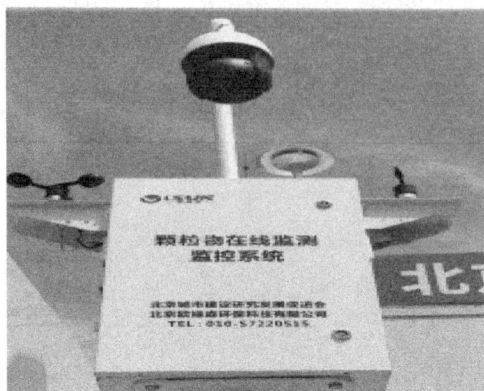

图 3-19　环境监测系统示意图

图 3-20　现场空气能热泵示意图

小型机械设备进场前，依照法规要求进场检验，严禁使用国家淘汰设备，合格后粘贴设备进场合格标识牌，并在传动部位设置防护罩，如图 3-21、图 3-22 所示。

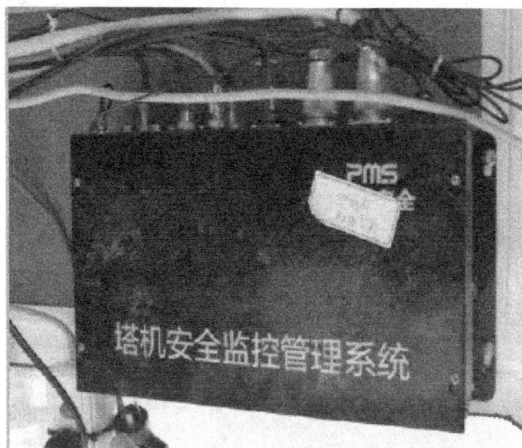

图 3-21　塔机安全监控管理系统示意图

图 3-22　设备进场验收合格标识示意图

7. 现场消防设施

将预防为主、防消结合的总方针，贯彻执行于项目的消防工作中。合理编制临时用水专项方案和现场消防平面布置图。建立可 24 小时提供用水的消防水泵站，组建义务消防队，配备微型消防站，库房等重点防火部位配备消防设备设施，并由专人管理。楼梯口设置消防器材、警示标识，主要通道口粘贴疏散标志。工人生活区单独设置 USB 手机口，如图 3-23～图 3-26 所示。

图 3-23　消防泵房（室内消防给水系统）示意图

图 3-24　一备一用消防泵布置图

图 3-25　应急照明系统布置图

图 3-26　烟感报警系统布置图

8. 脚手架管理

外防护脚手架采用落地式双排钢管脚手架。严格按照《建筑施工扣件式钢管脚手架安全技术规范》JGJ 130 管理，编制施工方案，总承包企业技术负责人审批后现场严格按方案实施。搭设完成后项目技术负责人组织项目安全部、质量部、技术部人员验收。作业层脚手板与主体结构间隙采用全封闭，防止人员和物料坠落。

9. 智能化安全管理系统

引入智慧工地建设科技手段，通过建立质量管理、安全管理、经营管理、BIM 管理等 5 大模块，实现 BIM 三维模拟、可视化交底、视频监控、隐患追踪等功能，改变施工项目参建各方的交互方式、工作方式和管理模式，持续改进工程质量、安全、进度、成本的管控，如图 3-27 所示。

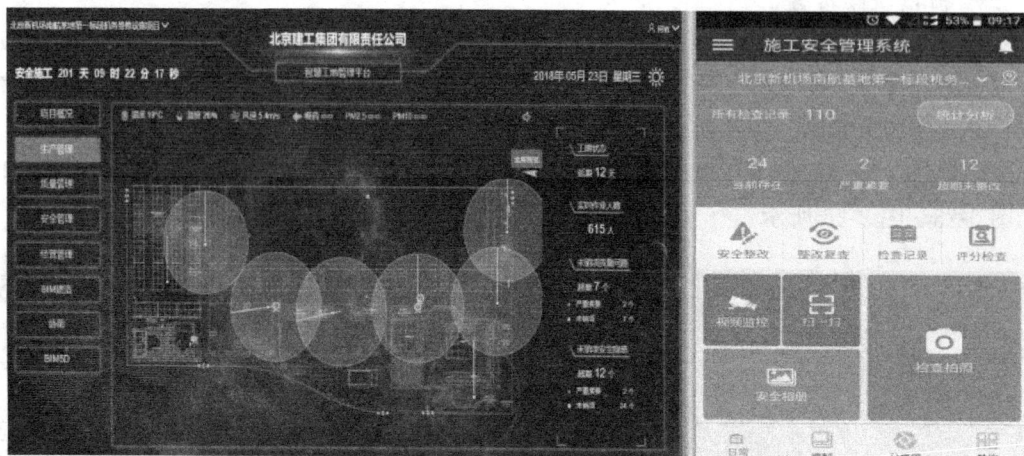

图 3-27　智慧工地电脑客户端及手机 APP 界面图

3.2.4　实施效果

建筑工程施工现场标准化手段，既是施工生产顺利进行的保障，也是项目管理发展的必然趋势，一方面增加项目实施与管理的成效，同时提升企业影响力与品牌价值。通过所有项目标准化管理的推广与应用，将有利于推动全行业管理水平的提升，对整个国民经济的发展起到一定的积极作用。

3.3　住房城乡建设部绿色施工科技示范工程典型案例

绿色施工科技示范工程是指绿色施工过程中应用和创新先进适用技术，在节材、节能、节地、节水和减少环境污染等方面取得显著社会、环境与经济效益，具有辐射带动作用的建设工程施工项目。

本工程施工期间，《住房和城乡建设部绿色施工科技示范工程技术指标》（2013）、《建筑业 10 项新技术》（2010）为现行标准。现在已经更新为《住房城乡建设部绿色施工科技示范工程技术指标及实施与评价指南》（2018）、《建筑业 10 项新技术》（2017）。但绿色施工的总体思路和方法是一致的，学习中应正确领会教材和绿色施工精神。

3.3.1　工程概况

某工程，地处海南省，建筑面积约 78070.4m²。指廊东西向远端距离 750m，南北向远端距离 405m。东北和西北指廊长度 218m，宽度 42m，指廊端头为放大值机区，直径 70m；东南和西南指廊长度 163m，宽度 34/42m。指廊工程地上三层、无地下室，檐口高度 23.8m，层高分别为 4.5m、3.8m。指廊基础采用桩基承台＋抗水板基础，桩基桩型为端承摩擦型钻孔灌注桩，桩端后注浆施工工艺。主体结构采用钢筋混凝土框架结构，钢筋混凝土柱均为圆柱，柱网模数 8×9m、16×9m，楼板采用钢筋混凝土全现浇主次梁楼盖体系。屋盖采用平面桁架支承单层交叉网格结构，支承结构为钢管柱。指廊屋面为金属屋面，并设有采光天窗。指廊外檐采用玻璃幕墙。效果图如图 3-28 所示。

图 3-28　工程效果图

3.3.2　工程特点

建设工程施工阶段要严格按照建设工程规划、设计要求，通过建立管理体系和管理制度，采取有效的技术措施，全面贯彻落实国家关于资源节约和环境保护的政策，最大限度节约资源，减少施工活动对环境造成的不利影响，提高施工人员的职业健康安全水平，保护施工人员的安全与健康。

1. 合理规划场地布置，提高临时设施周转率，做好永临结合

四条指廊全部位于飞行区，围墙采用可周转的铁皮围挡和预制基础块；航站区指廊内侧场地布设结合结构、装修机电安装等各阶段的特点，充分考虑地下管线、登机廊桥基础位置等，利用BIM演示，保证硬化的加工场地和搭建的板房能够适应各阶段使用，避免因影响其他施工而拆除的风险；在塔吊覆盖不到不能作为工程材料设备使用的场地，充分做好场地策划，作为样板区、安全体验区，绿化区等，楼座外非行车场地采用当地火山岩碎石进行覆盖，减少了混凝土硬化用量；利用已做完的飞行区场道基层水稳层，增加保护措施后，作为进场的钢结构管桁架的加工与制作场地。

2. 利用指廊工程结构形式和工期要求，最大限度提高材料周转率

该航站楼指廊工程，分为东北指廊、东南指廊（东区）、西北指廊、西南指廊（西区），东区和西区为镜像关系，结构形式相同。在总体施工部署上，在保证工期和质量双控目标下，充分做好分区分段流水施工方案优化，保证了劳务投入和模板料具的周转率，最大限度提高吊装效率。同时，现场安全防护和加工场地全部采用集团标准化栏杆和可周转加工棚，一次投入、多次周转；现场办公用房和库房，全部使用可周转的集装箱房，大大节省了临建基础与装修施工等工作，达到节材、节能、节约施工成本等目的。

3. 充分利用当地绿植资源和太阳能资源，打造花园式绿色智能样板工地

项目将苗圃移植在施工现场和生活办公区，大量减少了硬化面积，同时也响应了设计理念，创建花园式工地。海南省有着丰富的太阳能资源，年均日照天数225d，一年光照

时长可达 2400h 以上，在工程现场和办公生活区均大量采用光伏照明系统，生活淋浴热水均采用太阳能热水器，生活区多处应用太阳能先进设备，如采用太阳能灭虫、太阳能烘干、太阳能室内照明等，最大限度节约电能。

4. 推广应用《建筑业 10 项新技术（2010）》，挖掘绿色施工创新技术。

本工程采用《建筑业 10 项新技术（2010）》中 9 大项，32 小项新技术；在运营绿色科技及创新技术中，引进可调钢筋连接技术、超长混凝土结构裂缝控制技术及钢结构管桁架提升技术等多项创新技术应用。

3.3.3 方案实施

1. 绿色施工目标

依据《住房和城乡建设部绿色施工科技示范工程技术指标》并结合工程实际情况和特点，制定切实可行的绿色施工量化控制目标。

（1）节地和土地资源利用目标见表 3-9。

节约用地目标　　　　　　　　　　　　　　　　　　　　　表 3-9

项 目	目 标 值
临时用地指标	临建设施占地面积有效率利用率大于 90%
施工总平面图布置	职工宿舍使用面积满足 2.5m²/人

（2）节材与材料资源利用目标见表 3-10。

节约材料目标　　　　　　　　　　　　　　　　　　　　　表 3-10

项 目	目 标 值
节材措施	就地取材，距现场 500km 以内生产的建筑材料用量占建筑材料总用量 80%
结构材料	钢筋目标损耗率 1.75% 混凝土目标损耗率 1.05% 加气混凝土砌块目标损耗率 1.5% 模板平均周转次数 6 次
装饰装修材料	损耗率比定额损耗率降低 30%
周转材料	工地临房、临时围挡材料的可重复使用率达到 80%
资源再生利用	建筑材料包装物回收率 100%

（3）节水与水资源利用目标见表 3-11。

节约用水目标　　　　　　　　　　　　　　　　　　　　　表 3-11

项 目	目 标 值
提高用水效率	节水设备（设施）配置率 100%
非传统水源利用	非传统水源和循环水的再利用量大于 30%
目标耗水量	基础阶段 2.5m³/万元产值 主体阶段 2.2m³/万元产值 装饰装修阶段 2.7m³/万元产值

（4）节能和能源利用目标见表 3-12。

节约能源目标　　　　　　　　　　　　　　　　　　　　　　表 3-12

项目	目　标　值
现场照明	现场节能灯具的使用率 100％ 照度不超过最低照度的 20％
目标电耗	基础阶段 60kW·h/万元产值 主体阶段 64kW·h/万元产值 装饰装修阶段 58kW·h/万元产值

（5）环境保护目标见表 3-13。

环境保护目标　　　　　　　　　　　　　　　　　　　　　　表 3-13

项目	目　标　值
扬尘控制	土方作业阶段：目测扬尘高度小于 1.5m 结构施工阶段：目测扬尘高度小于 0.5m 装饰装修阶段：目测扬尘高度小于 0.5m
建筑废弃物控制	每万 m² 建筑垃圾量控制在 280t 以下 建筑垃圾再利用和回收率≥50％ 有毒、有害废弃物分类率达 100％
噪声与振动控制	各施工阶段昼间噪声：≤70dB 各施工阶段夜间噪声：≤55dB
水污染控制	施工现场污水排放符合现行相关标准的有关要求 污水 pH 值达到 6～9
有害气体排放控制	电焊烟气的排放应符合现行相关标准的规定

2. 绿色施工管理

（1）建立绿色施工管理组织机构，明确各部门、各岗位职责。

（2）制定各项管理制度，明确负责实施的责任部门和责任人。

（3）绿色施工技术管理

施工组织设计及各分项工程施工方案有绿色施工章节，明确绿色施工目标及要求；根据《住房和城乡建设部绿色施工科技示范工程技术指标（试行）》，结合本工程实际情况和特点编制《绿色施工方案》；图纸会审、深化设计需考虑绿色施工要求；工程技术交底记录包含绿色施工内容；自主申报的专利、形成的工法、论文等技术总结资料。

（4）评价管理

1）自我评价

① 项目自我评价阶段分为地基与基础工程、结构工程、装饰装修工程和机电安装工程。

② 评价要素包括技术创新与应用、施工管理、环境保护、节材与材料资源利用、节水与水资源利用、节能与能源利用和节地与土地资源保护 7 个要素。

③ 评价频次：每个阶段每 2 个月评价一次，每个阶段不少于一次。

④ 根据《住房和城乡建设部绿色施工科技示范工程技术指标（试行）》进行自我评价。"技术指标"中共有 87 项要求，其中控制项为 56 项。控制项必须完全符合要求，其他内容符合率达到 75％即为合格。

2）评价分析和持续改进

项目部每次自我评价后召开评价分析会，根据自我评价记录，对存在的问题确定整改时间、整改人员和整改措施进行整改，并对整改结果进行评价，持续改进，确保各项指标完成。

3. 绿色施工措施

（1）节地与施工用地保护措施

1）停车场利用原有土地铺植草砖，避免车辆破坏原有土质；

2）施工现场进行绿化及硬化，办公生活区打造花园式景观。实施效果如图 3-29、图 3-30 所示。

图 3-29 办公区效果图

图 3-30 施工现场效果图

3）材料有序码放，确保施工场地。如图 3-31、图 3-32 所示。

图 3-31 材料场地提高利用率示意图

图 3-32 材料有序码放管理示意图

（2）节材与材料资源利用措施

1）在进行钢筋采购前使用软件进行钢筋优化，并优化钢筋下料方案，减少钢筋浪费；制定材料限额领料存放制度，提高周转效率；使用剩余混凝土制作混凝土预制块，铺设地面，减少废旧材料浪费。优化混凝土配合比，通过粉煤灰、矿粉、减水剂的应用，降低水泥的使用。

2）本工程全部使用商品混凝土和预拌砂浆；

3）钢筋接头采用直螺纹连接，并采用成品切割机进行端头切割，避免使用无齿锯等造成材料及电能的浪费，同时避免使用搭接方式，节约钢筋；

4）应用 BIM 技术对钢筋复杂节点和钢筋与钢结构连接节点进行深化。如图 3-33、图 3-34 所示；

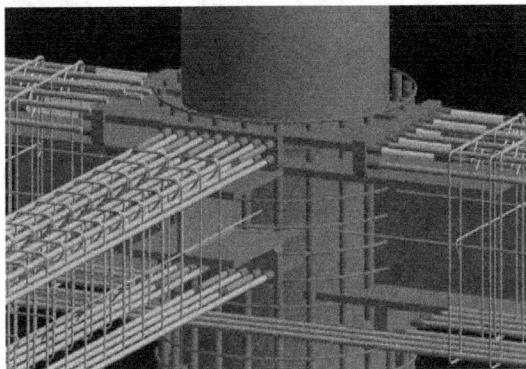

图 3-33　梁柱节点 BIM 应用示意图

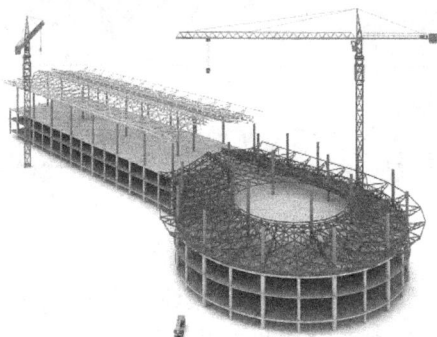

图 3-34　钢结构分段整体提升示意图

5）填充墙砌筑施工前进行深化设计，对蒸压加气混凝土砌块墙体进行排版，减少切砌块产生的损耗，砌筑时落地灰及时清理，收集再利用。如图 3-35、图 3-36 所示。

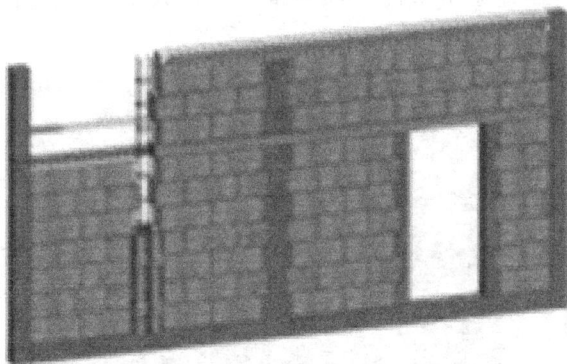

图 3-35　填充墙排版图示意图

图 3-36　砌筑样板示意图

6）利用废旧模板用于结构预留孔洞的防护、成品楼梯防护、二次结构钢筋保护等；钢筋废料制作成马镫、预埋件、定位钢筋等。

7）现场机械加工棚、安全防护及围挡等按照集团标准化使用定型可周转材料，现场库房及办公用房均使用集装箱房，实现材料设施周转目标。

8）使用自动化办公系统软件，减少不必要的纸质文件，节约纸张，现场办公用纸应分类摆放，纸张两面使用，废纸定期回收。

（3）节水与水资源利用措施

1）根据工程特点和施工现场情况，分别确定生活用水与工程用水定额指标，办公区、生活区、生产区用水分别计量考核管理。签订不同标段分包或劳务合同时，将节水定额指标纳入合同条款，进行计量考核。

2）办公区、生活区的生活用水采用节水器具，节水器具配置率达到 100%。浴室、盥洗室、食堂张贴节水标语。如图 3-37、图 3-38 所示。

图 3-37　感应式洗手池效果图

图 3-38　感应式小便斗效果图

3）设置雨水收集池，将收集的雨水进行灌溉、洗车等工作。

（4）节能和能源利用措施

1）对施工现场的生产、生活、办公分别设定用电控制指标，生产、办公、生活用电分别计量、统计、核算、对比分析。

2）使用国家、行业推荐的节能、高效、环保的施工设备和机具，如变频式塔式起重机、变频式水泵等。不使用国家、行业、地方政府明令淘汰的施工设备机具和产品。

3）项目部办公用电处张贴节能标识，创建全员节能型项目部；在工人生活区使用36V USB插座充电设备，减少能耗。如图3-39、图3-40所示。

图 3-39　节能标识示意图

图 3-40　USB节能充电插座示意图

4）在楼道处安装LED消防应急照明灯，通过光控装置减少能源浪费；灯具采用LED节能灯。如图3-41、图3-42所示。

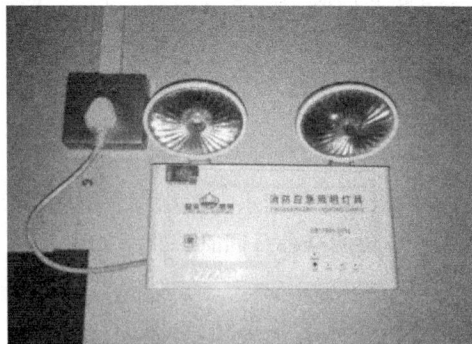

图 3-41　LED消防应急节能照明示意图

图 3-42　室内灯具示意图

5）优先选用新型清洁能源，包括太阳能照明灯具、热水器、装饰灯，利用太阳能进行照明与部分居住热水供应；引入空气能热水器，使用空气压缩能提供项目部淋浴间热水，充分达到节能环保目的。

6）生产、生活及办公临时设施体形、朝向合理，充分利用自然通风和采光。

7）合理安排工序和施工进度，提高各种机械的使用率和满载率。塔式起重机跨区覆盖，实现施工机具资源共享。

（5）环境保护措施

1）运送土方、渣土等易产生扬尘的车辆采用密闭式车辆，现场进出口设置高效洗轮机，进出现场车辆进行冲洗清洁，购置成品洒水车；预拌砂浆采用密闭砂浆罐存放。如图3-43～图3-45所示。

图 3-43　洗车池示意图　　　图 3-44　砂浆罐示意图　　　图 3-45　洒水车示意图

2）裸露的场地采用多种方式进行覆盖处理，可绿化区进行充分绿化；易产生扬尘的施工作业采取遮挡、抑尘等措施。

3）对进出场车辆及机械设备进行检查，查验其尾气排放是否符合国家年检要求，并进行登记记录。无绿色环保标志车辆禁止进入施工现场。现场污染气体的排放要符合相关要求。

4）食堂使用电或液化石油气等清洁燃料，食堂设置油烟净化装置，并定期维护保养。

5）现场设置可分类封闭垃圾站，定期分拣重复利用，建筑垃圾回收利用率达到50％；生活垃圾桶定期消毒，定期清运；废墨盒、电池等有毒有害的废弃物封闭分类回收。

6）基础桩废桩头除粉碎用于道路回填外，同时利用开挖出的孤石雕刻出文化石。

7）施工现场夜间室外照明采用LED带可调角度灯罩式灯具，透光方向集中在施工范围，保证强光线不射出工地外；电焊作业采取遮挡措施，避免电焊弧光外泄。

4. 绿色科技创新与应用

（1）推广技术应用

项目结合绿色施工目标，应用了住房和城乡建设部《建筑业10项新技术（2010）》中的9个大项，32个子项。见表3-14。

环境保护目标 表 3-14

地基基础和地下空间工程技术	灌注桩后注浆技术	钢筋与混凝土技术	高耐久性混凝土技术
机电安装工程技术	基于 BIM 的管线综合布置技术		高强高性能混凝土技术
	机电消声减震综合施工技术		自密实混凝土技术
	建筑机电系统全过程调试技术		混凝土裂缝控制技术
绿色施工技术	建筑垃圾减量化与资源化利用技术		高强钢筋应用技术
	施工现场太阳能、空气能利用技术		高强钢筋直螺纹连接技术
	施工扬尘控制技术		预应力技术
	施工噪声控制技术		钢筋机械锚固技术
防水技术与围护结构节能	工具式定型化临时设施技术	钢结构技术	高性能钢材应用技术
	混凝土楼地面一次成型技术		钢结构虚拟预拼装技术
	地下工程预铺反粘防水技术		钢结构高效焊接技术
	聚氨酯防水涂料施工技术		钢结构滑移、顶(提)升技术
信息化应用技术	基于 BIM 的现场施工管理信息技术		钢结构防腐防火技术
	基于互联网的项目多方协同管理技术		钢与混凝土组合结构应用技术
	基于移动互联网的项目动态管理信息技术	模板脚手架技术	清水混凝土模板技术
抗震、加固与检测技术	大型复杂结构施工安全性监测技术		销键型脚手架及支撑架

（2）智慧工地建设应用

1）办公生活区监控系统

视频监控应用于施工现场办公生活区，是计算机网络技术在工程建设领域应用的提升，有效地辅助项目部管理水平的提高，对降低施工成本、消除事故隐患起到了重要作用，同时加强了办公生活区的治安管理，促进社会的稳定和谐。

2）塔式起重机防碰撞管理系统

通过吊重传感器、回转传感器、幅度传感器、高度传感器等多项智能终端采集设备，将塔式起重机实时运行状态数据化展现出来，超过警戒值预警并截断，有效预防塔式起重机超重、碰撞、倾覆等安全事故。

3）施工现场及办公生活区门禁、劳务管理系统

施工现场和办公生活区安装门禁闸机系统，工人进出施工现场和生活区刷卡出入，显示屏显示工人姓名、年龄、所属劳务队、工种、照片、接受安全教育情况等信息，方便保安人员进行核对。智能劳务管理系统根据门禁闸机提供的数据，统计每日施工现场各劳务队出勤人数自动生成考勤表，并可自动统计各劳务队工人总数、各工种人数、生活区住宿人数及工人每月工时情况，实现智慧型治安管理、劳务管理。

4）施工现场二维码指示牌

施工现场采用"BIM＋二维码"技术，使得施工现场构件原始数据具有可追溯性。

（3）技术创新

钢筋与钢结构节点可调式钢筋连接器技术

将框架梁、柱钢筋与钢管柱牛腿连接节点由焊接方式优化为可调连接器连接，在钢结构加工厂提前将可焊接套筒焊接在牛腿钢板上，现场通过可调式钢筋连接器与钢筋连接。本工程使用了 10376 个钢筋与钢结构器连接，此方法现场施工操作简便，节省了有效工期 15d，节约钢筋 10.48t，节约电能 630kW·h，降低工程成本 20 万元。相比焊接连接方式，避免焊接高温对钢板的形变影响，保证施工质量，减少了焊接作业对环境的废气污染和光污染。如图 3-46、图 3-47 所示。

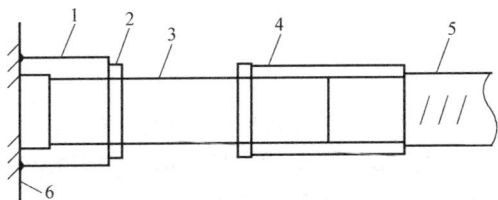

图 3-46　可调连接器构造图

1—焊接头；2—紧固螺母；3—连接杆；

4—连接套；5—钢筋；6—钢结构

图 3-47　可调钢筋连接器示意图

（4）BIM 技术应用

1）在施工前期进行 BIM 建模工作，将施工过程进行提前动画演示，避免现场返工产生，减少现场交叉作业造成的浪费。如图 3-48～图 3-50 所示。

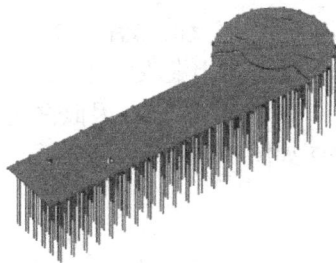

图 3-48　桩基阶段模拟图　　　图 3-49　施工现场布置图　　　图 3-50　现场临边防护示意图

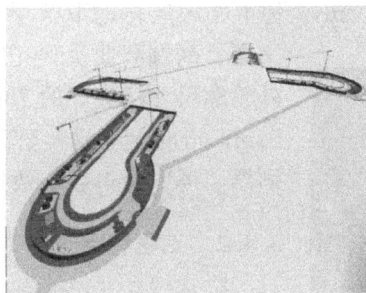

2）利用 BIM 建模技术进行现场施工交底，更直观表示建筑内容，通过 BIM 精确算量，提前进行提料工作，避免材料的浪费。如图 3-51～图 3-53 所示。

3）经过 BIM 安装综合深化设计，解决各专业管线碰撞问题，对复杂节点优化管线排布；弧形走廊管线种类多，净空高度要求高，利用 BIM 技术模拟管线安装，模拟管件弯头的度数，提前发现安装难点。

4）利用模板文件及工作集，形成综合 BIM 模型，进行"虚拟施工"。通过模板文件完成标准化出图。

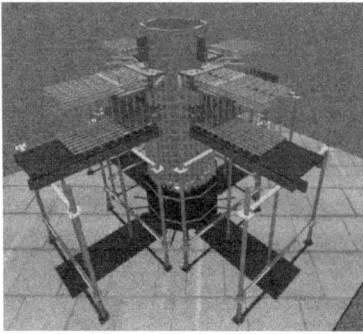

图 3-51　组合节点模型图　　　　图 3-52　牛腿节点模型图　　　　图 3-53　钢屋架模型图

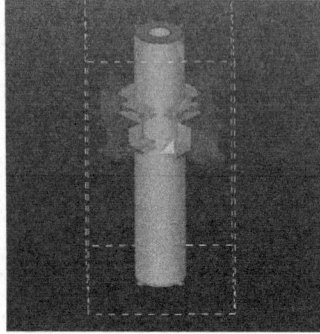

3.3.4　实施效果

通过绿色施工科技示范工程的创建，加强了全体参建人员绿色施工意识，提高了工程的节能、节地、节约资源水平，实现资源的高效利用；最大限度的保护环境，实现人与自然的和谐共处。同时，为绿色施工技术的规模化应用提供更为便捷的参考方式，让更多地区和单位可以快速应用绿色施工技术进行规模化及规范化施工与管理；有利于行业及国家规范的更新和编制，对整个国民经济的发展起到一定推动性作用。

3.4　基于 BIM 技术施工阶段应用典型案例

3.4.1　工程概况

某工程建筑面积约 43.7 万 m²，地上 108 层，地下 7 层，建筑高度 528m，集甲级写字楼、高端商业及观光等功能于一身的综合性建筑。外轮廓尺寸从底部的 78m×78m 向上渐收紧至 54m×54m，再向上渐放大至顶部的 59m×59m，因似古代酒器"樽"而得名。效果图如图 3-54 所示。

3.4.2　工程特点

本工程为双曲外立面造型，全专业、多业态、高品质、构造复杂等特点决定了工程的施工难度远超常规。加上工程地处北京 CBD 核心区，周边交通流量大、现场无可用场地，导致超高层施工垂直运输的瓶颈更突出；另外，建设单位要求的施工总工期为 62 个月，远低于业界类似工程行业进度水平。

传统项目管理方式很难按期保质保量完成建造任务，项目通过将 BIM 技术贯穿在每日的项目管理

图 3-54　工程效果图

工作之中，通过高精度的深化设计、基于 BIM 技术的现场管理、BIM＋3D 扫描配合等应用，将 BIM 技术在管理中的价值发挥到最大，实现项目高品质快速建造。

3.4.3 方案实施

1. 设计阶段方案实施

设计阶段提前介入，应用 BIM 技术进行图纸审核，即在施工图定稿之前，同时提交图纸及配套的 BIM 模型，利用 BIM 模型直观可视化的优点，进行图纸审核与优化。一方面是设计院内部各专业间的匹配与协调审核；另一方面是施工、监理等单位根据后续深化设计与施工需要，提出有针对性的建议，进一步提高施工图设计的质量。如图 3-55、图 3-56 所示。

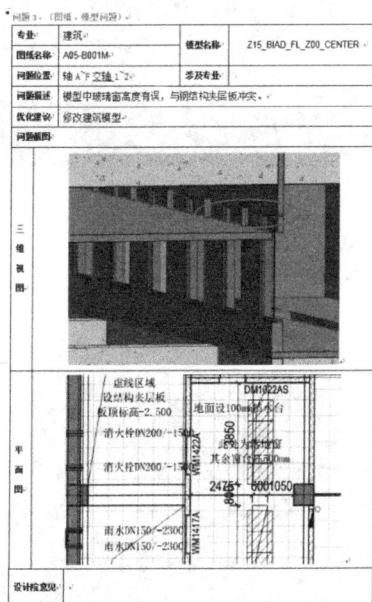

图 3-55　夹层板落地窗标高错误示意图　　　图 3-56　消防水管"骑墙"调整示意图

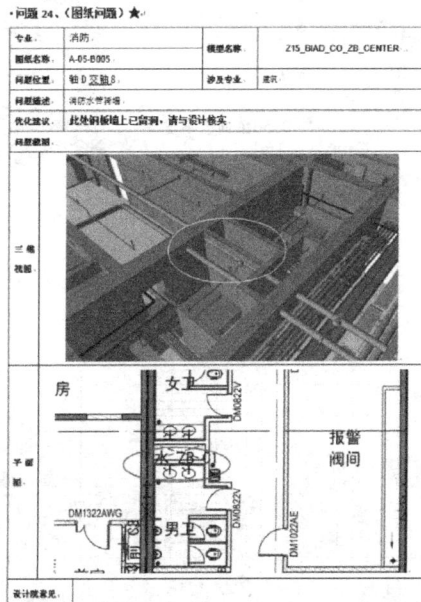

2. 施工阶段方案实施

（1）施工图深化设计

项目全面采用 BIM 技术辅助施工图深化设计。其中，钢结构、幕墙、机电专业直接采用三维软件建模，利用模型生成二维图纸完成工厂制作并指导现场施工。混凝土结构、装饰装修、景观园林等专业，采用三维模型生成控制面、二维图纸完成细部节点相配合的方式，提升了整体图纸深度和设计质量。

在深化设计过程中，由传统的各专业之间协同升级成各区域之间的协同，专业工程师对自己负责的楼层、区域范围内的所有专业利用 BIM 技术进行综合排布，各工程师把关各区域间的接口协调。与传统专业协同方式比较，这种方式能从项目整体高度上进行规划、从建筑整体的视角对全专业进行方案统筹。

1）主体结构土建

项目底板厚度达 6.5m，采用 HRB500 级 40mm 钢筋，上铁 8 层，下铁 20 层。为保证钢筋稳定，利用 REVIT 软件设计型钢支撑架，并加工制作。

如图 3-57、图 3-58 所示。

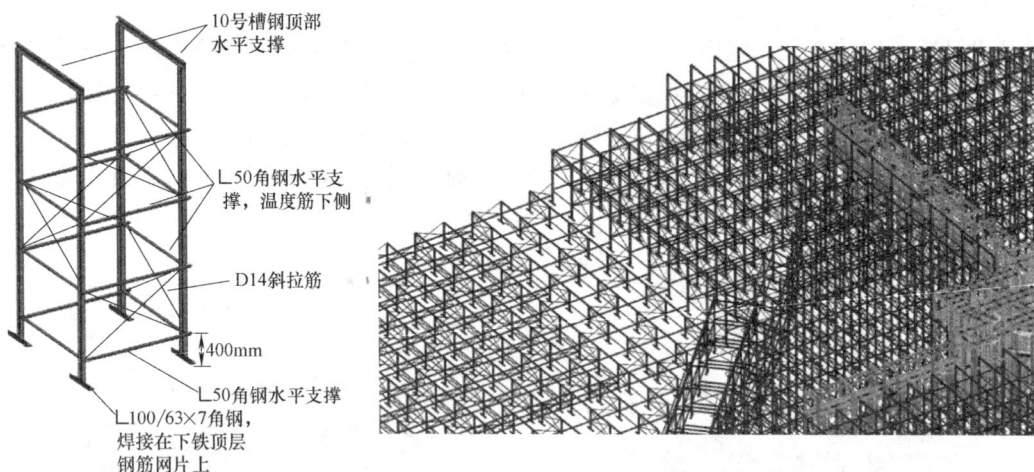

图 3-57　钢筋支撑架 BIM 深化设计图

图 3-58　钢筋支撑架施工实景图

在设计的土建模型基础上添加二次结构的相关内容，包括构造柱、圈梁、过梁及墙留洞等。如图 3-59 所示。

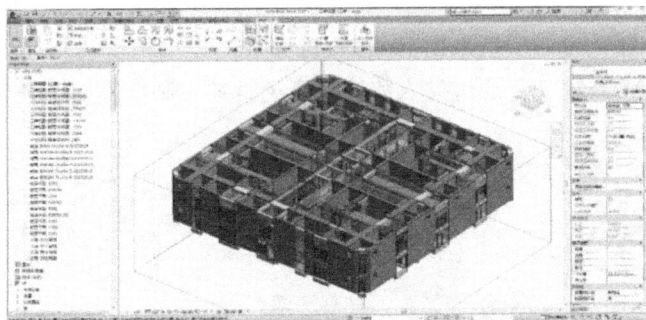

图 3-59　地下室砌体深化设计模拟图

2）钢结构工程

钢结构实体全部采用 TEKLA 建模进行设计，直接运用模型进行构件加工制作。如图 3-60 所示。

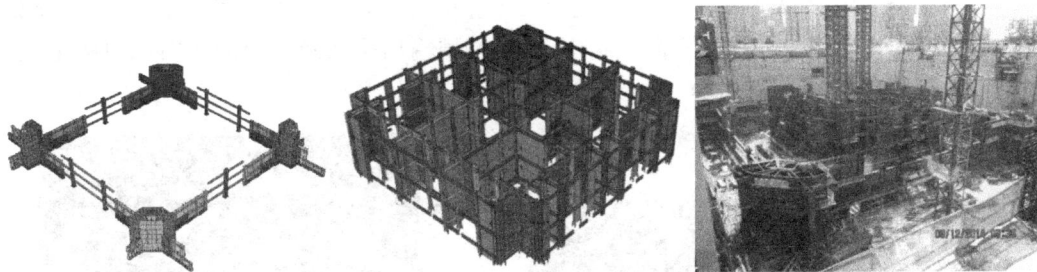

图 3-60　地下室钢结构设计与施工模拟图

3）机电工程

采用 REVIT 及 Tfas 进行深化设计，利用 BIM 的可视化优点进行管线综合排布。如图 3-61 所示。

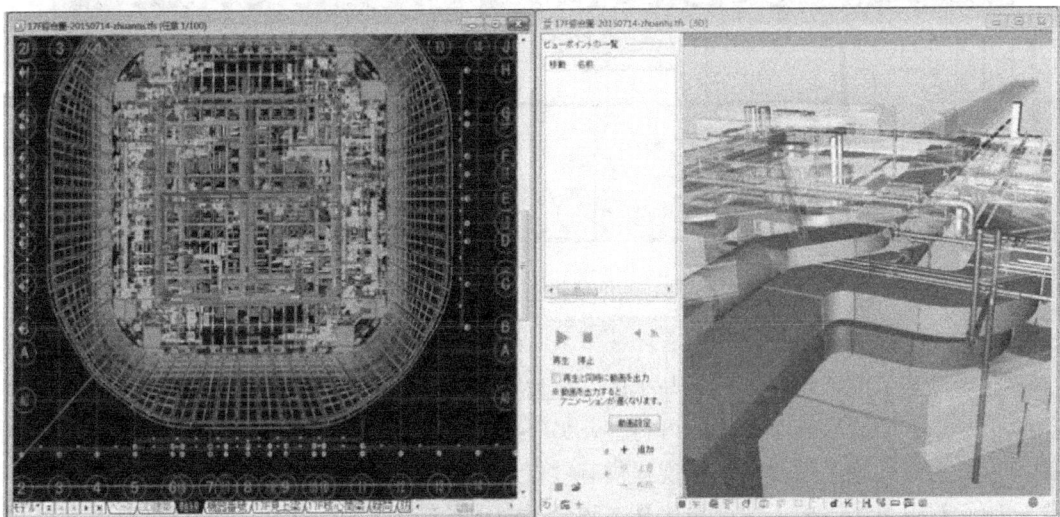

图 3-61　机电深化设计模拟图

4）幕墙工程

幕墙单元块的深化设计模型采用 ProE 软件完成，模型精度达到加工级别，导出三维模型直接用于 CAM 系统加工通过导入数控机床进行加工制作。如图 3-62 所示。

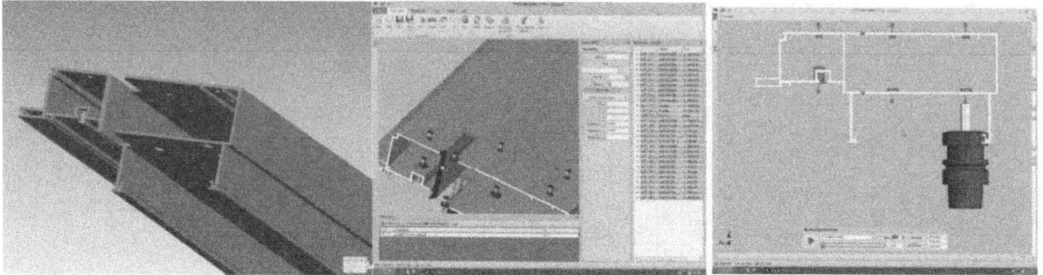

图 3-62　幕墙深化设计模拟图

5）装饰装修工程

装饰装修采用 REVIT 进行辅助深化设计工作的开展，由于本工程造型独特，标准层每一层的平面轮廓及立面都有不同，利用 BIM 模型输出平面及立面的底图，为深化设计提供设计基础。如图 3-63 所示。

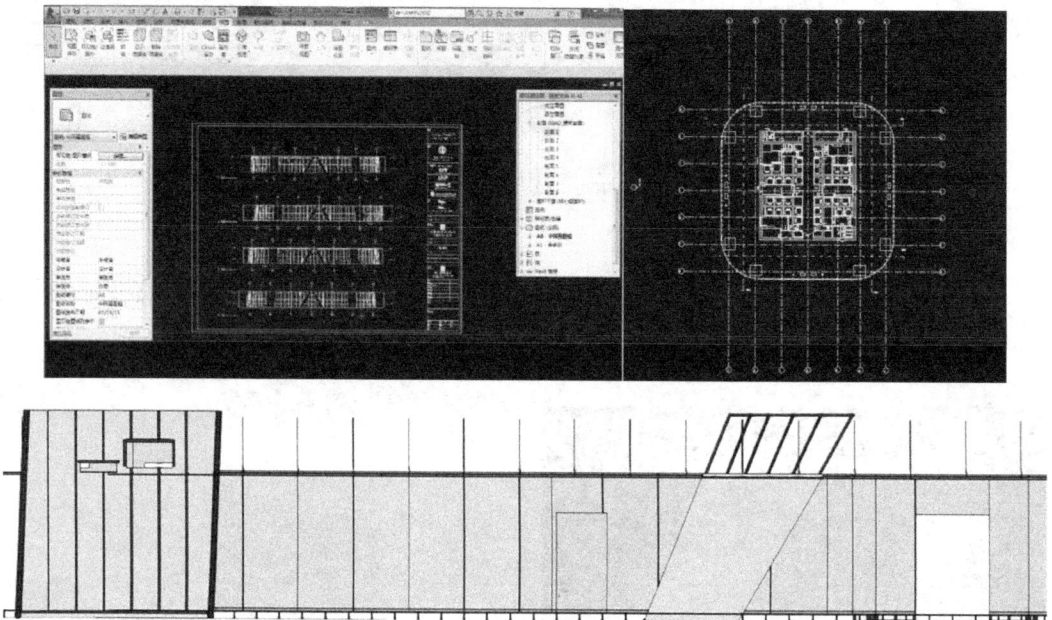

图 3-63　装饰装修深化设计图纸示意图

（2）施工进度模拟

在现场施工前，将施工部署与 BIM 模型进行链接，对分区分段、进度计划等安排进行模拟。一方面验核施工部署的可行性，另一方面让管理人员全面掌握施工工序及主要控制节点，为实际施工过程顺畅实现提供有效保证。如图 3-64、图 3-65 所示。

施工模拟与实际施工情况对比基本吻合，为现场施工组织、资源协调提供技术支持与调试依据。如图 3-66、图 3-67 所示。

图 3-64 土方施工 4D 模拟图

图 3-65 巨柱施工综合模拟图

图 3-66 施工模拟浇筑 73h 工况图

图 3-67 现场浇筑 73h 工况图

（3）工程量实时统计

利用 BIM 模型自动统计的功能，可实时统计工程量，为技术经济比选提供决策依据。比如：底板钢筋支撑架，先采用 REVIT 建模，通过软件生成加工制作图纸；同时，利用 REVIT 软件对钢筋支撑架所用材料进行统计，作为物资管理、商务管理的依据。如图 3-68所示。

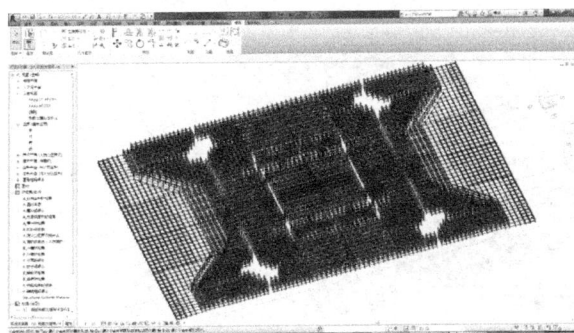

底板钢筋支撑架模型

10号工字钢柱		
板厚6.5m	立柱高度(m)	长度总合计(m)
0	5.725	0
	5.605	0
10	5.485	54.85
8	5.245	41.96
90	4.87	438.3
45	5.11	229.95
60	5.11	306.6
505	4.75	2398.75
718	41.9	3470.41

<02_立柱估量>

	A	B	C
	Family and Type	数量	长度
	热轧工字钢柱: Z15_CSCEC_GC_FD_立柱10号工字钢		
	热轧工字钢柱: Z15_CSCEC_GC_FD_立	797	3709210
	热轧工字钢柱: Z15_CSCEC_GC_FD_立柱1	797	3709210
	热轧槽钢柱: Z15_CSCEC_GC_FD_立柱10号槽钢		
	热轧槽钢柱: Z15_CSCEC_GC_FD_立柱	233	321950
	热轧槽钢柱: Z15_CSCEC_GC_FD_立柱10	233	321950
	总计: 1030	1030	4031160

10号槽钢柱		
板厚2.5m	立柱高度(m)	长度总合计(m)
77	1.725	132.825
33	1.605	52.965
95	1.485	141.075
28	1.245	34.86
	0.87	0
	1.11	0
	1.11	0
	0.75	0
233	9.9	361.725

图 3-68 模型算量的应用图

（4）重点施工方案编制及工艺模拟

1）利用 BIM 技术可视化、精细化的特点，辅助方案选型与优化。通过采用更小时间刻度的全景模拟，可识别方案对资源调配、现场作业要求、周边环境条件等以前无法定量评估因素的影响，经比选优化后制订更为合理的方案，确保方案的可实施性。

底板施工阶段，对施工溜槽及串管布置进行设计及分析，为方案提供了基础数据。如图 3-69、图 3-70 所示。

图 3-69 底板浇筑串管、榴槽设计模拟图　　图 3-70 底板施工串管、榴槽搭设示意图

2）核心筒结构施工采用智能顶升钢平台，平台总重约 3000t，集成操作架、2 台塔吊、布料机、焊机房等施工设备。利用 TEKLA、REVIT 建模的同时完成所有设计。如图 3-71、图 3-72 所示。

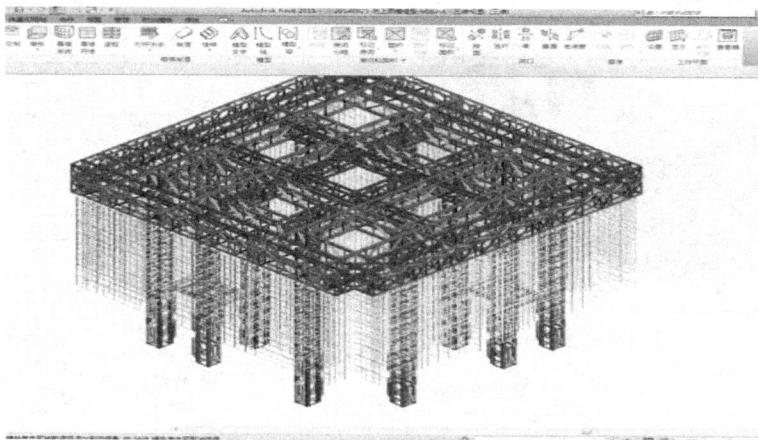

图 3-71 顶升钢平台钢框架及挂架模型图

3）机电工程管线布置综合平衡设计、大型设备选型与就位、特殊部位安装工序部署等工作应用 BIM 技术进行深化和管理，确保机电安装工程的质量和效果。如图 3-73 所示。

图 3-72 模型与实物对比图

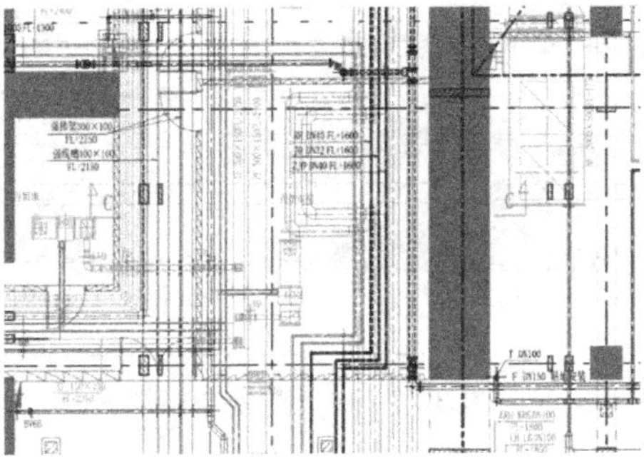

(a)

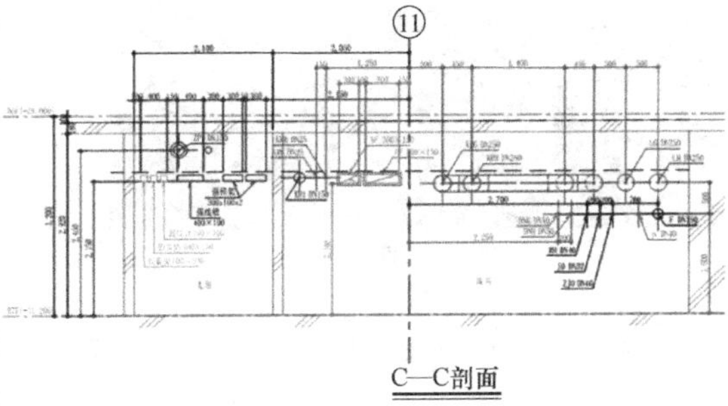

C—C剖面

(b)

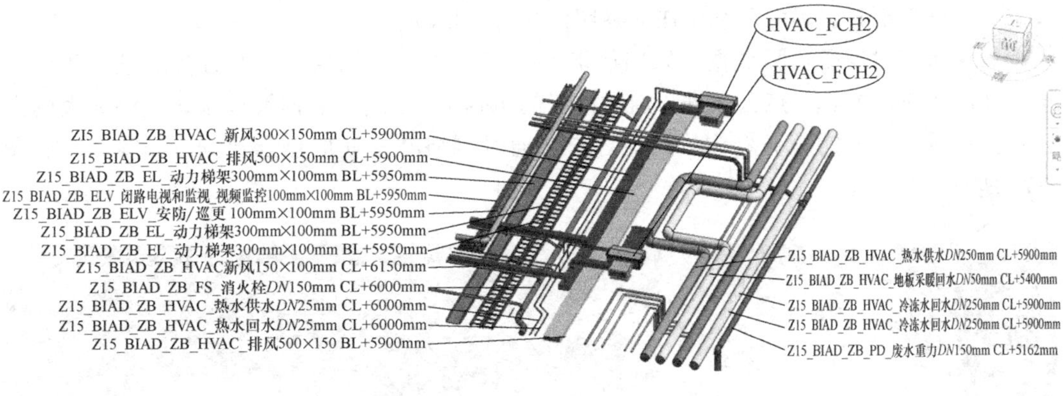

(c)

图 3-73 传统深化设计与 BIM 深化设计对比图
(a) 传统深化设计平面图；(b) 传统深化设计剖面图；(c) BIM 深化设计侧视图

4) 幕墙专业单元体调节块安装及单元体运输、安装施工模拟。如图 3-74、图 3-75 所示。

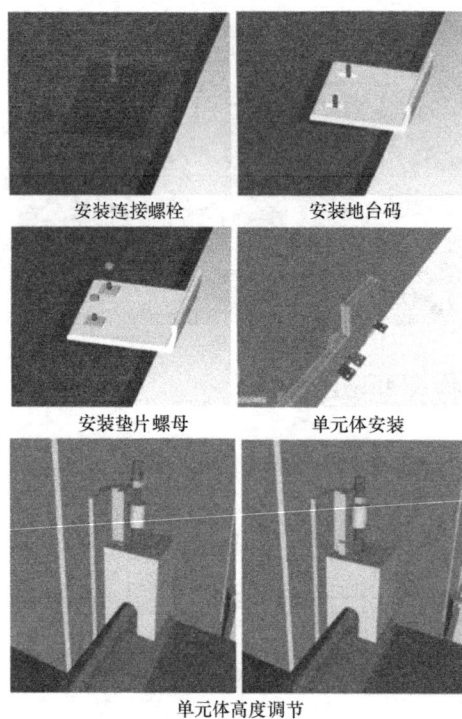

安装连接螺栓　　　　　　安装地台码

安装垫片螺母　　　　　　单元体安装

单元体高度调节

图 3-74　地台码安装与调节模拟图

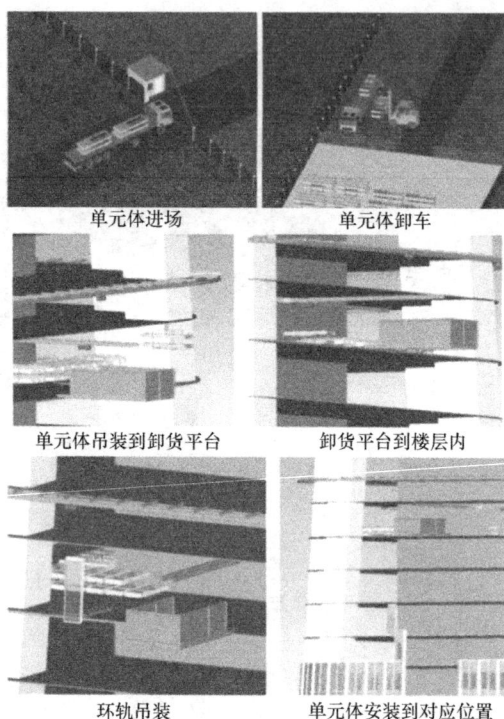

单元体进场　　　　　　　单元体卸车

单元体吊装到卸货平台　　卸货平台到楼层内

环轨吊装　　　　　　单元体安装到对应位置

图 3-75　单元体安装模拟图

（5）三维激光扫描

现场实际施工与设计理论数据必然存在偏差，必须及时取得现场实际数据，对 BIM 模型实时进行更新，确保后续工作的参照依据符合现场实际。

为快速获得现场实际数据，采用徕卡 P40 三维激光扫描仪，对所有楼层进行实体扫描，获取完成面的真实点云数据。通过徕卡的 Jetstream 点云数据管理系统，将庞大的点云数据放置在专业的服务器中，其他客户端通过网络共享获取点云数据。如图 3-76、图 3-77 所示。

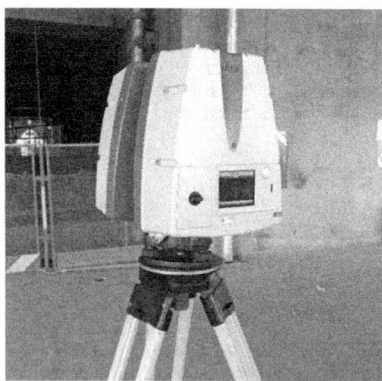

图 3-76　徕卡 P40 三维扫描仪示意图

图 3-77　Jetstream 客户端浏览点云模型示意图

三维激光扫描具有数据信息完整、无遗漏、精度高的优点，通过软件将扫描获取的点云数据和施工模型做分析比较，可以生成各种可视化的图表，方便工程师迅速发现问题，及时制定应对策略。生成的偏差色谱分析图根据数值的差异显示出不同的颜色，工程师可以根据偏差的范围及偏差的大小，采取不同的措施来消除误差。

在机电管线安装前，对土建结构进行三维扫描，规避风险。对偏差较小的区域，可以通过施工交底，加强机电施工精度或者协调土建、装饰专业共同吸收误差。对无法吸收误差的，可事先调整后续施工对应的深化设计方案，修改管线路由，避免传统方式下因现场条件与原设计不符所造成的机电拆改与返工。

在机电管线安装后，对机电管线进行扫描和质量管控。扫描确定重要设备和阀门的现场安装位置，并在施工模型上进行位置对应，方便后期运维。分析机电管线安装完成面的实际最低标高，规避传统施工中因安装精度不够造成吊顶标高降低的通病，从而提升建筑品质。如图 3-78、图 3-79 所示。

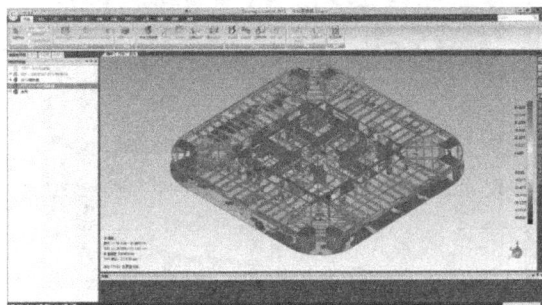

图 3-78　点云数据与 BIM 模型综合示意图　　　图 3-79　点云与 BIM 模型碰撞检查示意图

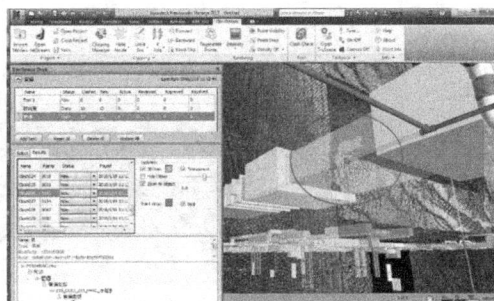

（6）BIM 模型轻量化应用

为便于项目管理人员在施工现场过程检查与验收时能够及时查阅设计及规范等重要信息，将 BIM 模型进行轻量化处理，实现在手机、iPad 平板等便携设备上流畅运行，实现随时调用模型来核查现场实施质量与状态，显著提升现场施工管理的效率。如图 3-80～图 3-82所示。

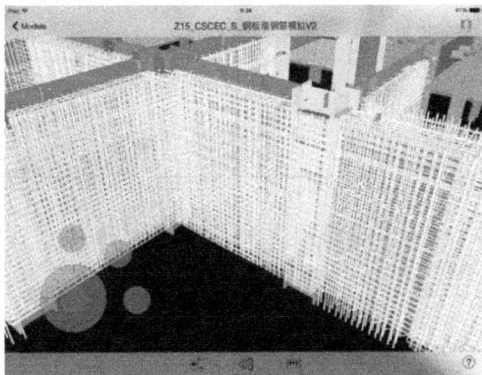

图 3-80　ipad 浏览 BIM 模型截图

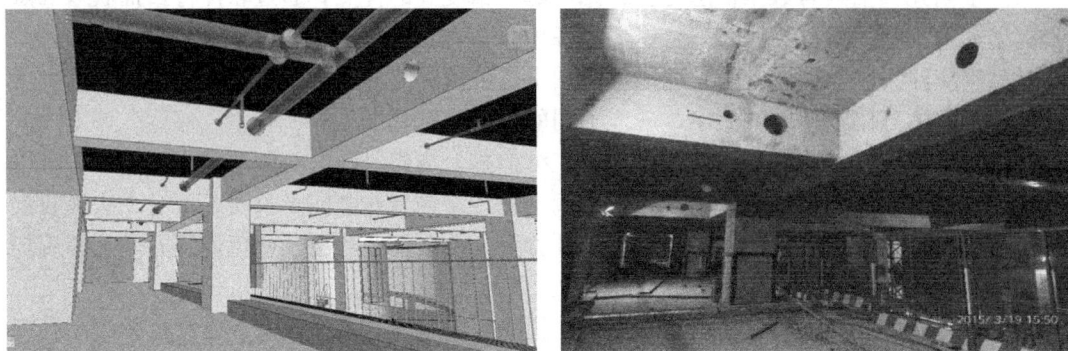

图 3-81　地下室结构实体施工完成情况示意图

图 3-82　基于 BIM 模型的现场巡检示意图

（7）工程数据共享与协同

为实现工程设计信息、工程资料、BIM 数据、工程建设其他信息在参建各方间的协同与共享等功能，参建各方采用 ProjectWise 作为协同平台，针对信息类别、协同范围等设定对相应参建人员进行授权共享。并设置四台服务器，每台服务器中都储存相应参建方提供的信息数据；通过各服务器之间每日定时进行增量传输，实现信息共享，确保参建各方之间工程信息的及时与同步。如图 3-83 所示。

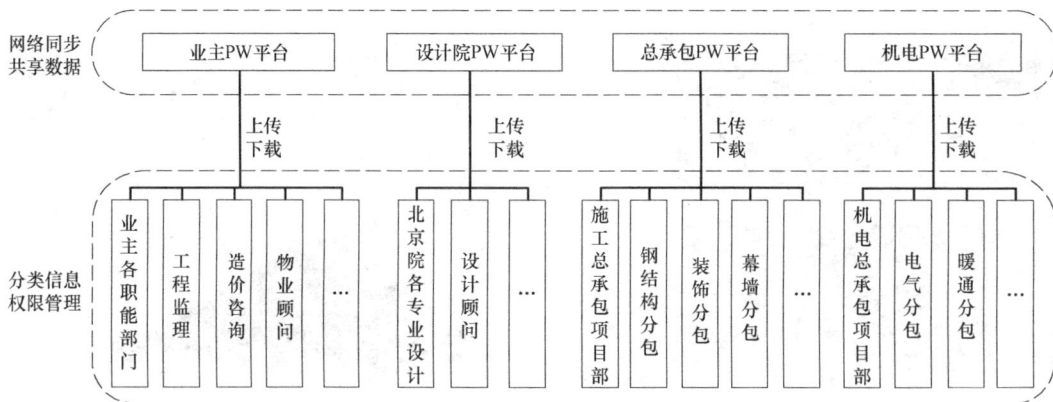

图 3-83　PW 协同平台工作原理图

（8）基于 BIM 的工厂化预制加工

垂直运输是超高层施工的瓶颈，且由于各专业同时插入施工，施工现场及各楼面均没有可供机电加工使用的场地。为了解决这一难题，项目使用 BIM 技术辅助工厂化预制加工。根据 3D 扫描后复核无误的实际三维模型，对机电全专业所有管线整合后进行组拼单元划分，然后形成场外预制组拼图纸，在工厂中按模型进行预制加工、单元组拼并编号，运输到编号在模型中所对应的指定楼层和位置，现场只剩余少量拼装作业，大大减少现场工作量，基本不产生建筑垃圾，同时减轻人员、材料上楼的垂直运输压力。如竖井内主管道（空调水、给排水、消防水等）采用预制立管施工技术，预先在工厂内制作成组单元节，在结构施工的同时进行安装，对压缩工期也有一定贡献。

除机电安装外，项目在多个专业和区域大量使用"BIM＋工厂化预制"的方式进行施工如窗台一体化系统的窗台板，采用 BIM 模型与现场测量结合的方式，在工厂完成定制。如蓄冰机房弧形区域管道，采用工厂预制弧形管，不仅美观，也减少了大量焊缝，降低了施工难度。如首层大堂区域巨型柱的弧形石材和墙面的双曲面异形钢管，全部采用 BIM 建模、数控车床加工，保证设计效果的同时也最大程度节省原材料。如图 3-84、图 3-85 所示。

图 3-84　预制立管的设计与安装　　　　图 3-85　大堂巨型柱石材分割模型

3.4.4　实施效果

项目施工阶段累计 120 余人参与项目 BIM 工作，共完成全专业深化设计模型 679 个，开展专业间模型综合协调 47 次，解决 2299 个与建造相关的问题，大量减少了返工及拆改。通过高精度 BIM 模型开展的进度管理和可视化方案模拟，指导现场实施，实现项目的精益建造。全过程的信息平台应用，为 26 家主要分包团队共享传递了超过 2TB 近 62 万个文件，减少了各参建方之间的协调联络时间，提高了整体工作效率。

通过施工阶段全过程的 BIM 技术应用，解决了大量复杂的技术问题和管理问题，同时为参建各方、各专业联动提供了平台和手段，对最终顺利完成建造任务起到坚实支撑，实际竣工真实建造速度达同类超高层的 1.4 倍。

参 考 文 献

[1]   建筑施工企业主要负责人、项目负责人和专职安全生产管理人员安全生产管理规定（住房城乡建设部令第 17 号）

[2]   《建筑施工企业主要负责人、项目负责人和专职安全生产管理人员安全生产管理规定实施意见》建质〔2015〕206 号

[3]   《危险性较大的分部分项工程安全生产管理规定》2018（住房城乡建设部 37 号令）

[4]   《建设工程施工合同（示范文本）》2017 版

[5]   《大型工程技术风险控制要点》2018 版

[6]   《绿色施工导则》建质〔2007〕223 号

[7]   《建筑业 10 项新技术》2017 版

[8]   《中国建筑业施工技术发展报告》毛志兵 2017 版

[9]   《建筑地基基础设计规范》GB 50007

[10] 《混凝土结构设计规范》GB 50010

[11] 《钢结构设计规范》GB 50017

[12] 《工程测量规范》GB 50026

[13] 《普通混凝土长期性能和耐久性能试验方法标准》GB/T 50082

[14] 《混凝土结构工程施工质量验收规范》GB 50204

[15] 《钢结构工程施工质量验收规范》GB 50205

[16] 《屋面工程质量验收规范》GB 50207

[17] 《屋面工程技术规范》GB 50345

[18] 《建筑基坑工程监测技术规范》GB 50497

[19] 《混凝土结构工程施工规范》GB 50666

[20] 《钢结构工程施工规范》GB 50755

[21] 《建筑地基基础工程施工规范》GB 51004

[22] 《全球定位系统（GPS）测量规范》GB/T 18314

[23] 《混凝土再生粗骨料》GB/T 25177

[24] 《混凝土和砂浆用再生细骨料》GB/T 25176

[25] 《普通混凝土长期性能和耐久性能试验方法标准》GB/T 50082

[26] 《建设工程项目管理规范》GB/T 50326

[27] 《建设项目工程总承包管理规范》GB/T 50358

[28] 《建筑工程施工质量评价标准》GB/T 50375

[29] 《绿色建筑评价标准》GB/T 50378

[30] 《建筑工程绿色施工评价标准》GB/T 50640

[31] 《建筑工程绿色施工规范》GB/T 50905

[32] 《装配式建筑评价标准》GB/T 51129

[33] 《建筑信息模型应用统一标准》GB/T 51212

[34] 《装配式混凝土建筑技术标准》GB/T 51231

[35] 《装配式钢结构建筑技术标准》GB/T 51232

[36] 《建筑信息模型施工应用标准》GB/T 51235

[37] 《施工现场临时用电安全技术规范》JGJ 46

[38] 《普通混凝土配合比设计规程》JGJ 55

[39] 《建筑施工安全检查标准》JGJ 59

［40］ 《建筑地基处理技术规范》JGJ 79

［41］ 《钢筋机械连接技术规程》JGJ 107

［42］ 《建筑基坑支护技术规程》JGJ 120

［43］ 《建筑施工扣件式钢管脚手架安全技术规范》JGJ 130

［44］ 《地下建筑工程逆作法技术规程》JGJ 165

［45］ 《清水混凝土应用技术规程》JGJ 169

［46］ 《液压爬升模板工程技术规程》JGJ 195

［47］ 《型钢水泥土搅拌墙技术规程》JGJ/T 199

［48］ 《预制预应力混凝土装配整体式框架结构技术规程》JGJ 224

［49］ 《建筑遮阳工程技术规范》JGJ 237

［50］ 《钢筋锚固板应用技术规程》JGJ 256

［51］ 《钢筋套筒灌浆连接应用技术规程》JGJ 355

［52］ 《高性能混凝土评价标准》JGJ/T 385

［53］ 《建筑一体化遮阳窗》JG/T 500

［54］ 《建筑垃圾再生骨料实心砖》JG/T 505

［55］ 《装配式混凝土结构技术规程》JGJ 1

［56］ 《高层建筑混凝土结构技术规程》JGJ 3

［57］ 《建筑变形测量规范》JGJ 8

［58］ 《混凝土泵送施工技术规程》JGJ/T 10

［59］ 《再生骨料应用技术规程》JGJ/T 240

［60］ 《再生骨料地面砖和透水砖》CJ/T 400

［61］ 《自密实混凝土应用技术规程》CECS 203

［62］ 《高性能混凝土应用技术规程》CECS 207

［63］ 《建设工程施工现场安全资料管理规程》CECS 266

［64］ 张聪. 黄骅港一期堆场真空预压加固地基的质量控制［J］. 港工技术，2001，9.

［65］ 孙治林，牛恩宗. 黄骅港堆场软基真空预压效果及监测［J］. 水运工程，2005，4.

［66］ 王卫东 邸国恩 黄绍铭. 预制地下连续墙技术的研究与应用［J］. 地下空间与工程学报，005，8.

［67］ 陈昌祺，陈柳娟. SMW工法在上海国际会议中心地下车库围护设计中的应用［J］. 地下工程与隧道，2007（03）：29-31＋60-61.

［68］ 徐磊，花力，孙晓鸣. 上海中心大厦超大基坑主楼区顺作裙房区逆作施工技术［J］. 建筑施工，第36卷，第7期.

［69］ 郭晓航，谢小林，贾坚. 软土深基坑逆作开挖差异隆沉控制研究［J］. 岩土工程学报，2012，11.

［70］ 贾有海. 超长距离泵送混凝土施工应用技术［J］. 城市建设理论研究，2013，20.

［71］ Luzzi、Olly Downs，Andy Hill. 《6个用好大数据的秘诀（中国大数据）》.

［72］ （奥地利）维克托·迈尔-舍恩伯格，肯尼斯·库克耶. 大数据时代［M］. 盛扬燕，周涛译，浙江人民出版社，2013.

［73］ 李联波. 大数据理念下的采购管理创新［J］现代企业教育，2015.

［74］ 彭渊. 建筑施工安全管理工作中BIM技术的运用［J］. 魅力中国，2017（33）.

［75］ 罗能钧. "中国尊"项目BIM技术应用实践——技术与管理互动［J］. 建筑技艺，2014.